BUILDING ELECTRICAL
ENERGY SAVING TECHNOLOGY

建筑电气节能技术

李英姿 编著

中国电力出版社
CHINA ELECTRIC POWER PRESS

内 容 提 要

本书以国家颁布的与建筑电气节能有关的国家标准、规范及新技术为依据，结合具体的工程应用实践，全面系统地介绍了建筑电气在分布式电源应用技术与电气系统节能技术。

全书共分六章，包括建筑节能与绿色建筑、分布式电源技术与节能、建筑供配电系统节能技术、建筑照明系统节能、建筑动力设备节能和节能监测与验证等内容。全书重点突出，图文并茂，内容丰富，具有较强的实用性。

本书可作为高等院校相关专业教材，也可供从事建筑电气领域的技术人员、管理人员、运行维护人员阅读，还可作为建筑电气技术培训教材。

图书在版编目 (CIP) 数据

建筑电气节能技术/李英姿编著. —北京：中国电力出版社，2018.3
ISBN 978-7-5198-1629-2

Ⅰ.①建⋯ Ⅱ.①李⋯ Ⅲ.①建筑工程-电气设备-节能-研究 Ⅳ.①TU85

中国版本图书馆 CIP 数据核字 (2017) 第 331223 号

出版发行：中国电力出版社
地　　址：北京市东城区北京站西街 19 号（邮政编码 100005）
网　　址：http://www.cepp.sgcc.com.cn
责任编辑：周　娟　杨淑玲
责任校对：马　宁
装帧设计：王红柳
责任印制：杨晓东

印　　刷：三河市百盛印装有限公司
版　　次：2018 年 3 月第 1 版
印　　次：2018 年 3 月北京第 1 次印刷
开　　本：787mm×1092mm　16 开本
印　　张：18
字　　数：438 千字
定　　价：**62.00 元**

前　　言

本书是依据国家最新颁布的与建筑电气节能领域相关的国家标准和规范来撰写的，内容涉及建筑节能与绿色建筑相关的标准和规范、分布式电源领域的技术与节能、建筑供配电系统的节能技术、建筑照明系统的节能技术、建筑动力设备的节能技术以及建筑电气系统中的节能监测与验证等。通过详细而完整地讲解建筑电气领域中各个系统的节能新技术与应用，使读者能够比较全面地了解建筑电气节能领域的技术发展、应用要求和工程应用等。

本书共有六个章节：

第一章重点介绍建筑节能与绿色建筑，包括建筑节能、绿色建筑、被动式低能耗居住建筑以及相关的国内外标准等内容。使读者掌握建筑节能中电气节能的应用技术。

第二章重点介绍分布式电源技术与节能，包括分布式电源、冷热电三联供系统发电技术、太阳能光伏发电技术、风力发电技术、储能技术以及电动汽车充电设施等内容。便于读者了解分布式电源在建筑电气节能领域中的应用。

第三章重点介绍建筑供配电系统节能技术，包括供配电系统损耗、变压器节能、配电线路节能、无功补偿与节能降耗以及电能质量与谐波治理等。该部分内容是介绍在建筑供配电系统中的节能技术与应用。

第四章重点介绍建筑照明系统节能，包括照明系统能耗与节能措施、电光源节能、镇流器节能、光导管技术、太阳能照明技术以及智能照明控制系统。内容主要介绍建筑照明系统中的设备节能与控制节能技术。

第五章重点介绍建筑动力设备节能，包括电动机能耗、电动机的选型与优化设计、电动机调速方式、电动机系统节能改造以及风机、泵、空气压缩机系统电动机的选择。内容主要解决建筑电气领域中动力设备的节能技术。

第六章重点介绍节能监测与验证，包括能耗计量、节能监测、冷热电能源系统节能率以及节能量测量和验证技术等内容。内容涉及在不同用能对象中节能监测的内容与评估要求。

本书由北京建筑大学电气工程与自动化系李英姿撰写。

全书在编写过程中，参阅了大量的参考书籍和国家有关标准和规范以及相关的论文，将其中比较成熟的内容加以引用，并作为参考书目列于本书之后，以便读者查阅。同时对参考书籍的原作者表示忠心感谢。

由于目前建筑电气领域节能技术发展迅速，而作者的认识和专业水平有限，加之时间仓促，书中必定存在有不妥、疏忽或错误之处，敬请专家和读者批评指正。

作者

2018 年 1 月

目　录

第一章　建筑节能与绿色建筑

第一节　节　　能

一、节能定义

1. 能源

能源是指煤炭、石油、天然气、生物质能和电力、热力以及其他直接或者通过加工、转换而取得有用能的各种资源。

（1）一次能源与二次能源。

在自然界中取得的未经任何改变或转换的能源，称为一次能源，如原煤、原油、天然气、水能、风能、地热等。

为了满足生产和生活的需要，有些能源通常需要经过加工转换以后再加以使用。由一次能源经过加工转换成另一种形态的能源产品叫作二次能源，如电力、煤气、焦炭、蒸汽及各种石油制品等。

（2）可再生能源与非再生能源。

在自然界中可以不断再生并有规律地得到补充的能源，称为可再生能源，如太阳能和由太阳能转换而成的水能、风能、生物质能等。

经过亿万年形成的，短期内无法恢复的能源，称之为非再生能源，如煤炭、石油、天然气、核燃料。

（3）常规能源与新能源。

在相当长的历史时期和一定的科学技术水平下，被人类长期广泛利用的能源，称之为常规能源，如煤炭、石油、天然气、水力、电力等。

最近一二十年才被人们所重视，新近才开发利用，而且在目前使用的能源中所占的比例很小，但有发展前途的能源，称之为新能源。

（4）燃料能源与非燃料能源。

从能源性质来看，能源又可分为燃料能源和非燃料能源。

属于燃料能源的有矿物燃料（煤炭、石油、天然气）、生物质燃料（薪柴、沼气、有机废物等）、化工燃料（甲醇、酒精、丙烷等）和核燃料（铀、钍等）共四类。

非燃料能源中有的含有机械能，如水能、风能等；有的含有热能，如地热能、海洋热能等；有的含有光能，如太阳能、极光等。

（5）清洁能源与非清洁能源。

从使用能源时对环境污染的大小，把无污染或污染小的能源称为清洁能源，如太阳能、水能、氢能等。

对环境污染较大的能源称为非清洁能源，如煤炭、油页岩等。石油的污染，比煤炭小些，但也产生氧化氮、氧化硫等有害物质。所以，清洁与非清洁能源的划分也是相对比较而言的，不是绝对的。

（6）商品能源和非商品能源。

商品能源是作为商品经流通环节大量消耗的能源，如煤炭、天然气、电力等。

非商品能源指薪柴、秸秆等农林废弃物和人畜粪便等就地利用的能源。非商品能源在发展中国家农村地区的能源供应中占有很大比重。

2. 节约能源

节约能源（以下简称节能），是指加强用能管理，采取技术上可行、经济上合理以及环境和社会可以承受的措施，从能源生产到消费的各个环节，降低消耗、减少损失和污染物排放、制止浪费，有效、合理地利用能源。

3. 狭义节能

狭义节能是指节约煤炭、石油、电力、天然气等能源。从节约石化能源的角度来讲，节能和降低碳排放是息息相关的。

在狭义节能内容中包括从能源资源的开发、输送与配转换（电力、蒸汽、煤气等）或加工（各种成品油、副产煤气为二次能源，直到用户消费过程中的各个环节，都有节能的具体工作去做）。

4. 广义节能

广义节能是指除狭义节能内容之外的节能方法，如节约原材料消耗、提高产品质量和劳动生产率、减少人力消耗、提高能源利用效率等。

广义节能涉及的产业包括：

（1）节能产业。节能技术和装备重点是高效锅炉窑炉、电机及拖动设备、余热余压利用装备、节能仪器设备等。

（2）资源循环利用产业。重点是矿产资源综合利用、固体废物综合利用、再制造、再生资源利用、餐厨废弃物资源化利用等。

（3）环保产业。环保技术和装备重点是先进的污水处理、垃圾处理、大气污染控制、危险废物与土壤污染治理、监测设备等。

二、节能内容

1. 节能领域

从节能的领域来看，节能的内容包括工业节能、交通节能、建筑节能、农业节能及日常生活节能，而每一项领域又可以细分为多项领域。例如，工业节能可分为燃料动力工业节能、冶金工业节能、金属加工、机械制造业节能；石油化工业节能、电机、电器工业节能及纺织轻工等其他工业领域的节能。

2. 节能形式

从节约能源的形式来看，节能的内容包括节煤、节油、节气、节电。节油也可以细分为节约柴油、节油汽油、节约煤油等。从广义节能的角度来看，节能的内容几乎包含任何所有的物质，几乎没有一种物质的获得不需要消耗能量。只要消耗了能量，那么节约这种物质，就等于节约了能源，如节约用水、节约粮食、重复利用资源等。

3. 节能措施

从节能的方法措施领域来看，节能的内容包括管理节能、技术节能、结构调整节能、合同能源管理（EMC）节能。技术节能又可以细分为工艺节能、控制节能、设备节能；结构调整节能又可以分为产业结构调整节能、产品结构调整节能。

4. 能源转换

从能源转换过程来看，节能的内容包括能源开采过程节能、能源加工、转换和储运过程节能及能源终端利用过程节能。

三、节能指标

1. 标准当量能源

有关节能用标准当量能源来表示能源的消耗量，如标准煤当量、标准油当量，标准当量是以该物质的燃烧热值为基准，1kg 标准煤当量＝7000kcal，1kg 标准油当量＝10 000kcal。

由于卡不是能量的国际单位，需要将其换算成国际单位焦，一般情况下可以利用 1cal＝4.186J 进行换算，但需要注意的是其换算系数在具体应用时需要根据实际情况加以选用。

2. 发热量

发热量是指单位重量（固体、液体）或体积（气体）物质在完全燃烧，且燃烧产物冷却到燃烧前的温度时发出的热量，也称热值，单位为 kJ/kg（千焦/千克）或 kJ/m³（千焦/立方米）。

在具体应用上，又将发热量分为高位发热量和低位发热量。

高位发热量是指燃料完全燃烧，且燃烧产物中的水蒸气全部凝结成水时所放出的热量；低位发热量是燃料完全燃烧，而燃烧产物中的水蒸气仍以气态存在时所放出的热量。显然，低位发热量在数值上等于高位发热量减去水的汽化潜热。

3. 能源效率

能源效率是在使用能源（开采、加工、转换、储运和终端利用）的活动中所得到的起作用的能源量与实际消耗的能源量之比。

（1）组成。

能源系统的总效率由开采效率、中间环节效率和终端利用效率三部分组成。

1）能源开采效率是指能源储量的采收率，如原油的采收率、煤炭的采收率。一般而言这一环节的效率是最低的。

2）中间环节效率包括能源加工转换效率和储运效率，如原油加工成汽油、柴油的效率，将原煤加工成焦炭的效率，将煤矿的原煤运至发电厂发电的效率。

3）终端利用效率是指终端用户得到的有用能与过程开始时输入的能量之比，如电力用户通过电力获得的所需要能量（热能、机械能）与输入电能之比。

通常将中间环节效率和终端利用效率的乘积称为能源效率。

（2）分类。

1）国家的综合能源效率指标是增加单位 GDP 的能源需求，即单位产值能耗。

2）部门能源效率指标分为经济指标和物理指标，前者为单位产值能耗，物理指标在工业部门为单位产品能耗、服务业和建筑物为单位面积能耗和人均能耗。

3）衡量能源效率的指标可分为经济能源效率和物理能源效率两类。

经济能源效率指标又可分为单位产值能耗和能源成本效率（效益）：

——单位国内生产总值能耗、单位工业增加值能耗属于经济能源效率指标。

——费用成本、时间成本和环境成本，即能源成本效率。

物理能源效率指标可分为物理能源效率（热效率）和单位产品或服务能耗：

——物理能源效率通常用能源效率（热效率）和单位产品或服务能耗来表示。

——单位产品或服务能耗是指生产单位产品或提供单位服务所消耗的能源量。包括一次能源、二次能源以及耗能工质（工业用水、压缩空气、氧气、电石、乙炔等）消耗的能源。二次能源和耗能工质一般按等价热值计算。提供服务的单位能耗指标主要是服务业和建筑物单位面积能耗和人均能耗。

4. 当量热值和等价热值

当量热值又称理论热值（或实际发热值）是指某种能源一个度量单位本身所含热量。

等价热值是指加工转换产出的某种二次能源与相应投入的一次能源的当量，即获得一个度量单位的某种二次能源所消耗的，以热值表示的一次能源量，也就是消耗一个度量单位的某种二次能源，就等价于消耗了以热值表示的一次能源量。

等价热值是个变动值。某能源介质的等价热值等于生产该介质投入的能源与该介质的产量之比或该介质的当量热值与转化效率之比。

5. 能源折换系数

在节能统计工作中，为了方便，需将不同能源及物质的消耗折算到某一标准能源，如标准煤、标准油。

6. 单位国内生产总值能耗

单位国内生产总值能耗是指产出每单位国内生产总值所消耗的能源，一般用"吨标煤/万元"作单位，不同年份进行比较研究时，需将国内生产总值进行折算，一般以某一年的不变价进行折算。

7. 单位工业增加值能耗

单位工业增加值能耗指一定时期内，一个国家或地区每生产一个单位的工业增加值所消耗的能源，是工业能源消费量与工业增加值之比。

需要注意的是工业增加值和工业产值的区别。工业增加值是工业生产过程中增值的部分，是指工业企业在报告期内以货币形式表现的工业生产活动的最终成果，是企业全部生产活动的总成果扣除了在生产过程中消耗或转移的物质产品和劳务价值后的余额，是企业生产过程中新增加的价值。

8. 能源强度

能源强度是指一个国家或地区、部门或行业，一定时间内单位产值消耗的能源量，通常以每万元吨（或千克）油当量（或煤当量）来表示。

一个国家或地区的单位产值能耗，通常以单位国内生产总值（GDP）耗能量来表示。它反映经济对能源的依赖程度，以及能源利用的效益。

单位国内生产总值能耗的国际比较是一个复杂的问题，通常有汇率和购买力评价两种方法。

（1）购买力是指各个国家本国的一个货币单位在国内所能买到的货物和劳务的数量。

（2）购买力评价是指两个或两个以上的国家的货币在各自国家内购买力相等时的比率。

9. 能源消费弹性系数

能源消费弹性系数是能源消费的年增长率与国民经济年增长率之比。

在经济正常发展的情况下，能源消耗总量和能源消耗增长速度与国内生产总值和国内生产总值增长率成正比例关系。

能源消费弹性系数的大小与国民经济结构、能源利用效率、生产产品的质量、原材料消耗、运输以及人民生活需要等因素有关。

10. 需求侧管理

需求侧管理简称 DSM，是指对用户用电负荷实施的管理。

这种管理是国家通过政策措施引导用户高峰时少用电，低谷时多用电，提高供电效率、优化用电方式的办法。即在完成同样用电功能的情况下减少电量消耗和电力需求，从而缓解缺电压力，降低供电成本和用电成本，使供电和用电双方得到实惠，达到节约能源和保护环境的长远目的。

11. 能源效率标识

能源效率标识是指表示用能产品能源效率等级等性能指标的一种信息标识，属于产品符合性标志的范畴。

能效标识按产品耗能的程度由低到高，依次分成 5 级：

（1）等级 1 表示产品达到国际先进水平，最节电，即耗能最低。

（2）等级 2 表示比较节电。

（3）等级 3 表示产品能源效率为我国市场的平均水平。

（4）等级 4 表示产品能源效率低于我国市场平均水平。

（5）低于 5 级的产品不允许上市销售。

12. 节能产品认证

节能产品认证是指依据国家相关的节能产品认证标准和技术要求，按照国际上通行的产品质量认证规定与程序，经中国节能产品认证机构确认并通过颁布认证证书和节能标志，证明某一产品符合相应标准和节能要求的活动。

四、节能措施

1. 管理节能

管理节能，就是通过能源的管理工作，减少各种浪费现象，杜绝不必要的能源转换和输送，在能源管理调配环节进行节能工作。

（1）方法。

管理工作的方法通常有经济方法、行政方法、法律方法和社会心理学方法等。

1）经济方法是指依靠利益驱动，利用经济手段，通过调节和影响被管理者物质需要而促进管理目标实现的方法，该方法的特点是利益驱动性、普遍性和持久性。

2）行政方法是指依靠行政权威，借助行政手段，直接指挥和协调管理对象的方法。

3）法律方法是指借助国家法规和组织制度，严格约束管理对象为实现组织目标而工作的一种方法。该法的特点是高度强制性及规范性。

4）社会心理方法指借助社会学和心理学原理，运用教育、激励、沟通等手段，通过满足管理对象社会心理需要的方式来调动其积极性的方法。

（2）措施。

管理节能可以通过制定法规、条例、标准、规章制度，加强用能管理的节约能量措施。

1）制定用能法规、条例、标准和政策，用法律手段和行政手段，对能源资源的合理开发和节约利用给予保障。

2）通过教育，树立全民节能意识，调动各地区、部门、企业及全体公民节能的积极性和创造性。

  3）实行节能的科学管理，掌握未来能源供、需形势，制定节能规划和计划。

  4）建立、健全节能管理体系，对能量的生产、分配、转换和消费全过程进行指导。

  2. 技术节能

  技术节能就是在生产中或能源设备使用过程中用各种技术手段进行节能工作。工业技术节能一般可以分为工艺节能、控制节能、设备节能，其困难程度从高到低。

  具体可理解为，根据用能情况，能源类型分析能耗现状，找出能源浪费的节能空间，然后依此采取对应的措施减少能源浪费，达到节约能源的目的。开发和推广应用先进高效的能源节约和替代技术、综合利用技术及新能源和可再生能源利用技术。

  （1）基本原则。

  从技术层面来说，节能工作应该遵循下面四项基本原则：

  1）最大限度地回收和利用排放的能量。

  2）能源转换效率最大化。

  3）能源转换过程最小化。

  4）能源处理对象最小化。

  （2）应用领域。

  根据节能技术划分，对于不同能源类型和不同能耗系统，节能技术的应用领域有家庭能耗节能、工业能耗节能、大型建筑节能、市政设施节能和交通运输节能。

  对应不同的领域不同的能耗系统，有着相应的节能改造方案。

  （3）节能技术。

  具体划分是根据所需节约能源类型而划分：

  1）节电技术：功率因数补偿技术、闭环控制技术、能量回馈技术、相控调功技术、稳压调流技术、电能质量治理技术。

  2）节煤技术：水煤浆技术、粉煤加压气化技术、节煤助燃剂技术、节煤固硫除尘浓缩液、空腔型煤技术。

  3）节油技术：锅炉节油技术、柴油机节油技术、发电机节油技术、汽车节油技术、航空航天节油技术。

  4）节水技术：工业节水技术、农业节水技术、城镇生活节水技术、服务业节水技术。

  5）节气技术：民用节气技术、锅炉节气技术、油田集输系统。

  6）工艺改造节能技术：通过改进生产工艺，节约耗能的技术。

  3. 结构调整节能

  结构调整节能就是调整产业规模结构、产业配置结构、产品结构等进行节能工作。

  通过调整经济和社会结构提高能源利用效率，主要通过调整产业结构、产品结构和社会的能源消费结构，淘汰落后技术和设备，加快发展以服务业为主要代表的第三产业和以信息技术为主要代表的高新技术产业，用高新技术和先进适用技术改造传统产业，促进产业结构优化和升级换代，提高产业的整体技术装备水平。

  4. 经济

  任何一项节能工作必须经过技术经济论证，只有那些投入和产出比例合理，有明显经济效益项目才可以进行实施。

对各种节能措施、方案和政策从技术上、经济、财务和社会影响等各个方面进行综合性的分析和研究。

5. 环境保护和可持续发展

从环境保护和可持续发展的角度指出任何节能措施必须是符合环境保护的要求、安全实用、操作方便、价格合理、质量可靠并符合人们生活习惯的。

五、节能诊断

1. 节能监测

依据国家有关节约能源的法规和能源标准，对用能单位的能源利用状况所进行的监督检查、测试和评价工作。

（1）分类。

节能监测分为综合节能监测与单项节能监测。国家标准要求重点用能单位应进行定期的综合节能监测，对一般企事业单位可进行单项监测。

（2）形式。

节能监测是政府进行节能监督管理的形式。政府进行节能监督管理的基本出发点是：能源不仅是一种可以进行自由交换的商品，而且是一种紧缺的社会资源，一部分人的过度使用和浪费使用将会侵害社会其他人使用能源的潜在利益，侵害整个社会的能源经济安全利益，因此政府必须对能源使用行为实施监管。

2. 节能量与节能率

（1）节能量。

节能量是统计报告期内能源实际消耗量与按比较基准值计算的总量之差。

比较基准根据不同的目标和要求，可选择单位产品能耗、单位产值能耗等作为比较的基准。

节能量就是节约能源消费的数量，这是在生产的一定可比条件之下，采取了相应的节能措施之后，所获得的节约能源消费的数量指标，而不是某个企业或某个地区能源消费总量的简单增加或减少。

1）当年节能量：当年与上年相比节约能源的数量。

2）累计节能量：以某个年份为基数，在其达到的节能水平基础上，逐年的节能量之和。

（2）节能率。

节能率是在一定的生产条件下，采取节能措施之后节约能源的数量，与未采取节能措施之前能源消费量的比值。表示所采取的节能措施对能源消费的节约程度，也可以理解为能源利用水平提高的幅度。

节能率的计算也和节能量的计算一样，可以求出当年节能率和累计节能率两项指标。

第二节　建　筑　节　能

一、建筑能耗

1. 定义

（1）建筑能耗有广义的建筑能耗和狭义的建筑能耗两种定义。

广义建筑能耗是指从建筑材料制造、建筑施工，一直到建筑使用的全过程能耗。

狭义的建筑能耗，即建筑的运行能耗，就是人们日常用能，如采暖、空调、照明、炊事、洗衣等的能耗，是建筑能耗中的主导部分。图 1-1 是公共建筑用电量中分项用电能耗。

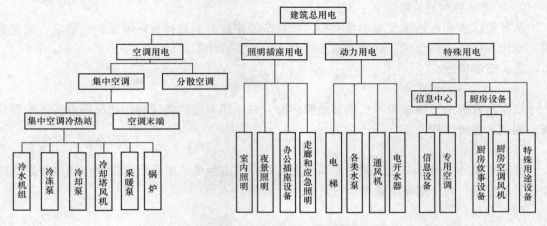

图 1-1　公共建筑用电量中分项用电能耗

随着经济收入的增长和生活质量的提高，建筑消费的重点将从"硬件（装修和耐用的消费品）"消费转向"软件（功能和环境品质）"消费，因此保障室内空气品质所需的能耗（空调、通风、采暖、热水供应）将会迅速上升。

（2）建筑能耗的边界可以划分为能量需求边界和能源使用边界。

第一个边界为建筑能量需求边界，在这个边界上建筑物同室外环境进行能量交换，如太阳辐射和室内得热、围护结构与室外环境之间的能量交换，在这个边界上的能量需求定义为负荷，即满足建筑功能和维持室内环境所需要向建筑提供的能量（冷、热、电）。

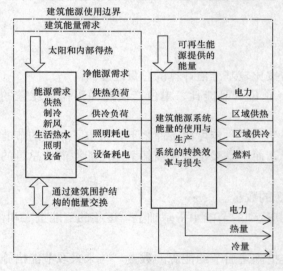

图 1-2　建筑能量边界的划分

第二个边界是建筑能源使用边界，在这个边界上建筑的电力、供暖、空调等能源系统提供建筑需要的能量所消耗的化石能源，如图 1-2 所示。

2. 我国能耗现状

目前，中国的经济增长正在放缓且正经历结构转型，但是中国仍保持其作为世界上最大能源消费国，生产国和净进口国的角色。

2016 年底的统计数据显示：

（1）中国仍然是世界上最大的能源消费国。

1）中国占全球能源消费量的 23%；2015 年中国能源消费增长 1.5%，增速是自 1998 年以来的最低值。

2）在化石能源中，中国能源消费增长最快的是石油（＋6.3%），其次是天然气（＋4.7%）和煤炭（－1.5%）。除石油的增长率稍高于其十年平均水平外，天然气和煤炭的增长率都远低于其各自十年平均水平。

（2）中国的能源结构持续改进。

1）煤炭在中国能源消费中的占比为 64%，是历史最低值，但仍是中国能源消费的主导燃料。

2）煤炭产量下降了 2.0%，这是 1998 年以来中国煤炭产量第二次下降。

3）其他所有化石燃料产量均有上升：天然气增长 4.8%，石油增长 1.5%。

（3）中国超越德国与美国、成为世界上最大的太阳能发电国。

1）非化石能源中，太阳能增长最快（＋69.7%），其次是核能（＋28.9%）和风能（＋15.8%）。水电在过去一年增长了 5.0%，是自 2012 年以来增长最慢的一年。

2）可再生能源全年增长 20.9%。仅十年间，中国可再生能源在全球总量中的份额便从 2% 提升到了现在的 17%。

3）核能增长 28.9%，高于过去十年平均 12.4% 的两倍。

（4）中国石油净进口增长 9.6% 至 737 万桶/日，创历史最高水平。

（5）中国的二氧化碳排放降低了 0.1%，是自 1998 年以来首次负增长。

3. 公共建筑能耗

大型公共建筑耗能较高，我国 2 万 m^2 以上的大型公共建筑面积占城镇建筑面积的比例不到 4%，但是能耗却占到建筑能耗的 20% 以上，其中单位面积耗电量是普通民宅的 10～15 倍。

（1）商场类建筑。商场营业时间每天长达 12h 以上，且全年营业。由于内部发热量大，空调开启时间也较其他公共建筑的长，因此其单位面积的电耗在大型公共建筑中是最高的，同时也存在着巨大的节能潜力。商场类典型能耗分布如图 1-3（a）所示。

（2）宾馆饭店类建筑。虽然营业时间长，但由于受到旅游季节变化和入住率波动的影

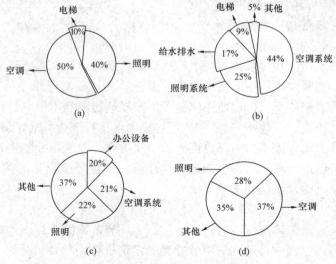

图 1-3　各类典型能耗分布

（a）商场；（b）商场、宾馆、饭店；（c）政府办公楼；（d）商业写字楼

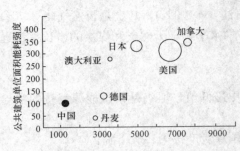

图 1-4　我国与部分国家公共建筑能耗比较

二、建筑节能

1. 定义

建筑节能指在建筑材料生产、房屋建筑和构筑物施工及使用过程中，满足同等需要或达到相同目的的条件下，尽可能降低能耗。

(1) 广义的建筑节能。

在建筑全生命周期内，从建筑材料（建筑设备）的开采、生产、运输，到建筑寿命期终止销毁建筑、建筑材料（建筑设备）这一期限内，在每个环节上充分提高能源利用效率，采用可再生材料和能源，在保证建筑功能和要求的前提下，达到降低能源消耗、降低环境负荷的目的。

广义建筑节能核心技术如图 1-5 所示。

(2) 狭义的建筑节能。

在建筑物正常使用期限内，提高建筑设备的能效系数，降低建筑物通过外围护结构的能量损失，同时充分利用可

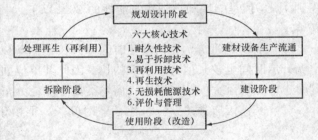

图 1-5　广义建筑节能核心技术

再生能源，在保证建筑功能和要求的前提下，达到降低能源消耗、降低环境负荷的目的。

在发达国家最初为减少建筑中能量的散失，普遍称为"提高建筑中的能源利用率"，在保证提高建筑舒适性的条件下，合理使用能源，不断提高能源利用效率。具体指在建筑物的规划、设计、新建（改建、扩建）、改造和使用过程中，执行节能标准，采用节能型的技术、工艺、设备、材料和产品，提高保温隔热性能和采暖供热、空调制冷制热系统效率，加强建筑物用能系统的运行管理，利用可再生能源，在保证室内热环境质量的前提下，减少供热、空调制冷制热、照明、热水供应的能耗。

2. 节能途径

全面的建筑节能，就是建筑全寿命过程中每一个环节节能的总和。是指建筑在选址、规划、设计、建造和使用过程中，通过采用节能型的建筑材料、产品和设备，执行建筑节能标准，加强建筑物所使用的节能设备的运行管理，合理设计建筑围护结构的热工性能，提高采暖、制冷、照明、通风、给排水和管道系统的运行效率，以及利用可再生能源，在保证建筑

右栏（顶部）：

响，多数时间是在部分负荷下工作，用电高峰在夏季。商场宾馆饭店类典型能耗分布如图 1-3（b）所示。

(3) 办公楼类建筑。全年使用时间约 250d，每天工作 8h，设备全年运行时间 2000h 左右。由于人员数量决定电脑等设备的开启数量，室内照明相对固定，故写字楼类建筑室内热扰与人员数量密切相关。办公楼类典型能耗分布如图 1-3 (c)、(d) 所示。

我国与部分国家公共建筑能耗比较如图 1-4 所

物使用功能和室内热环境质量的前提下，降低建筑能源消耗，合理、有效地利用能源。

（1）减少能源总需求量。

据统计，在发达国家，空调采暖能耗占建筑能耗的65%。中国的采暖空调和照明用能量近期增长速度已明显高于能量生产的增长速度，因此，减少建筑的冷、热及照明能耗是降低建筑能耗总量的重要内容，一般可从以下几方面实现。

1）建筑规划与设计。面对全球能源环境问题，不少全新的设计理念应运而生，如微排建筑、低能耗建筑、零能耗建筑和绿色建筑等，本质上都要求建筑师从整体综合设计概念出发，坚持与能源分析专家、环境专家、设备师和结构师紧密配合。在建筑规划和设计时，根据大范围的气候条件影响，针对建筑自身所处的具体环境气候特征，重视利用自然环境（如外界气流、雨水、湖泊和绿化、地形等）创造良好的建筑室内微气候，以尽量减少对建筑设备的依赖。

具体措施可归纳为以下三个方面：合理选择建筑的地址，采取合理的外部环境设计（主要方法为在建筑周围布置树木、植被、水面、假山、围墙）；合理设计建筑形体（包括建筑整体体量和建筑朝向的确定），以改善既有的微气候；合理的建筑形体设计是充分利用建筑室外微环境来改善建筑室内微环境的关键部分，主要通过建筑各部件的结构构造设计和建筑内部空间的合理分隔设计得以实现。

2）围护结构。建筑围护结构组成部件（屋顶、墙、地基、隔热材料、密封材料、门和窗、遮阳设施）的设计对建筑能耗、环境性能、室内空气质量与用户所处的视觉和热舒适环境有根本的影响。一般增大围护结构的费用仅为总投资的3%～6%，而节能却可达20%～40%。通过改善建筑物围护结构的热工性能，在夏季可减少室外热量传入室内，在冬季可减少室内热量的流失，使建筑热环境得以改善，从而减少建筑冷、热消耗。

首先，提高围护结构各组成部件的热工性能，一般通过改变其组成材料的热工性能实行。然后，根据当地的气候、建筑的地理位置和朝向，选择围护结构组合优化设计方法。最后，评估围护结构各部件与组合的技术经济可行性，以确定技术可行、经济合理的围护结构。

3）提高终端用户用能效率。高能效的采暖、空调系统与上述削减室内冷热负荷的措施并行，才能真正地减少采暖、空调能耗。

首先，根据建筑的特点和功能，设计高能效的暖通空调设备系统，例如热泵系统、蓄能系统和区域供热、供冷系统等。然后，在使用中采用能源管理和监控系统监督和调控室内的舒适度、室内空气品质和能耗情况。在其他的家电产品和办公设备方面，应尽量使用节能认证的产品。

4）提高总的能源利用效率。从一次能源转换到建筑设备系统使用终端能源的过程中，能源损失很大。因此，应从全过程（包括开采、处理、输送、储存、分配和终端利用）进行评价，才能全面反映能源利用效率和能源对环境的影响。

建筑中的能耗设备，如空调、热水器、洗衣机等应选用能源效率高的能源供应。例如，作为燃料，天然气比电能的总能源效率更高。采用第二代能源系统，可充分利用不同品位热能，最大限度地提高能源利用效率，如热电联产（CHP）、冷热电联产（CCHP）。

（2）利用新能源。

在节约能源、保护环境方面，新能源的利用起至关重要的作用。新能源通常指非常规的可再生能源，包括有太阳能、地热能、风能、生物质能等。人们对各种太阳能利用方式进行了广泛的探索，逐步明确了发展方向，使太阳能初步得到一些利用。

1）太阳能热发电技术较为成熟。美国、以色列、澳大利亚等国投资兴建了一批试验性太阳能热发电站，以后可望实现太阳能热发电商业化。

2）随着太阳能光伏发电的发展，国外已建成不少光伏电站和"太阳屋顶"示范工程，将促进并网发电系统快速发展。

3）全世界已有数万台光伏水泵在各地运行。

4）太阳热水器技术比较成熟，已具备相应的技术标准和规范，但仍需进一步地完善太阳热水器的功能，并加强太阳能建筑一体化建设。

5）被动式太阳能建筑因构造简单、造价低，已经得到较广泛应用，其设计技术已相对较为成熟，已有可供参考的设计手册。

6）太阳能吸收式制冷技术出现较早，已应用在大型空调领域；太阳能吸附式制冷处于样机研制和实验研究阶段。

7）太阳能干燥和太阳灶已得到一定的推广应用。

在利用地热能时，一方面可利用高温地热能发电或直接用于采暖供热和热水供应；另一方面可借助地源热泵和地道风系统利用低温地热能。

风能发电较适用于多风海岸线山区和易引起强风的高层建筑，在英国和中国香港已有成功的工程实例，但在建筑领域，较为常见的风能利用形式是自然通风方式。

三、建筑节能标准

建筑节能检测通过一系列国家标准确定竣工验收的工程是否达到节能的要求。GB 50411—2007《建筑节能工程施工质量验收规范》对室内温度、供热系统室外管网的水力平衡度、供热系统的补水率、室外管网的热输送效率、各风口的风量、通风与空调系统的总风量、空调机组的水流量、空调系统冷热水总流量、冷却水总流量、平均照度与照明功率密度等进行节能检测。

公共建筑节能检测依据 JGJ/T 177—2009《公共建筑节能检测标准》对建筑物室内平均温度、湿度、非透光外围护结构传热系数、冷水（热泵）机组实际性能系数、水系统回水温度一致性、水系统供回水温差、水泵效率、冷源系统能效系数、风机单位风量耗功率、新风量、定风量系统平衡度、热源（调度中心、热力站）室外温度等进行节能检测。

居住建筑节能检测依据 JGJ 132—2009《居住建筑节能检测标准》对室内平均温度、围护结构主体部位传热系数、外围护结构热桥部位内表面温度、外围护结构热工缺陷、外围护结构隔热性能、室外管网水力平衡度、补水率、室外管网热损失率、锅炉运行效率、耗电输热比等进行节能检测。

有关建筑节能的系统和电气设备的各种标准见表 1-1。

表 1-1　　　　　　　　　　　　有关建筑节能的系统和电气设备的各种标准

序号	标准号	标准名称	实施日期
1	GB/T 51141—2015	既有建筑绿色改造评价标准	2016-08-01
2	GB 50189—2015	公共建筑节能设计标准（附条文说明）	2015-10-01

序号	标准号	标准名称	实施日期
3	GB 31276—2014	普通照明用卤钨灯能效限定值及节能评价值	2015-09-01
4	GB/T 31341—2014	节能评估技术导则	2015-07-01
5	GB/T 31349—2014	节能量测量和验证技术要求中央空调系统	2015-07-01
6	GB/T 31348—2014	节能量测量和验证技术要求照明系统	2015-07-01
7	GB/T 31347—2014	节能量测量和验证技术要求通信机房项目	2015-07-01
8	GB/T 31345—2014	节能量测量和验证技术要求居住建筑供暖项目	2015-07-01
9	GB 20943—2013	单路输出式交流－直流和交流－交流外部电源能效限定值及节能评价	2014-09-01
10	GB 19415—2013	单端荧光灯能效限定值及节能评价值	2014-09-01
11	GB/T 30257—2013	节能量测量和验证技术要求通风机系统	2014-07-01
12	GB/T 50893—2013	供热系统节能改造技术规范（附条文说明）	2014-03-01
13	GB/T 50824—2013	农村居住建筑节能设计标准（附条文说明）	2013-05-01
14	GB/T 29148—2012	温室节能技术通则	2013-10-01
15	GB/T 29235.2—2012	接入设备节能参数和测试方法　第2部分：ADSL局端	2013-06-01
16	GB/T 29239—2012	移动通信设备节能参数和测试方法基站	2013-06-01
17	GB/T 29235.1—2012	接入设备节能参数和测试方法　第1部分：ADSL用户端	2013-06-01
18	GB/T 29238—2012	移动终端设备节能参数和测试方法	2013-06-01
19	GB/T 28750—2012	节能量测量和验证技术通则	2013-01-01
20	GB/T 28521—2012	通信局站用智能新风节能系统	2012-10-01
21	GB/T 50668—2011	节能建筑评价标准（附条文说明）	2012-05-01
22	GB/T 26759—2011	中央空调水系统节能控制装置技术规范	2011-11-01
23	GB/T 26262—2010	通信产品节能分级导则	2011-06-01
24	GB 50411—2007	建筑节能工程施工质量验收规范（附条文说明）	2007-10-01

四、建筑节能设计内容

建筑节能设计内容见表1-2。

表1-2　　　　　　　　　　　　　　建筑节能设计内容

序号	检查项目	检查内容与依据
1	围护结构的热工性能	屋顶传热系数的计算及设计（选用）的做法
		外墙（包括非透明幕墙）传热系数的计算及设计（选用）的做法
		底面接触室外空气的架空或外挑楼板传热系数的计算及设计（选用）的做法
		非采暖、空调房间与采暖、空调房间的隔墙或楼板传热系数计算及设计（选用）的做法
		单一朝向外窗（包括透明幕墙）设计的传热系数及遮阳系数
		屋顶透明部分设计的传热系数及遮阳系数
		地面和地下室外墙热阻值的计算及设计（选用）的做法
2	窗墙比	建筑窗墙面积比

续表

序号	检查项目	检查内容与依据
3	屋顶透明部分	建筑屋顶透明部分的面积
4	气密性	外窗气密性设计
		透明幕墙气密性设计
5	负荷计算	围护结构传热系数 K 值
		围护结构传热系数 K 值应与建筑节能计算及节能设计一览表相符
		必须对采暖空调房间进行热负荷和逐项逐时的冷负荷计算
		采暖与空调水系统设计时，应进行水力平衡计算，并应采取措施使设计工况时各并联环路之间的压力损失相对差额不大于15%。同时应计算确定合理的采暖和空调冷热水循环泵的流量和扬程
6	采暖空调系统设计	集中采暖系统应具有分室（区）控温调节功能并应考虑实行分区热计量的可能
		两管制空调水系统中选择冷热水循环泵共用时应核对循环泵的流量是否匹配
		建筑物内设计集中排风系统应考虑设置排风热回收装置
7	保温	采暖空调风、水管道保温材质厚度等应符合相关规范、规程的规定
8	冷热源	除 GB 50189—2015《公共建筑节能设计标准》规定的情况外，不采用电热锅炉、电热水器作为直接采暖和空气调节系统的热源
		锅炉的额定热效率
		电机驱动压缩机的蒸汽压缩循环冷水（热泵）机组，在额定制冷工况和规定条件下性能系数（COP）
		名义制冷量大于7100W、采用电机驱动压缩机的单元式空气调节机、风管送风式和屋顶式空气调节机组时，在名义制冷工况和规定条件下，其能效比（EER）
		蒸汽、热水型溴化锂吸收式冷水机组及直燃型溴化锂吸收式冷（温）水机组应选用能量调节装置灵敏、可靠的机型，在名义工况下的性能参数
9	控制	当空调水系统采用二次泵系统时，其二次泵应采用自动变速控制方式
		采用集中空调通风系统，当用户分楼层、分室内区域、分用户或分室收费时，应相应设置冷、热量计量装置；建筑群的每栋公共建筑及其冷、热源站房，应设置冷热计量装置。并对冷热计量与分摊方式进行说明
10	镇流器	直管形荧光灯应配用电子镇流器或节能型电感镇流器，采用的镇流器应符合该产品的国家能效标准
11	办公建筑照明	普通办公室照明功率密度值
		高档办公室、设计室照明功率密度值
		会议室照明功率密度值
		营业厅照明功率密度值
		文件整理、复印、发行室照明功率密度值
		档案室照明功率密度值

序号	检查项目	检查内容与依据
12	商业建筑照明	一般商店营业厅照明功率密度值
		高档商店营业厅照明功率密度值
		一般超市营业厅照明功率密度值
		高档超市营业厅照明功率密度值
13	旅馆建筑照明	客房照明功率密度值
		中餐厅照明功率密度值
		多功能厅照明功率密度值
		客房层走廊照明功率密度值
		门厅照明功率密度值
14	医院建筑照明	治疗室、诊室照明功率密度值
		化验室照明功率密度值
		手术室照明功率密度值
		候诊室、挂号厅照明功率密度值
		病房照明功率密度值
		护士站照明功率密度值
		药房照明功率密度值
		重症监护室照明功率密度值
15	学校建筑照明	教室、阅览室照明功率密度值
		实验室照明功率密度值
		美术教室照明功率密度值
		多媒体教室照明功率密度值

第三节　绿色建筑

一、定义

1. 内涵

绿色建筑是指在全寿命期内，最大限度地节约资源（节能、节地、节水、节材），保护环境，减少污染，为人们提供健康、适用和高效的使用空间，与自然和谐共生的建筑。

建筑的全寿命期包括的环节如图 1-6 所示。

绿色建筑的基本内涵可归纳为：

（1）减轻建筑对环境的负荷，即节约能源及资源。

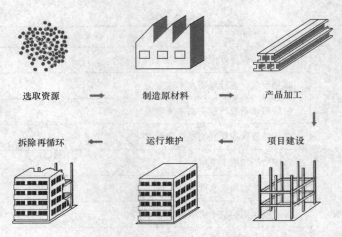

选取资源 → 制造原材料 → 产品加工

拆除再循环 ← 运行维护 ← 项目建设

图 1-6　建筑的全寿命期

（2）提供安全、健康、舒适性良好的生活空间。

（3）与自然环境亲和，做到人及建筑与环境的和谐共处、永续发展。

绿色建筑的"绿色"，代表一种概念或象征，指建筑对环境无害，能充分利用环境自然资源，并且在不破坏环境基本生态平衡条件下建造的一种建筑，又可称为可持续发展建筑、生态建筑、回归大自然建筑、节能环保建筑等。

绿色建筑的室内布局十分合理，尽量减少使用合成材料，充分利用阳光，节省能源，为居住者创造一种接近自然的感觉。以人、建筑和自然环境的协调发展为目标，在利用天然条件和人工手段创造良好、健康的居住环境的同时，尽可能地控制和减少对自然环境的使用和破坏，充分体现向大自然的索取和回报之间的平衡。

2. 节能建筑与绿色建筑的区别

节能建筑、绿色建筑、低碳建筑从内容、形式到评价指标均不一样。

节能建筑符合 GB/T 50668—2011《节能建筑评价标准》单项要求即可。

绿色建筑符合 GB/T 50378—2014《绿色建筑评价标准》评价指标体系，由节地与室外环境、节能与能源利用、节水与水资源利用、节材与材料资源利用、室内环境质量、施工管理、运营管理 7 类指标组成。

实际上，节能建筑执行节能标准是强制性的，如果违反则面对相应的处罚。绿色建筑目前在国内是引导性质，鼓励开发商和业主在达到节能标准的前提下做诸如室内环境、中水回收等项目。

节能建筑不一定是绿色建筑，但是达到星级的绿色建筑肯定是节能建筑。

3. 发展现状

建筑节能和绿色建筑是推进新型城镇化、建设生态文明、全面建成小康社会的重要举措。

从世界范围看，欧盟等发达国家为应对气候变化，实现可持续发展战略，不断提高建筑能效水平。

欧盟 2002 年通过并于 2010 年修订的《建筑能效指令》（EPBD），要求欧盟国家在 2020 年前，所有新建建筑都必须达到近零能耗水平。

丹麦要求 2020 年后居住建筑全年冷热需求降低至 $20kW \cdot h/(m^2 \cdot a)$ 以下。

英国要求 2016 年后新建建筑达到零碳，2019 年后公共建筑达到零碳。

德国要求 2020 年 12 月 31 日后新建建筑达到近零能耗，2018 年 12 月 31 日后政府部门拥有或使用的建筑达到近零能耗。

美国要求 2020—2030 年"零能耗建筑"应在技术经济上可行。

韩国提出 2025 年全面实现零能耗建筑目标。

许多国家都在积极制定超低能耗建筑发展目标和技术政策，建立适合本国特点的超低能耗建筑标准及相应技术体系，超低能耗建筑正在成为建筑节能的发展趋势。

2006 年中国加入亚太地区清洁发展与气候伙伴关系（APP）开启跟踪国际发达低能耗建筑发展，2010 年上海世博会、英国零碳馆和德国的汉堡之家是我国首次建立的超低能耗建筑。

二、节能技术

1. 建筑布局

合理的建筑布局能够大幅降低建筑使用过程中的能耗。

在一栋建筑的规模、功能、区域确定了以后，建筑外形和朝向对建筑能耗将有重大影响。一般认为，建筑体形系数与单位建筑面积对应的外表面积的大小成正比关系，合理的建筑布局可以降低采暖空调系统的电力使用载荷。

从热力学与空气动力学的角度出发，较小的体形系数与较小的外部负荷呈现正比关系。而用途为住宅的建筑物外部负荷不稳定其对能量消耗占主要因素。对运动场馆、影院等大型公共用途的建筑物而言，其内部的发热量要远远高于外部的发热量，所以在设计中较大的体形系数更加有利于散热。普通住宅与大型的公共建筑由于用途不一样，其发热量影响因素也不一样，从节能的角度出发，其体形系数的设计要求是相反的。

2. 外墙保温

建筑物进行外墙保温能够大幅降低建筑使用过程中的能耗。

对建筑物进行外墙保温是一项能够大幅提高热工性能的绿色节能工程，其外墙保温材料的铺设厚度与其保温效果呈现正比例关系。

外墙保温工艺的广泛应用不但可以在寒冷的冬季有效地避免室内温度的快速流失，而且在炎热的夏季还可以有效地避免由于太阳光辐射而导致的外墙温度升高进而带动室内温度的上升，从而减小了空调等制冷设备的工作载荷。通过铺设建筑物外墙保温层不但使夏季的隔热性能得到提升还使得冬季的保温性能得以加强，减轻了冬季供暖压力和夏季的降温电力载荷，从而使得建筑物的能耗得到降低。所以，从考虑降低能耗的角度来看，应大力推广建筑物外墙保温工艺与技术进行广泛的实施。

3. 室内环境

对室内环境进行系统控制以达到综合性系统节能的目的。

绿色建筑的一大特点就是综合利用空气处理，尽可能地多采用自然光，优化完善自然通风设计等诸多综合系统，整体性多方位地进行优化与系统整合。

将多方面的使用功能有机地进行整合与优化完善，科学系统地从整体上降低建筑物的能耗。在整体性综合控制当中暖通系统占有极其重要的作用，一般的建筑当中暖通系统占其总能耗百分比高达 50% 以上。对建筑物的暖通系统进行科学、合理的优化和有机的整合具有极其重要的意义。而要降低暖通系统的能耗，首当其冲就是要从优化暖通系统的设计入手，其节能成败的关键因素是对暖通系统的自动控制。而从当前的暖通空调系统优化设计方案实施效果来看，节能效率最高的基本上都是采用集散控制技术的绿色建筑系统，一般地，整个暖通空调系统的节能效率最高可达 30％左右。

4. 能源利用

充分利用洁净丰富的太阳能天然能源。

就目前而言，太阳能为目前已开发的绿色能源中最重要的能源，是取之不尽、用之不竭、广泛存在的天然能源，其具有极为洁净和廉价等诸多显著优点。

目前，在住宅建筑中太阳能的利用主要有太阳能空调、太阳能热水器和太阳能电池。对于我国而言太阳能资源相对还是十分丰富的，浙江地区年平均日照时数为 1710～2100h。这为我国开发利用洁净的太阳能资源提供了良好的条件。现在制约着太阳能利用的最大因素在于其能量转换率过低，但是从发展的角度来看，随着科学技术的进步，太阳能利用的范围将会更广，能量转换效率将会更高。

5. 水资源系统

引入中水系统，对水资源进行合理的开发及使用，避免浪费。

中国属于被联合国列为水资源紧缺的国家之一。在正常生活中使用量占 95％的洗涤及排污用水使用的都是饮用水，这就造成了极大的浪费。而饮用水的处理要求极高，但是使用量只占 5％。引入中水系统后 95％的非饮用水（浇灌、洗涤、冲刷）将不再使用饮用水，并且经过简单处理后即可循环使用，这样极大地节约了对饮用水的浪费性使用，减少了水处理成本，从而实现节能降耗的目标。

6. 照明系统

应用昼光照明技术降低照明能耗。

在建筑的能耗排行中，建筑照明是排名前列的选项。在一些商业性质的建筑物中，建筑照明所消耗的电量有时候可以占到总耗电量的 30％以上。而且由于照明发光制热的因素，在一些需要降低环境温度的区域空间里，因为照明制热的原因还导致制冷系统载荷的被动性加大。昼光照明就是将日光引入建筑内部，并将其按照一定的方式分配，以提供比人工光源更理想和质量更好的照明。昼光照明减少了电力光源的需要量，减少了电力消耗与环境污染。研究证明，昼光照明能够形成比人工照明系统更为健康和更兴奋的环境，可以使工作效率提高 15％。昼光照明还能够改变光的强度、颜色和视觉，有助于提高工作效率和学习效率，广泛应用于绿色建筑中。

三、相关标准

1. 国外绿色建筑评价体系

国际上比较有影响力的绿色建筑评价体系中，英国的建筑研究所环境评价法（BREEAM）、美国的能源及环境设计先导计划（LEED）、德国的可持续建筑评估体系（DGNB）、日本的建筑物综合环境性能评价体系（CASBEE）等这几个评价体系在近 20 年绿色建筑评价体系领域中最具有代表性。它们都具有鲜明的特征，有的在促进市场改革方面大获成功，有的在体系框架革新上取得突破。这些评价体系对世界其他国家和地区的评价体系都产生了直接或间接的影响。

（1）英国 BREEAM 体系。

英国 BREEAM 体系始创于 1990 年，是世界上第一个绿色建筑的评估体系。其评估范围很广，涉及不同类型和不同生命状态的建筑物。BREEAM 体系采用了全生命周期评价方法，以评判建筑在其整个生命周期中，包含从建筑设计开始阶段的选址、设计、施工、使用直至最终报废拆除所有阶段的环境性能。

在权重体系方面，英国 BREEAM 体系采用了 2 级权重体系，同时具有较完善的定量化指标，以评分为主，当建筑物通过或超过某一指标的基准时，就会获得该项指标的分数。每项指标都计分，分值统一。所有分数在加权累加后得到最后总分，BREEAM 按照建筑得分给予 4 个主要级别的评定，分别是"通过""好""很好""优秀"。

（2）美国 LEED 体系。

美国的 LEED 标准创立于 1998 年，由美国绿色建筑协会（United States Green Building Council，USGBC）颁布。LEED 评价体系运用的是条款评价方法，即针对每一条评价子项进行打分，每个子项最多可获 1 或 2 分，在满足每个评价大项前提条件的基础上，子项分数相加得到最终分数。

在权重体系方面，美国 LEED 体系采用了无权重系统（或线性权重系统），并通过不同指标可获得的最高分数的多少来体现指标重要性的差别。体系采用了与评价基准进行比较的方法，即当建筑的某个特性达到规定标准时，便会获得一定的分数，指标项的得分简单相加便获得总得分，此种评分方式简化了操作过程。

评估后根据得分数高低，合格者共分为 4 个评估等级，分别为"合格认证""银质认证""金质认证""铂金认证"。

LEED 认证具有三个特点：

1）商业行为，收取一定的佣金。

2）第三方认证，既不属于设计方又不属于使用方，在技术和管理上保持高度的权威性。

3）企业采取自愿认证的方式。

LEED 评分标准有两个主要的特征：

1）环境、建筑各个指标的量化：LEED 认证体系并不简单地停留于定性分析，而是根据如 ASHRAE（美国采暖空调工程师学会）标准进行深入定量分析。如：能源使用须达到美国 ANSI/ASHRAE/IESNA90.1-2010 所规定的建筑节能和性能标准或本地节能标准；并在此基础上进一步节省能耗、用水成本等；室内空气质量达到美国 ASHRAE62.1-2010 的最低要求或更高；减少固体废弃物排放量等。

2）LEED 认证体系使过程和最终目的更好地结合：正是由于 LEED 认证体系的量化过程，使得建筑的设计和建造过程更趋于可控化、可实践性。譬如说，通过计算机能源模拟分析建筑物现行设计的能源消耗成本，对比 LEED 要求的目标成本，为设计团队提供量化依据及整体优化手段对建筑系统进行调整，从而保证建筑后期运营的低成本。

正是由于 LEED 认证体系的以上两个特点，得到了建筑业界和各国政府的支持。自从其发布以来，已被美国 48 个州和国际上 7 个国家所采用。在部分州和国家已将其列为当地的法定强制标准加以实行，如俄勒冈州、加利福尼亚州、西雅图市。而美国国务院、环保署、能源部、美国空军、海军等部门都已将其列为所属部门建筑的标准。在北京规划建造的美国驻中国大使馆新馆也采用了该标准。

（3）德国 DGNB 体系。

德国可持续建筑评估体系（DGNB）创建于 2007 年，由德国可持续建筑委员会与德国政府共同开发编制，具有国家标准性质。

该标准不仅是绿色建筑标准，而且是涵盖了生态、经济、社会三大方面因素的第二代可持续建筑评估体系。包含了建筑全寿命周期成本计算、建造成本、运营成本、回收成本、有效评估控制建筑成本和投资风险。

整个体系有严格全面的评价方法和庞大数据库及计算机软件的支持。其评估方法是，根据建筑已经记录的或者计算出的质量，每条标准的最高得分为 10 分，每条标准根据其所包含的内容可评定为 0～3 分。

体系的构建包括评估公式，根据公式计算出质量认证要求的建筑达标度，分为金级、银级、铜级。50％以上为铜级，65％以上为银级，80％以上为金级。

（4）日本 CASBEE 体系。

为了能够针对不同建筑类型和建筑生命周期不同阶段的特征进行准确的评价，CASBEE 体系由一系列的评价工具构成。CASBEE 的权重系数是由企业、政府、学术团体组成各专业委员会，通过对提高建筑物环境质量、降低外部环境负荷的重要性反复比较，并经案例试评后确认。CASBEE 和 LEED、BREEAM 等评价体系一样，主要通过专家调查法获得权重。目前，CASBEE 的评价工具设 4 级权重。

CASBEE 需要评价"Q（quality）即建筑的环境品质和性能"和"L（loading）即建筑的外部环境负荷"两大指标，分别表示"对假想封闭空间内部建筑使用者生活舒适性的改善"和"对假想封闭空间外部公共区域的负面环境影响"。CASBEE 提出的建筑物综合评价内容，包括边界划分出的内外两空间的相互关联的各个因素，分别定义为 Q 和 L 并严格划分，分别进行评价。

CASBEE 采用 5 级评分制，基准值为 3 分；满足最低条件时评为水准 1 分，达到一般水准时为 3 分。依照权重系数，各评价指标累加得到 Q 和 L，表示为柱状图、雷达图。最后根据关键性指针—建筑环境效率指标（Building Environment Efficiency，BEE），给予建筑评价，其中 $BEE = Q/L$。

CASBEE 体系独创性地引入了建筑环境效率 BEE，使评价结果变得简洁、明确。但是 Q 类指标和 L 类指标相关性的不均衡会影响评价的公平性。同时，过多的指标使该体系复杂且不易操作。

（5）加拿大 GBTOOL 体系。

GBTOOL 对建筑的评价内容包括从各项具体标准到建筑总体性能。

所有评价的性能标准和子标准的评价等级被设定为从−2 分到+5 分，评分系统中的评分标准相应也包括了从具体标准到总体性能的范围。通过制定一套百分比的加权系统，各个较低层系的分值分别乘以各自的权重百分数之后相加，得出的和便是高一级标准层系的分值。因此，建筑各个方面的环境性能都可以直观地以分值表达出来。

在权重体系方面，GBTOOL 体系采用 4 级权重的方法，其中前两级权重固定，是整个评价体系的主要评价方面，后两级可以根据使用 GBTOOL 体系的国家的实际情况自行决定。因此，GBTOOL 体系具有灵活多变的特点和广泛的适用性，但同时这也使评价过程变得过于烦琐，导致整个评价体系在市场推广上难度较大。

2. 国内有关绿色建筑标准

有关绿色建筑的各种标准见表 1-3。

表 1-3 有关绿色建筑的各种标准

序号	标准号	标准名称	实施日期
1	GB/T 51100—2015	绿色商店建筑评价标准（附条文说明）	2015-12-01
2	GB/T 51153—2015	绿色医院建筑评价标准	2016-08-01
3	GB/T 50378—2014	绿色建筑评价标准	2015-01-01
4	GB/T 50905—2014	建筑工程绿色施工规范（附条文说明）	2014-10-01
5	GB/T 50908—2013	绿色办公建筑评价标准（附条文说明）	2014-05-01
6	GB/T 50878—2013	绿色工业建筑评价标准	2014-03-01
7	GB/T 50640—2010	建筑工程绿色施工评价标准（附条文说明）	2011-10-01
8	CECS 377—2014	绿色住区标准（附条文说明）	2014-10-01
9	TB/T 10429—2014	绿色铁路客站评价标准（附条文说明）	2014-08-01
10	JTS/T 105—4—2013	绿色港口评价等级标准	2013-06-01
11	JGJ/T 229—2010	民用建筑绿色设计规范（附条文说明）	2011-10-01
12	YC/T 396—2011	烟草行业绿色工房评价标准	2011-07-15
13	LB/T 015—2011	绿色旅游景区	2011-06-01
14	LB/T 007—2015	绿色旅游饭店	2016-02-01
15	LB/T 048—2016	国家绿色旅游示范基地	2016-01-05
16	JGJ/T 307—2013	城市照明节能评价标准	2014-02-01

第四节 被动式低能耗居住建筑

一、被动式低能耗居住建筑概述

1. 定义

被动式超低能耗绿色建筑（以下简称超低能耗建筑）是指适应气候特征和自然条件，通过保温隔热性能和气密性能更高的围护结构，采用高效新风热回收技术，最大限度地降低建筑供暖供冷需求，并充分利用可再生能源，以更少的能源消耗提供舒适室内环境并能满足绿色建筑基本要求的建筑。

被动房（passive house），也叫被动式超低能耗绿色建筑，起源于德国，是国际认可的一种集高舒适度、低能耗、经济性于一体的节能建筑技术。其主要原理是通过最大程度减少建筑物的热量损失，以至于几乎不需要采取主动采暖或制冷措施，主要通过节能设计及依靠自身优越的保温性能及气密性，从建筑技术层面综合利用建筑物可获取的所有自然得热方式（包括太阳、照明、人体、电器散热等），实现维持室温 20℃以上且保持室内空间高舒适度。由于被动房具有超低能耗、超微排放、超高舒适度的特点，对于解决我国建筑行业能耗高、碳排放大及解决我国供暖能耗高等问题意义重大。

与普通建筑相比，被动式低能耗房屋几乎不与外界进行热交换，隔热性能更强，可节能80%以上。它主要通过高隔热隔声、密封性强的建筑外墙和利用太阳能、地热能等可再生能源实行被动采暖和制冷，最终实现低能耗。

2．技术特征

（1）保温隔热性能更高的非透明围护结构。

（2）保温隔热性能和气密性能更高的外窗。

（3）无热桥的设计与施工。

（4）建筑整体的高气密性。

（5）高效新风热回收系统。

（6）充分利用可再生能源。

（7）至少满足 GB 50378—2014《绿色建筑评价标准》一星级要求。

3．优势

（1）更加节能。建筑物全年供暖供冷需求显著降低，严寒和寒冷地区建筑节能率达到90％以上。与现行国家节能设计标准相比，供暖能耗降低 85％以上。

（2）更加舒适。建筑室内温湿度适宜；建筑内墙表面温度稳定均匀，与室内温差小，体感更舒适；具有良好的气密性和隔声效果，室内环境更安静。

（3）更好空气品质。有组织的新风系统设计，提供室内足够的新鲜空气，同时可以通过空气净化技术提升室内空气品质。

（4）更高质量保证。无热桥、高气密性设计，采用高品质材料部品，精细化施工及建筑装修一体化，使建筑质量更高、寿命更长。

4．重点控制内容

超低能耗建筑的设计、施工及运行应以建筑能耗值为约束目标，转变传统的设计理念、施工方法和运行模式。超低能耗建筑实施过程中，应重点控制以下内容：

（1）规划设计应在建筑布局、朝向、体形系数和使用功能方面，体现超低能耗建筑的理念和特点，并注重与气候的适应性。严寒和寒冷地区冬季以保温和获取太阳得热为主，兼顾夏季隔热遮阳要求；夏热冬冷和夏热冬暖地区以夏季隔热遮阳为主，兼顾冬季的保温要求；过渡季节能实现充分的自然通风。

（2）超低能耗建筑的节能目标应根据本导则技术指标的要求，结合不同气候区建筑热工性能参考值，综合考虑当地技术经济条件，采用以建筑能耗值为目标的性能化设计方法，通过建筑能耗模拟分析对建筑设计方案进行优化后确定。

（3）应针对围护结构热桥和气密性关键节点制定专项处理方案，并绘制大样图。

（4）应研究和制定合理的新风处理方案，并进行气流组织的优化设计。

（5）应采用更加严格的施工质量标准，保证精细化施工，并进行全过程质量控制。

（6）施工期间应对典型房间进行气密性抽查，外围护结构和气密层施工完成后应进行建筑气密性检测，并达到本导则气密性指标要求。

（7）针对超低能耗建筑特点，编制运行管理手册和用户使用手册。强调人的行为作用对节能运行的影响，培养用户节能意识并指导其正确操作，实现节能目标。

二、发展现状

1．国外

"被动房"建筑的概念是在德国 20 世纪 80 年代低能耗建筑的基础上建互起来的，1988年瑞典隆德大学（Lund University）的阿达拇森教授（Bo Adamson）和德国的菲靳特博士

（Wolfgang Feist）首先提出这概念，他们认为"被动房"建筑应该是不用主动的采暖和空调环境就可以维持舒适室内热环境的建筑。1991年在德国的达拇施塔特（Darmstadt）的卡塞尔（Kranichstein）建成了第一座"被动房"建筑（Passive House Darmstadt Kranichstein），在建成至今的十几年里，一直按照设计的要求正常运行，取得了很好的效果。

欧盟是当今全球仅次于美国的能源消耗大户，其中建筑能耗比重较大，占欧盟总能源消耗的40%，建筑领域温室气体的排放已达到世界温室气体排放总量的30%左右。欧盟建筑能耗比重最大的是采暖空调，约占居住建筑能耗的70%，公共建筑能耗大50%。由于建筑节能的成本收益相对于其他行业（工业、交通）更高，因此建筑节能成为欧盟实现其减排目标的优先发展领域。

2007年3月欧盟国家与政府首脑会议提出了三个"20%"的节能减排目标：即在2020年以前将温室气体的排放量在1990年水平上降低20%，2020年前将一次能源消耗降低20%，2020年前可再生能源的应用比例提高20%。

2010年6月18日，欧盟出台了《建筑能效2010指令》（EPBD2010），该指令规定，成员国从2020年12月31日起，所有的新建建筑都是近零能耗建筑；2018年12月31日起，政府使用或拥有的新建建筑均为零能耗建筑。为了实现欧盟的能效提升目标，各成员国都积极推进超低能耗建筑（近零能耗建筑）的发展，超低能耗建筑是个广义的概念，包括能效高于国家现行标准30%以上的低能耗建筑、被动房（3升房）、零能耗建筑和产能房，逐步建立和完善了超低能耗建筑标准体系。被动房的推广成为欧盟进一步挖掘建筑节能潜力，摆脱对化石能源依赖的有力措施之一。在被动房的基础上，欧盟还进一步研究与发展零能耗建筑和产能房建筑（或正能效建筑）的概念，这已代表了未来建筑节能的方向。

低能耗建筑在欧洲各国的定义都不太统一，通常指能效高于国家现行标准30%的建筑，而低能耗建筑往往在几年后成为新的国家标准。

被动房指采用各种节能技术构造最佳的建筑围护结构和室内环境，极大限度地提高建筑保温隔热性能和气密性，使建筑物对采暖和制冷需求降到最低。在此基础上，通过各种被动式建筑手段，如自然通风、自然采光、太阳能辐射和室内非供暖热源得热等来实现室内舒适的热湿环境和采光环境，最大限度降低对主动式机械采暖和制冷系统的依赖或完全取消这类设施。

当建筑采暖负荷小于或等于$10W/m^2$，被动房可以依靠带高效热回收效率的新风系统采暖。

世界上最大的被动办公楼是德国能源公司（Energon）于2002年建于德国的乌尔姆。按照达拇施塔特被动房机构公布的要求，建筑必须在年热能需求、热负荷、空气密度和基本能源需求等方面符合特定的标准，才能称为合格的"被动房"。

"被动房"的建筑方式不受楼宇类型的限制，包括办公楼宇、住房、校舍、体育馆以及工业用房。因此普通建筑可以通过改建达到"被动房"的标准要求，具有广泛的宴践意义。截至2012年共计有37000多栋被动房在德国、奥地利、瑞士和意大利投入使用。而世博会上的"汉堡之家"成为我国境内首座获得认证的"被动房"。

1991年德国在达姆施达特市卡塞尔（Kranichstein）区建立了第一个被动式住宅，2000年德国建成了首个被动房小区，目前德国已经有6万多栋这种房屋，并以每年新增3000栋的速度增长。被动房不仅适用于量大面广的住宅，而且可应用于办公楼、学校、幼儿园等建筑类型。

零能耗建筑和产能房是欧洲建筑节能研发和应用的前沿领域。零能耗建筑是指年供暖、热水能源需求及辅助电力需求基本由建筑内部得热和可再生能源供应。产能房（或正能效建筑）是指年能源产业大于能源消耗，多余的电力输给公共电网或用于电动汽车充电。

2. 国内

在我国，居住建筑从第一部建筑节能标准开始，经历了"三步节能"过程，新建供暖居住建筑在 1980～1981 年住宅通用设计能耗的基础上，于 1986 年、1995 年和 2005 年分别将建筑能效提高了 30％、50％和 65％。我国除了建筑节能的设计标准外，还有 GBT 50378—2014《绿色建筑评价标准》以推动绿色建筑在我国的发展。绿色建筑评价等同于欧洲的可持续建筑评价，其指标除能效评价外，还涉及节地、节材、节水等方面，体现了建筑与生态环保和资源节约的密切关系。但绿色建筑不一定就是超低能耗建筑。

目前，住房和城乡建设部每年评审全国范围低能耗建筑示范项目，其规定是必须满足强制节能标准的基础上，对能耗控制有创新有突破，比当地现行节能设计标准的设计节能率再降低 5％以上，但低能耗建筑和被动房的标准体系、认证制度并没真正建立起来，对于室内环境、能耗限值没有相应的规定。国家还未有针对超低能耗建筑的补贴和激励政策，更关键的是缺乏实现超低能耗建筑的技术手段和产品，相关产业和施工工艺比较滞后。

因此，我国借鉴欧洲国家的经验，通过试点示范尽管建立起超低能耗建筑标准体系非常必要，但在标准的编制过程中，也要充分考虑我国不同气候区的特点，做适应性的调整。超低能耗建筑标准体系的建立将为我国建筑节能标准规划和预期确立努力的目标，为建筑节能标准的逐步提高提供技术储备，带动建筑节能产业的升级换代，促进施工工艺的精细化革命。

2010 年，中国首家被动式超低能耗建筑示范项目正式在秦皇岛启动。在中国住房和城乡建设部与德国联邦交通、建设及城市发展部的支持下，中德自 2007 年起在建筑节能领域开展技术交流、培训和合作，引进德国先进建筑节能技术，以被动式超低能耗建筑技术为重点，建设了河北秦皇岛在水一方、黑龙江哈尔滨溪树庭院等被动式超低能耗绿色建筑示范工程。同时与美国、加拿大、丹麦、瑞典等多个国家开展了近零能耗建筑节能技术领域的交流与合作，示范项目在山东、河北、新疆、浙江等地陆续涌现，取得了很好的效果。

目前已经建成并投入使用近 20 个被动式超低能耗建筑，有近 50 个被动式超低能耗建筑在建设中。已有超低能耗建筑示范项目已经基本覆盖所有建筑类型、覆盖除温和地区外的所有气候区，积累了许多宝贵的技术数据和工程经验，为进一步推广提供了一定的基础。

被动式房屋是一条值得期待的节能环保之路，顺应了我国新型城镇化的建设需求。据统计，截至目前，我国被动房已在黑龙江、河北、福建、新疆、山东等多个省份开始建造。

三、被动式居住建筑技术指标

超低能耗建筑技术指标应以建筑能耗值为导向，技术指标包括能耗指标、气密性指标及室内环境参数。

1. 耗指标及气密性指标

超低能耗建筑能耗指标及气密性指标见表 1-4。

表 1-4 　　　　　　　　　　　　能耗指标① 及气密性指标

气候分区		严寒地区	寒冷地区	夏热冬冷地区	夏热冬暖地区	温和地区
能耗指标	年供暖需求/［kW·h/（m²·a）］	≤18	≤15	≤5		
	年供冷需求/［kW·h/（m²·a）］	≤3.5+2.0×WDH$_{20}$②+2.2×DDH$_{28}$③				
	年供暖、供冷和照明一次能源消耗量	≤60kW·h/（m²·a）或 7.4kgce/（m²·a）				
气密性指标	换气次数 N$_{50}$④	≤0.6				

① 表中 m² 为套内使用面积，套内使用面积应包括卧室、起居室（厅）、餐厅、厨房、卫生间、过厅、过道、储藏室、壁柜等使用面积的总和。

② WDH$_{20}$（Wet-bulb degree hours 20）为一年中室外湿球温度高于 20℃时刻的湿球温度与 20℃差值的累计值（单位为 kKh）。

③ DDH$_{28}$（Dry-bulb degree hours 28）为一年中室外干球温度高于 28℃时刻的干球温度与 28℃差值的累计值（单位为 kKh）。

④ N$_{50}$ 即在室内外压差 50Pa 的条件下，每小时的换气次数。

2. 室内环境参数

超低能耗建筑室内环境参数见表 1-5。

表 1-5 　　　　　　　　　　　　室内环境参数

室内环境参数	冬季	夏季
温度/℃	≥20	≤26
相对湿度（%）	≥30①	≤60
新风量/［m³/（h·人）］	≥30②	
噪声/dB（A）	昼间≤40；夜间≤30	
温度不保证率	≤10%③	≤10%④

① 冬季室内湿度不参与能耗指标的计算。

② 人均建筑面积取 32m²/人。

③ 当不设供暖设施时，全年室内温度低于 20℃的小时数占全年时间的比例。

④ 当不设空调设施时，全年室内温度高于 28℃的小时数占全年时间的比例。

3. 能耗指标计算

超低能耗建筑能耗指标计算原则：

（1）年供暖（或供冷）需求应包括围护结构的热损失和处理新风的热（或冷）需求；处理新风的热（冷）需求应扣除从排风中回收的热量（或冷量）。

（2）年供暖（或供冷）需求应通过专用软件计算确定。计算时应满足以下要求：

1）室内环境参数应按表 1-5 选取。

2）应考虑热桥部位对累计负荷的影响。

3）使用月平均值方法计算；当室外温度小于或等于 28℃且相对湿度小于或等于 70%时，利用自然通风，不计算供冷需求。

1）除照明外的建筑物内部得热取 2W/m²。

2）计算供冷需求时，还应考虑室内照明的影响，照明功率密度值取 3W/m²。

（3）年供暖、供冷和照明一次能源消耗量应统一换算到标准煤后进行求和计算。不同能源的一次能源换算系数应优先使用当地主管单位提供的数据，如当地没有相关数据，应按表 1-6 的规定计算。

表 1-6　　　　　　　　　　　　　　一次能源换算系数①

能源类型②③	平均低位发热量	一次能源换算系数
原煤	20 908kJ/kg	
洗精煤	26·344kJ/kg	
其他洗煤	8363kJ/kg	
焦炭	28 435kJ/kg	
原油	41 816kJ/kg	
燃料油	41 816kJ/kg	
汽油	43 070kJ/kg	
煤油	43 070kJ/kg	
柴油	42 652kJ/kg	0.123[kg(标准煤)/(kW·h)热量]
煤焦油	33 453kJ/kg	
渣油	41 816kJ/kg	
液化石油气	50 179kJ/kg	
炼厂干气	46 055kJ/kg	
油田天然气	38 931kJ/m³	
气田天然气	35 544kJ/m³	
煤矿瓦斯气	14 636~16 726kJ/m³	
焦炉煤气	16 726~17 981kJ/m³	
高炉煤气	3763kJ/m³	
热力	—	0.15[kg(标准煤)/(kW·h)热量]
电力	—	按当年火电发电标准煤耗或 0.36[kg(标准煤)/(kW·h)电量]
生物质能	—	0.025[kg(标准煤)/(kW·h)热量]
电力(光伏、风力等可再生能源发电自用)		0

① 表中数据引自国家标准 GB/T 2589—2008《综合能耗计算通则》；生物质能换算系数参考国外数据。

② 各种能源折算为一次能源的单位为标准煤当量。kg（标准煤）为能量消耗单位，即千克标准煤。

③ 实际消耗的燃料能源应按其低位发热量折算到 kW·h，再按表中一次能源换算系数折算到标准煤量；kW·h 是电量计量单位；kg（标准煤）/（kW·h）表示每千瓦时的电力折算为千克标准煤。

（4）套内使用面积应按 GB 50096—2011《住宅设计规范》的规定计算；

四、被动式建筑技术

1. 被动式技术

第一层面的节能是被动式节能技术，其核心理念强调直接利用阳光、风力、气温、湿度、地形、植物等场地自然条件，通过优化规划和建筑设计，实现建筑在非机械、不耗能或少耗能的运行模式下，全部或部分满足建筑采暖、降温及采光等要求，达到降低建筑使用能量需求进而降低能耗，提高室内环境性能的目的。

"被动式"节能技术主要可以分为两部分，一部分是根据当地气候条件和场地情况进行建筑设计的合理布局，进而降低建筑本体的能量需求；另一部分是采用符合所在地区地理气候、人为的构造手段，结合建筑师们的巧妙构思，降低建筑自身用能。其主要目标是以非机械或电气设备干预手段实现建筑能耗降低的节能技术，通过在建筑规划及单体设计中对建筑朝向的合理布置、遮阳的设置、建筑围护结构的保温隔热技术、有利于自然通风的建筑开口设计等实现建筑需要的采暖、空调、通风等能耗的降低。

被动式技术通常包括自然通风，自然采光，围护结构的保温、隔热、遮阳、集热、蓄热等方式。

建筑造型及围护结构形式对建筑物性能有着决定性影响。直接的影响包括建筑物与外环境的换热量、自然通风状况和自然采光水平等。而这三方面涉及的内容将构成 70% 以上的建筑采暖通风空调能耗。不同的建筑设计形式会造成能耗的巨大差别，然而建筑作为复杂系统，各方面因素相互影响，很难简单地确定建筑设计的优劣。需要利用动态计算机模拟技术对不同的方案进行详细的模拟预测和比较，确定初步建筑方案，超低能耗计算机辅助设计流程如图 1-7 所示。随后基于单位面积能耗限值，进行详细的能耗分析，从而确定建筑围护结构的热工性能，建筑冷热源系统的负荷及系统形式。

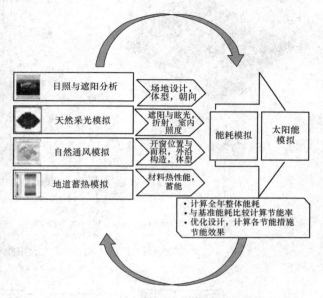

图 1-7　超低能耗计算机辅助设计流程

（1）建筑合理布局，良好的被动式设计或具有能源意识的建筑，应在建筑设计伊始，就结合当地的气候特征，充分考虑地形、地貌和地物的特点，对其加以利用，创造出建筑与自然环境和谐一致，相互依存，富有当地特色的居住、工作环境，充分考虑建筑的朝向、间距、体形、体量、绿化配置等因素对节能的影响，通过相应的合理布局降低用能需求，同时也能为"主动式"节能措施提供良好的条件。

（2）被动式太阳能采暖，一种吸收太阳辐射热的自然加温作用，它引起的升温，会使热量从被照射物体表面流向其他表面和室内空气，同时也是建筑物内部结构的蓄热过程。而蓄热在昼夜循环时又可用于调整太阳得热的过剩或不足，并且它也成为设计时要考虑的关键一步。虽然任何的外部建筑构件可以和玻璃结合起来为被动式太阳能采暖创造条件，但必须对居住情况、空间的使用情况以及室外条件慎重考虑。被动式太阳能采暖如图 1-8 所示。

被动式太阳能采暖需要依靠下面一个或多个条件，即窗户、高侧窗和天窗，这些构件可以使居住空间见到阳光。

（3）自然通风，建筑设计应以当地主导气候特征为基础，通过合理的布局与形体设计创造良好的微气候环境，组织自然通风。现代建筑对自然风的利用不仅需要继承传统建筑中的开窗、开门及天井通风，更需要综合分析室内外实现自然通风的条件，利用各种技术措施实现满足室内热舒适性要求的自然通风，如图 1-9 所示。

不仅需要在建筑设计阶段利用建筑布局、建筑通风开口、太阳辐射、气候条件等来组织和诱导自然通风。而且需要在建筑构件上，通过门窗、中庭、双层幕墙、风塔、屋顶等构件的优化设计，来达到良好的自然通风效果。

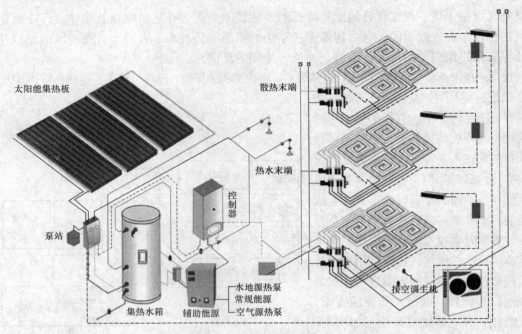

图 1-8 被动式太阳能采暖

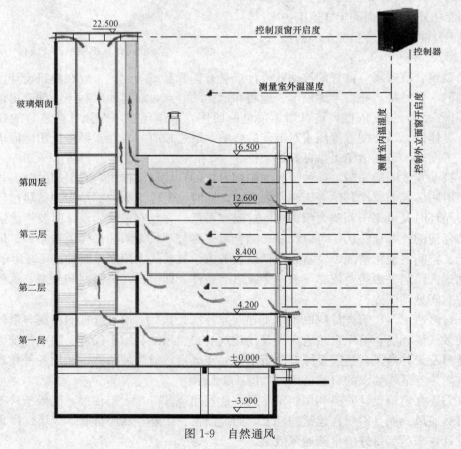

图 1-9 自然通风

（4）自然采光，可以显著降低建筑照明能耗，但是利用自然采光常用及经济的措施是增大建筑的窗墙比，而窗墙比的增加，在夏季会引起太阳辐射得热量增大，冬季会引起室内热量的散失，所以设计不当可能造成虽然自然采光有效降低了照明能耗，但是大幅提高了空调能耗，如图 1-10 所示。

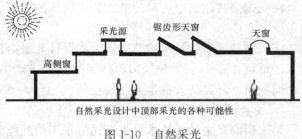

图 1-10　自然采光

现代自然采光技术可分为侧窗采光系统、天窗采光系统、中庭采光系统和新型天然采光系统（如导光管、光导纤维、采光搁板、导光棱镜窗），随着科学技术的发展，也出现了一些新型采光材料，如光致变色玻璃、电致变色玻璃、聚碳酸酯玻璃、光触媒技术等。

（5）围护结构节能技术，建筑物的能耗主要由其外围护结构的热传导和冷风渗透两方面造成的，按照能量路径优化策略，建筑外围护结构的节能措施集中体现在对通过建筑外围护结构的热流控制上。

建筑节能设计的第一层面是良好的围护结构，降低采暖和降温的需求。建筑外围护结构主要包括建筑外墙、楼板和地面、屋顶、窗户和门，要实现的功能主要有视野、采光、遮阳与隔热、保温、通风、隔声等六大方面，这些功能并非孤立存在，彼此相互关联、相互矛盾的，通常需要统筹考虑，目前，最常用的是借助计算机模拟分析，优化建筑围护结构性能，如图 1-11 所示。

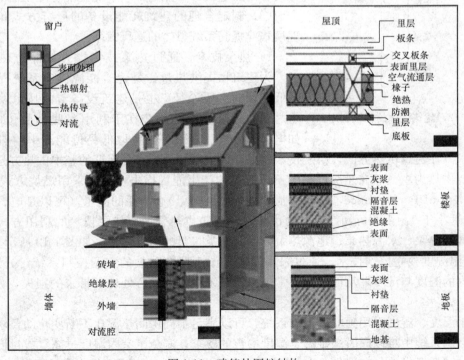

图 1-11　建筑外围护结构

在我国公共建筑中，窗的能耗约为墙体的3倍、屋面的4倍，约占建筑围护结构总能耗的40%~50%。

（6）被动式节能技术的节能潜力和设计要素指标，选择适合当地条件的"被动式"节能技术，可用4%~7%的建筑造价达到30%的节能指标，回收期一般为3~6年，在建筑的全寿命周期里，其经济效益是显而易见的。

2. 主动式技术

第二层面是主动式技术，是指通过采用消耗能源的机械系统，提高室内舒适度，通常包括以消耗能源为基础的机械方式满足建筑采暖、空调、通风、生活热水等要求，其核心是提高用能系统效率，减少能源消耗。

主动式技术主要包括热泵、风机、除湿机等。

用于调节建筑物室内物理环境舒适的耗能设备系统中，空调和照明系统在大多数民用非居住建筑能耗中所占比例较大，其中仅空调系统的能耗就占建筑总能耗的50%左右，是主要的节能控制对象；而照明系统能耗占30%以上，也不容忽视。

建筑设备系统的节能措施主要应用在以下三个方面：

（1）建筑能源的梯级利用，根据建筑不同用能设备和系统等级的划分，优先满足用能品位高的设备和系统，利用这些设备和系统释放的能量满足用能品位低的下游设备和系统，如能源回收技术，典型应用如燃气冷热电三联供，冷凝式燃气锅炉，如图1-12所示。

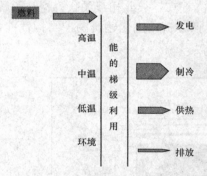

图1-12 建筑能源的梯级利用

（2）选用高能效的系统及设备。当必须使用空调设备才能满足室内热舒适要求时，要采用高效节能的空调设备或系统，如温湿度独立控制系统，高效光源与高效灯具、高效电机、节能电梯、节能型配电变压器等。

（3）制定合理的建筑耗能设备的运行方式和控制管理模式，提高系统整体的运行效率。

1）热泵技术。通过热泵技术提升低品位热能的温度，为建筑物提供热量，是建筑能源供应系统提高效率降低能耗的重要途径，也是建筑设备节能技术发展的重点之一。热泵技术的优势在于利用一些高品位的能源，如电力、燃气、蒸汽等，提取低品位能源中的热量供应建筑需求。在建筑供热方面，由于技术所限，现在可知的可完全保证的基本供热方是主要以燃料燃烧供热为主。而在燃烧过程中不可避免的产生能量损失，因此采用燃烧方式的COP（Coefficient of Performance，COP=制冷量（或制热量）/消耗的能量（可以是电、热或燃料））永远小于1。由此可知，热泵的优势在于建筑供热领域。热泵技术的利用方式主要分别为空气源热泵、水源热泵、地源热泵，以及三类热泵的耦合利用，如图1-13所示。

2）温湿度独立控制技术，通过采用温度与湿度两套独立的空调控制系统，分别控制、调节室内的温度与湿度，从而避免了常规空调系统中热湿联合处理所带来的损失，如图1-14所示。

由于温度、湿度采用独立的控制系统，可以满足不同房间热湿比不断变化的要求，克服了常规空调系统中难以同时满足温、湿度参数的要求，避免了室内湿度过高（或过低）的现象。通过"低温供热、高温供冷"，提高了制冷制热能效，利于低品位能源利用。

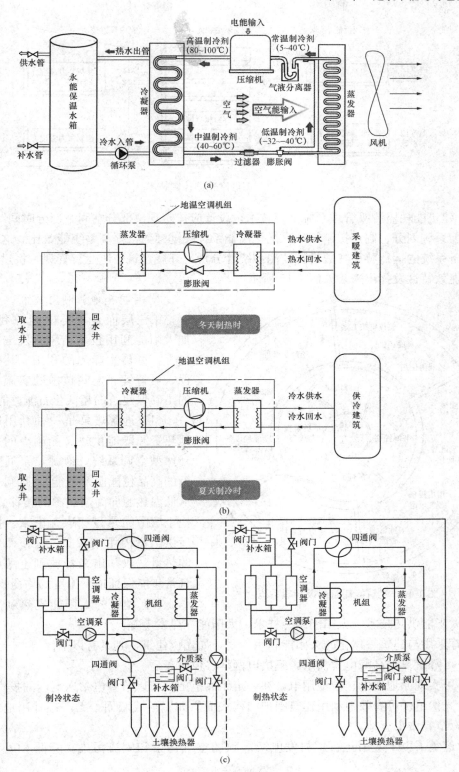

图 1-13　热泵技术

（a）空气源热泵；（b）水源热泵；（c）地源热泵

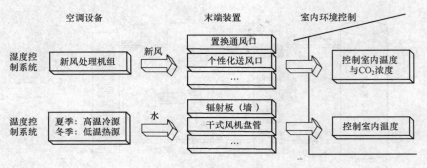

图 1-14　温湿度独立控制技术

3）建筑能耗监测级管理系统节能技术，设计应按实现"部分空间、部分时间"的要求，进行用能系统划分、制定控制策略；优化用能系统关键参数，提高系统能效比。这就需要对建筑设备系统的运行特性参数进行监测和统计分析，开展建筑节能运行管理，将建筑主动式技术的能效特性发挥出来，如图 1-15 所示。

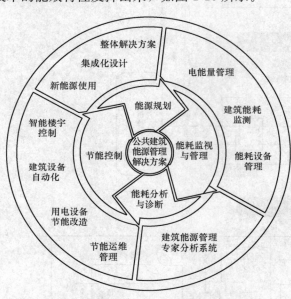

图 1-15　建筑能耗监测级管理系统

3. 可再生能源利用技术

第三层面是可再生能源利用技术，如太阳能利用技术、风力发电、地源热泵等，可再生能源的利用，其核心是环保、可持续。这些技术的实施，最终目的是确保建筑的超低化石能源能耗。

（1）地源热泵是一种利用地下浅层地热资源既能供热又能制冷的高效节能环保型空调系统。地源热泵通过输入少量的高品位能源（电能），即可实现能量从低温热源向高温热源的转移。在冬季，把土壤中的热量"取"出来，提高温度后供给室内用于采暖；在夏季，把室内的热量"取"出来释放到土壤中去，并且常年能保证地下温度的均衡。

（2）建筑的太阳能光热利用技术主要包括太阳能供热技术、太阳能制冷技术、太阳能光热发电等。

推荐采用与建筑一体化的太阳能利用方式，如光伏建筑，其具有以下优势：

1）可舒缓夏季高峰电力需求，解决电网峰谷供需矛盾。

2）可实现原地发电、原地用电，在一定距离范围内可以节省电站送电网的投资。

3）光伏组件可有效地利用建筑围护结构表面，如屋顶或墙面，无需额外用地或增建其他设施，节省城市土地。

4）避免了由于使用化石燃料发电所导致的空气污染和废渣污染，降低 CO_2 等气体的排放。

光伏建筑一体化BIPV（Building Integrated PV）是目前世界光伏发电的主要市场之一，

联合国能源机构的调查报告显示，BIPV 将成为 21 世纪城市建筑节能的市场热点和最重要的新兴产业之一。近年来，以与建筑相结合为重点的并网发电的应用比例快速增长，已成为光伏技术的主流应用、光伏发电的主导市场。

建筑师要尽量通过建筑设计而不是单纯依靠设备系统的"提供"和"补救"来保证良好的建筑微气候环境。因此，超低能耗建筑的整体设计思路应该是在建筑设计整体设计思路的基础上，首先应以被动优先、主动优化的原则降低建筑能耗需求，提高能源利用效率，然后通过现场产生的可再生能源替代传统能源，以降低化石能源消耗。

超低能耗绿色建筑技术体系的逻辑关系，如图 1-16 所示。

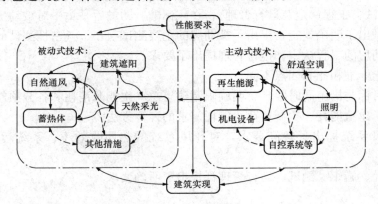

图 1-16　超低能耗建筑技术体系

五、相关标准

1. DB13(J)/T 177—2015《被动式低能耗居住建筑节能设计标准》

为应对全球气候变化、保护环境、大幅度降低居住建筑的采暖和制冷能耗以及建筑物的总能耗、显著改善居住建筑的室内环境、节约资源和能源而编制，由住房城乡建设部科技发展促进中心和河北省建筑科学研究院会同有关单位共同编制 DB13（J）/T177—2015《被动式低能耗居住建筑节能设计标准》被批准为河北省工程建设标准，于 2015 年 5 月 1 日起实施。适用范围包括新建、改建和扩建的被动式低能耗居住建筑的节能设计。

这是我国第一部《被动式低能耗居住建筑节能设计标准》。主要技术内容包括：总则，术语和符号，室内外空气计算参数，基本规定，热工设计，采暖、制冷和房屋总一次能源计算，通风和空调系统设计，关键材料和产品性能，施工、测试、认定及运行管理以及附录和条文说明等。

该标准是世界范围内继瑞典《被动房低能耗住宅规范》后的第二个有关被动房的标准，它的实施标志着我国被动式建筑的发展趋于规范化、标准化，标志着我国被动房发展过程中新的里程碑。

2. 内容

DB13（J）/T 177—2015《被动式低能耗居住建筑节能设计标准》概括如下：

"基本规定"明确了被动式房屋的各项指标，阐述了被动房的基本要求和条件，对被动式房屋的室内环境、气密性、能耗和负荷、一次能源需求、通风系统、照明和遮阳、防火等做出了严格要求，并指出了基本做法。

"热工设计"中将外围护结构分为"非透明外围护结构"和"透明围护结构"，在其中分别对外墙、屋面、地面或非采暖地下室顶板、隔墙、楼板及外门窗的玻璃部分和窗框材料的传热系数做出了明确限定；对女儿墙、外门窗、地下室顶板保温层、管道穿外墙等处的关键节点给出了做法要求。

"采暖、制冷和房屋总一次能源计算"中明确了河北省主要城市采暖需求与制冷需求计算的起止日期，并给出了详细的建筑能耗、空调负荷及一次能源需求的计算方法。这也为《标准》对被动式房屋的建筑能耗、空调负荷及一次能源需求的限定提供了技术支撑。

"关键材料和产品性能"列出了各种材料的关键性能指标。被动房中采用了诸多保温、隔热和气密性材料，为实现超低的能耗指标，被动房对这些材料具有严格的性能规定。

"施工、测试、工程认定及运行管理"，在《标准》的最后一章中对被动房的施工中应注意的复杂节点做出了明确规定，提出了被动房的主要测试项——气密性测试的抽样方法和测试步骤；对被动房的工程认定和运行管理提出了要求。

与普通节能标准相比有四点不同。

（1）节能目标与措施同时限定，明确限制建筑总一次能源消耗和各分项能耗。

（2）明确了建筑能耗、空调负荷、能耗需求的计算方法。

（3）对新风系统提出了较高要求，对新风系统的热回收效率、系统运行模式做出了规定。

（4）对设计、施工、测试、运行管理都提出了明确要求。

第二章 分布式电源技术与节能

第一节 分布式电源

一、分布式能源概述

1. 种类

（1）分布式能源（Distributed/Decentralized Generation，DG）存在于传统公共电网以外任何能发电的系统。原动机包括内燃机、燃气轮机、微型燃气轮机、燃料电池、小型水力发电系统以及太阳能、风能、垃圾、生物能等的发电系统，如图 2-1 所示。

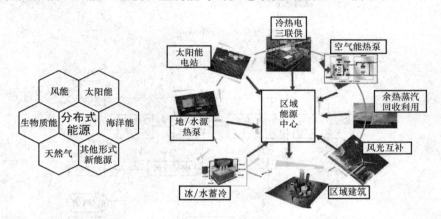

图 2-1　分布式能源

（2）分布式电力（Distributed/Decentralized Power，DP）包含所有 DG 的技术，并能通过蓄电池、飞轮、再生型燃料电池、超导磁力储存设备、水电储能设备等将电能储存下来的系统，如图 2-2 所示。

（3）分布式供能（Distributed/Decentralized Energy Resource，DER）在用户当地或靠近用户的地点生产电能或热能，提供给用户使用的能源供应和存储系统。其包含了 DG 和 DP 的所有技术，并且包含那些与公共电网相连接的系统，用户可将本地多余的电能通过连接线路，出售给公共电力公司，如图 2-3 所示。

DG、DP、DER 三者的关系如图 2-4 所示。

2. 分布式能源系统

分布式能源系统（Distributed Energy System，DES）是一种建立在能量梯级利用概念基础之上，分布安置在需求侧的能源梯级利用，以及资源综合利用和可再生能源设施，如图 2-5 所示。根据用户对能源的不同需求，实现对口供应能源，将输送环节的损耗降至最低，从而实现能源利用效能的最大化。

分布式能源是以资源、环境和经济效益最优化来确定机组配置和容量规模的系统，它追

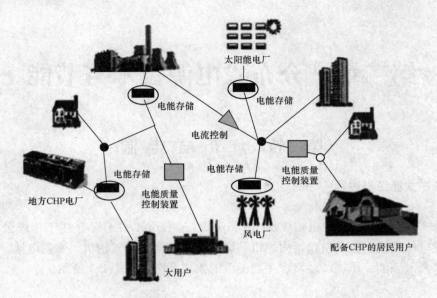

图 2-2　分布式电力

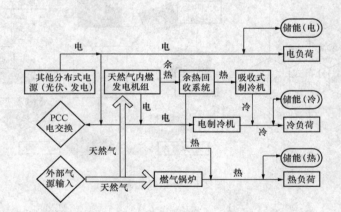

图 2-3　分布式供能 DER

求终端能源利用效率的最大化，采用需求应对式设计和模块化组合配置，可以满足用户多种能源需求，能够对资源配置进行供需优化整合。

分布式能源依赖于先进的信息技术，采用智能化、网络化控制和远程遥控技术，可实现现场无人值守。同时，也依靠于能源服务公司体系的社会化能源技术服务体系，实现投资、建设、运行和管理的专业化运作，以保障各能源系统的安全可靠运行。

二、分布式电源与配电系统

1. 分布式电源

分布式发电一般指将相对小型的发电装置（一般 50MW 以下）分散布置在用户（负荷）现场或用户附近的发电（供能）方式，包括分布式发电装置和分布式储能装置。

分布式发电设备依据运用技能的不一样，分为热电发电、内燃机组发电、燃气轮机发电、小型水力发电、风力发电、太阳能光伏发电、燃料电池等。依据所运用的动力类型，DG 可分为化石动力（煤炭、石油）发电与可再生动力（风力、太阳能、潮汐、生物质、小

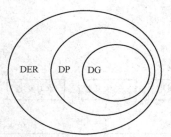

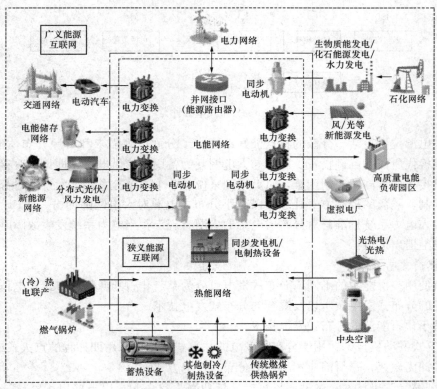

图 2-4 DG、DP、DER 三者的关系

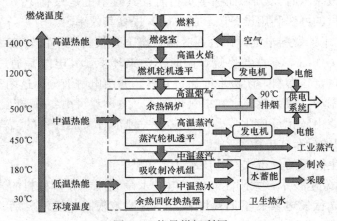

图 2-5 能量梯级利用

水电等）发电两种方式，如图 2-6 所示。

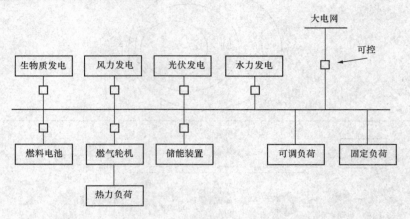

图 2-6 分布式电源种类

分布式电源位置灵活、分散的特点极好地适应了分散电力需求和资源分布，延缓了输、配电网升级换代所需的巨额投资。同时与大电网互为备用也使供电可靠性得以改善。但分布式电源单机接入成本高，控制困难，对大电网来说是一个不可控电源，大系统对分布式电源通过采取限制、隔离的控制方式处理，以减小分布式电源对大电网的冲击。IEEE 1547《分布式电源接入电力系统标准》对分布式电源的入网有规定，当电力系统发生故障时，分布式电源必须马上退出运行。

2. 分布式发电装置

根据所使用一次能源的不同，分布式发电可分为基于化石能源的分布式发电技术、基于可再生能源的分布式发电技术以及混合的分布式发电技术。

（1）基于化石能源的分布式发电技术。

1）往复式发动机技术：用于分布式发电的往复式发动机采用四冲程的点火式或压燃式，以汽油或柴油为燃料，是目前应用最广的分布式发电方式。

2）微型燃气轮机技术：微型燃气轮机是指功率为数百千瓦以下的以天然气、甲烷、汽油、柴油为燃料的超小型燃气轮机。但是微型燃气轮机与现有的其他发电技术相比，效率较低。满负荷运行的效率只有 30%，而在半负荷时，其效率更是只有 10%～15%，所以目前多采用家庭热电联供的办法利用设备废弃的热能，提高其效率。

3）燃料电池技术：燃料电池是一种在等温状态下直接将化学能转变为直流电能的电化学装置。燃料电池工作时，不需要燃烧，同时不污染环境，其电能是通过电化学过程获得的。在其阳极上通过富氢燃料，阴极上面通过空气，并由电解液分离这两种物质。在获得电能的过程中，一些副产品仅为热、水和二氧化碳等。氢燃料可由各种碳氢源，在压力作用下通过蒸汽重整过程或由氧化反应生成。因此它是一种很有发展前途的洁净和高效的发电方式，被称为 21 世纪的分布式电源。

（2）基于可再生能源的分布式发电技术。

1）太阳能光伏发电技术：太阳能光伏发电技术是利用半导体材料的光电效应直接将太阳能转换为电能。光伏发电具有不消耗燃料、不受地域限制、规模灵活、无污染、安全可靠、维护简单等优点。

2）风力发电技术：将风能转化为电能的发电技术，可分为独立与并网运行两类。近年来，风力发电技术进步很快，单机容量在 2MW 以下的技术已很成熟。

（3）混合的分布式发电技术通常是指两种或多种分布式发电技术及蓄能装置组合起来，形成复合式发电系统。目前已有多种形式的复合式发电系统被提出，其中一个重要的方向是热电冷三联产的多目标分布式供能系统，通常简称为分布式供能系统。其在生产电力的同时，也能提供热能或同时满足供热、制冷等方面的需求。与简单的供电系统相比，分布式供能系统可以大幅度提高能源利用率，降低环境污染，改善系统的热经济性。

3．分布式储能装置

传统的储能技术包括抽水蓄能电站，是电力系统调峰调频的主要手段。新型的分布式储能技术包括蓄电池、超导磁能、超级电容器、飞轮储能等。

（1）蓄电池储能（BESS）。

蓄电池储能近来已成为电力系统中最有前途的短期储能技术之一，目前在小型分布式发电中应用最为广泛，但存在初次投资高、寿命短、环境污染等诸多问题。根据所使用的不同化学物质蓄电池可以分为许多不同类型。

（2）超导磁能（SMES）。

20 世纪 70 年代 SMES 首次被提出作为电力系统的能量存储技术。SMES 系统将能量存储在由流过超导线圈的直流电流产生的磁场中，其中的超导线圈浸泡在温度极低的液体（液态氢等）中，然后密封在容器里。如果超导线圈由电感构成，就没有电阻的消耗，电流在闭合电感中不会消失而长期循环。在使用能量时由线圈引出，经转换接入系统或用户。

SMES 系统具有几个显著特点，无噪声污染，响应快，效率高（达 95％），不受建造场地限制且非常可靠。其最大缺点就是成本太高，其次就是需要压缩机和泵以维持液化冷却剂的低温，使系统变得更加复杂，需要定期的维护。

（3）超级电容器储能。

所谓的"超级电容器"，其存储容量为普通电容器的 20～1000 倍。它是通过使用一种多孔电解质（其介电常数和电压承受能力仍然比较低）加大两极板的面积，从而使储能能力得到提高。根据电极材料的不同，可以分为碳类和金属氧化物超级电容器。

超级电容器兼有常规电容器功率密度大、充电能量密度高的优点，可快速充放电，且使用寿命长，不易老化。超级电容器还具有一些自身的优势，无可动部分，既不需要冷却装置也不需要加热装置，在正常工作时，内部没有发生任何化学变化。超级电容器能够安全放电，安装简易，结构紧凑，适应各种不同的环境。

三、分布式电源接入

1．接入设备

分布式电源指接入 35kV 及以下电压等级的小型电源，包括同步电机、感应电机、变流器等类型。

变流器用于将电能变换成适合于电网使用的一种或多种形式电能的电气设备。具备控制、保护和滤波功能，用于电源和电网之间接口的静态功率变流器。有时被称为功率调节子系统、功率变换系统、静态变换器，或者功率调节单元。由于其整体化的属性，在维修或维护时才要求变流器与电网完全断开。在其他所有的时间里，无论变流器是否在向电网输送电力，控制电路应保持与电网的连接，以监测电网状态。

接入电压在 35kV 以下，各种类型发电技术与接入电网类型见表 2-1。

表 2-1　　　　　　　　　　各种类型发电技术与接入电网设备

分类		接入电网设备		
能源类型	发电装置类型	逆变器	同步电机	异步电机
太阳能	逆变器	√		
风力	直驱式	√		
	感应式			√
	双馈式	√		√
综合利用	转炉煤气、高炉煤气 微燃机	√		
	内燃机		√	
	燃气轮机		√	
	工业余热、余压 汽轮机		√	
天然气	煤层气、常规天然气 微燃机	√		
	内燃机		√	
	燃气轮机		√	
生物质	农林废弃物直燃 汽轮机		√	
	垃圾焚烧 汽轮机		√	
	农林废弃物气化、垃圾填埋气、沼气 微燃机	√		
	内燃机		√	
	燃气轮机		√	
地热	汽轮机		√	
海洋	气压涡轮机		√	
	液压涡轮机		√	
	直线电机	√		
燃料电池	逆变器	√		
蓄电池	逆变器	√		

2. 接入系统

目前分布式发电的装机主要以光伏发电占所有分布式发电的 65% 以上，资源综合利用占比约 30%，其他类型仅为 5% 左右。分布式电源接入配电系统的原则是保证当前本地区配电网的运行安全、就地消纳。

一般 8kW 以下 220V 接入，8～400kW 以 380V 接入，400～6000kW 以 10kV 接入，5000～30 000kW 以 35kV 接入。接入形式有专线接入［接入点处设置分布式电源专用的开关设备(间隔)］、T 接［接入点处未设置专用的开关设备(间隔)］，分布式电源的接入如图 2-7 所示。

图 2-7 中 A1、B1 点分别为分布式电源 A、B 的并网点，C1 点为常规电源 C 的并网点；A2、B2 点分别为分布式电源 A、B 的接入点；C2 为常规电源 C 的接入点；C2、D 点均为公共连接点，A2、B2 点不是公共连接点；A1-A2、B1-B2 和 C1-C2 输变电工程以及相应电网改造工程分别为分布式电源 A、B 和常规电源 C 接入系统工程，其中，A1-A2、B1-B2 输变电工程由用户投资，C1-C2 输变电工程由电网企业投资。

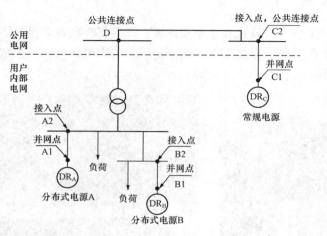

图 2-7 分布式电源的接入

第二节 冷热电三联供系统发电技术

一、冷热电三联供系统

1. 定义

冷热电三联供系统（Combined Cooling Heating and Power，CCHP）是天然气分布式能源的典型形式，即以小规模、小容量（设计产能吻合区域能量负荷）、模块化、分散式的方式布置在用户附近，独立的输出冷热、电能的系统。

冷热电三联供系统布置在用户附近，以燃气为一次能源用于发电，并利用发电后产生的余热进行制冷或供热，同时向用户输出电能、热（冷）的分布式能源供应系统。

冷热电三联供系统如图 2-8 所示。

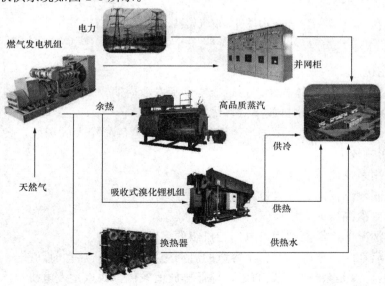

图 2-8 冷热电三联供系统

2. 分类

按照供能对象分可分为区域式和楼宇式两种。按照提供能源种类的不同可分为冷热电联供、热电联供、冷电联供等；按照发电机组不同可分为燃气内燃机、燃气轮机、燃气微燃机发电机组，如图 2-9 所示。

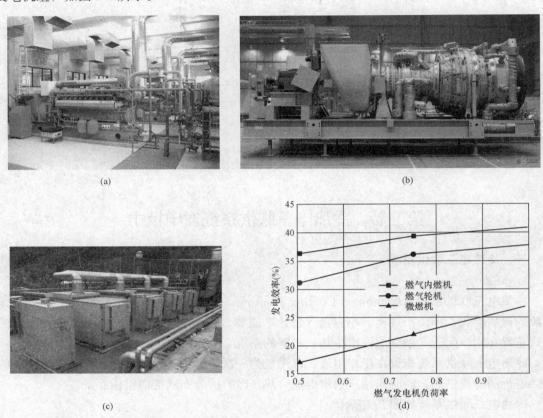

图 2-9　燃气内燃机、燃气轮机、燃气微燃机发电机组
(a) 燃气内燃机；(b) 燃气轮机；(c) 燃气微燃机；(d) 燃气发电机

(1) 燃气轮机。

燃气轮机发电机组具有体积小、运行成本低和寿命周期较长（大修周期在 6 万 h 左右）、出口烟气温度较高、氮氧化物排放率低等优点。

1) 电压等级高、功率大，供电半径大，适用于用电负荷较大的场所，发电机组输出功率受环境温度影响较大。

2) 余热利用系统简单、高效。

3) 启动时间较燃气内燃发电机组长。

4) 一般需要次高压或高压燃气。

5) 在正常情况下，需要利用市电作为机组的启动电源。

6) 在停电启动时需要配备一台小容量的启动用发电机组，启动时间较长。

燃气轮机的优点是余热利用较简单，环保排放值较低，缺点是发电机组出力随海拔和环境温度的变化量较大，除个别机型外，发电效率较低，进气压力要求较高，单位投资较大。

（2）燃气内燃机。

燃气内燃发电机组突出的优势是发电效率高、环境变化（海拔、温度）对发电效率的影响力小，所需燃气压力低、单位造价低，当然也有余热利用较为复杂、氮氧化物排放量略高的缺陷。但燃气内燃发电机组利用在发电产业上，有其他原动机所不及的优点：

1）单机能源转换效率高，发电效率最高可达 46%，能源消耗率低。

2）地理环境造成动力输出影响最小，高温、高海拔下可正常运行。

3）发电负载波动适应性强。

4）操作运转技术简单易掌握。

5）可直接利用低压天然气进入燃气内燃发电机组燃烧。

燃气内燃发电机组优点集中在发电效率高，通常在 30%～40% 之间，发电效率随负载负荷的影响较小，从 100% 负荷降到 50% 负荷时，内燃发电机组的发电效率从 40% 变化到 34% 左右；其次是设备集成度高，安装快捷，对于气体中的粉尘要求不高，基本不需要水，设备的单位千瓦造价也比较低；再次，内燃发电机组启动快，0.5～15min 即可完成启动。

内燃发电机组也有一些不足的地方：

1）内燃发电机组燃烧低热值燃料时，机组出力明显下降。

2）内燃发电机组需要频繁更换机油和火花塞，消耗材料比较大，也影响到设备的可用性和可靠性两个主要指标，对设备利用率影响比较大，有时不得不采取增加发电机组台数的办法，来消除利用率低的影响。

（3）燃气微燃机。

燃气微燃机一般发电量小于 200kW，适用小容量场所、多机组组合时切换较灵活。具有体积小，发电效率高，噪声小，机房不需消声改造，氮氧化物排放量低等优点。但燃气微燃发电机折合每千瓦发电造价较内燃机要高，所需燃气的进气压力较高。

燃气内燃机、燃气轮机、燃气微燃机发电机组性能比较见表 2-2。

表 2-2 燃气内燃机、燃气轮机、燃气微燃机发电机组性能比较

项目	燃气轮机	燃气内燃机	燃气微燃机
发电机组功率/kW	一般＞1000	一般≤5000	≤300
发电机组电压/kV	0.4 或 10	0.4 或 10	0.4
发电效率（%）	20～33	25～43	28～29
排烟温度/℃	350～650	400～550	280
余热回收形式	烟气	烟气+缸套水	烟气
余热回收系统	简单	复杂	简单
大修期/h	60 000	30 000～60 000	60 000
振动	小	大	小
噪声分贝/dB	罩外 80	裸机 100～110	罩外＜80
减振措施	不需要	需要	不需要
所需燃气压力/MPa	＞1	＜0.2	＞0.5

3. 系统构成

三联供系统主要由动力系统、余热利用系统、供配电系统、燃气供应系统、监控系统、

给排水系统、通风系统、消防系统等共同组成。动力系统和余热利用系统是三联供系统的核心部分。天然气分布式燃气机组应用见表 2-3。

表 2-3　　　　　　　　　　　　天然气分布式燃气机组应用

原动机类型	余热利用形式	能源产出种类	目标用户
微燃机	微燃机＋换热器	电＋热	负荷需求相对较小或机房场地有限的楼宇用户
	微燃机＋热水型溴化锂机组	电＋热	
燃气内燃机	内燃机＋溴化锂机组	电＋空调冷/热	有较大且稳定电力、空调冷、热、生活热水需求的楼宇型用户及区域用户
	内燃机＋换热器	电＋热	
	微燃机＋溴化锂机组＋换热器	电＋冷＋热	
燃气轮机	燃气轮机＋余热锅炉	电＋蒸汽	有较大用热（蒸汽）需求的工业用户或工业园区
	燃气轮机＋余热锅炉＋溴化锂机组	电＋蒸汽＋冷	大型游艺园区或工业园区

目前天然气分布式能源能够使用的燃气机组分为微燃机、内燃机、小型燃气轮机三种，单机功率不超过 10MW。

国内较常用的三联供系统形式有两类：一种是以燃气内燃机为发电机组的三联供系统；另一种是以燃气轮机为发电机组的三联供系统。

（1）由内燃机构成动力系统的三联供系统如图 2-10 所示。

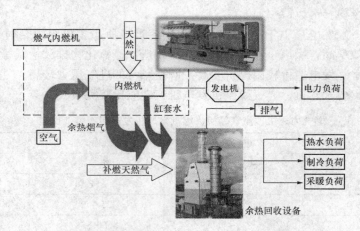

图 2-10　由内燃机构成动力系统的三联供系统

天然气进入燃气内燃机，在高压燃烧室内燃烧产生动力，带动发电机转子产生感应电流，向用户输出电负荷，内燃机的单机发电效率可达 46%。

内燃机发电后的可利用余热由两部分组成，做功后的高温烟气和缸套水。高温烟气通常温度可达 300℃以上，是一种品位较高的热能，缸套水的温度通常也可达 80℃以上，也具有一定的利用价值，常规发电厂将发电后的高温烟气不加以利用的直接排放，造成了能源的大量浪费，三联供系统的另一个重要组成系统余热利用系统便是回收利用了此部分余热，通过一台吸收式制冷机组实现向用户供冷、热的功能，大大提高了一次能源的利用率。

余热系统主要设备为吸收式制冷机，可选择烟气热水型吸收式制冷机与内燃机对接，从而实现烟气、热水的回收利用。在夏季制冷、冬季供热，有需要时可同时输出热水负荷。

（2）由燃气轮机构成动力系统的三联供系统如图 2-11 所示。

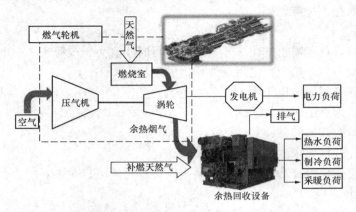

图 2-11 由燃气轮机构成动力系统的三联供系统

天然气在燃气轮机燃烧室中燃烧，在涡轮中做功输出电负荷，其可利用的余热只有一种形式，即高温烟气，通常可达 400℃以上。燃气轮机后可接余热锅炉也可直接对接吸收式制冷机组。当用户对电量需求较大，而冷热需求相对较小时，可考虑在余热锅炉后设蒸汽轮机，利用余热进一步发电。燃气轮机的单机发电效率可达 38%，而与余热锅炉、蒸汽轮机组成的联合循环，发电效率可达 55% 左右。

简单循环的燃气轮机三联供系统单机发电量小于内燃机系统，但因余热只有高温烟气一种形式，因此，余热利用系统更加简单，并且，其烟气温度一般高于内燃机系统余热，因此适合于热需求相对较大的用户。

4. 能源梯级利用

能源梯级利用的原则是"温度对口，品位对应"，天然气分布式能源利用天然气为燃料，通过冷热电三联供的方式实现能源的梯级利用：高品位的天然气（1000℃）首先通过动力设备发电，动力设备排放的烟气为中温余热（400℃）可通过余热锅炉产生蒸汽，也可直接驱动溴化锂机组制冷，中温余热利用完后成为低温余热，可直接通过换热或热泵吸收作为生活热水的热源；能源利用效率在 70% 以上，一般可以超过 80%，如图 2-12 所示。

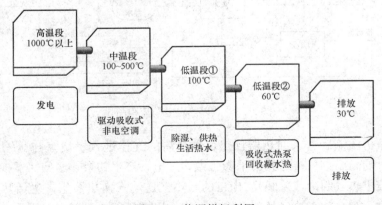

图 2-12 能源梯级利用

由于分布式能源在负荷中心就近建设，能大大减少能源输送中的损失，与传统集中设置大型电厂的供能方式相比，天然气分布式能源具有能效高、清洁环保、安全性好、削峰填谷、良好的经济效益等优点。

5. 应用

（1）全年有冷热负荷需求的用户，系统年运行时间宜大于或等于 3500h。

（2）电力负荷与冷、热负荷使用规律相似的用户。

（3）需要设置备用发电机组的重要公共建筑。

（4）市电接入困难的用户。

（5）电价相对较高的公共建筑。

（6）对节能、环保要求高的地区。

（7）经过方案优化设计和经济分析，确定经济可行的项目。

二、系统设计

1. 能源系统配置

GB 50736—2012《民用建筑供暖通风与空气调节设计规范》给出了"燃气冷热电三联供"和"区域供冷"两类系统设计原则：

（1）对于三联供系统，应按以冷、热负荷定发电量的原则确定设备及系统的配置，也就是以冷（热）定电。

（2）对于区域供冷系统，明确应优先考虑利用分布式能源、热电厂余热作为制冷能源。

以热定电，即根据用户的热负荷大小选择发电机组的装机容量，多用于以供热为主的场合，以满足用户的热负荷为准。发电量不足以满足电负荷则依靠电网补充，发电量超出用户消化能力，则多余电量上网。本身以供热作为主要的经济收益，但又同时具备与大电网联网售电的资格，电量仅作为供热的附属产物，是经济收益中较为次要的部分。

图 2-13 为燃气轮机组循环发电的冷热电联产系统流程，系统集成原则为"以热定电"。

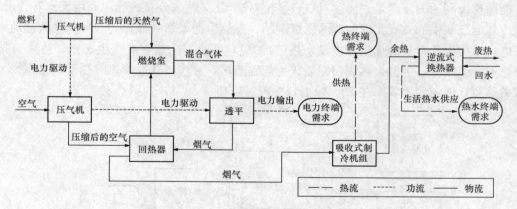

图 2-13　"以热定电"流程图

空气经压缩机压缩后进入回热器预热，预热后的气体进入燃烧室与压缩后的天然气混合、燃烧，产生的高温烟气被送到透平膨胀做功发电，产生的余热经回热器换热后进入吸收式制冷机组用于供热（制冷或采暖），出口的余热经逆流式换热器生产生活热水，以满足用户对热能的需求，剩余的废热经处理后排入大气。以满足用能热需求（制冷、采暖及生活热水）为原则，确定原动机，进而确定联产系统的电力输出，其中用能热需求由制冷、采暖及生活热水表现出来。

以电定热即为根据用户的电负荷需求大小选择发电机组装机容量。这种方式以保证电力供应为主，热能作为附属产物成为经济的增益部分而非主要部分，当所产生的热能不足以满足用户的热需求时，用户需要寻求其他途径补充欠缺的部分。对于北方集中供暖而言，热网与电网类似，可以多个热源联网供应，多个热源互为补充，用户的热需求不造成单独依赖。若满足用户的电负荷需求，热能产出大于热能消耗，则超出的热量将被空排（以电定热流程图），如图 2-14 所示。

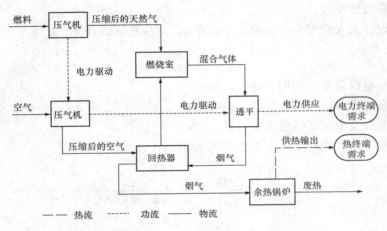

图 2-14　以电定热流程图

与用电负荷匹配也是分布式供能系统设计的一个重要原则，应按以冷（热）定电、冷（热）电相平衡的原则确定，冷（热）及电负荷的特性和大小应合理，机组的发电量宜自发、自用、自平衡。

2. 系统效率

（1）余热利用设备应根据原动机余热参数确定。温度高于 120℃的烟气热量和温度高于 75℃的冷却水热量，应进行余热利用。

（2）联供系统年平均余热利用率应大于 80%，年平均余热利用率应按下式计算

$$v_1 = \frac{Q_1 + Q_2}{Q_3 + Q_4} \times 100\%$$

式中　v_1——年平均余热利用率，%；

Q_1——年余热供热总量，MJ；

Q_2——年余热供冷总量，MJ；

Q_3——排烟温度降至 120℃时烟气可利用的热量，MJ；

Q_4——温度大于或等于 75℃冷却水可利用的热量，MJ。

（3）确定联供系统设备容量时，应计算年平均能源综合利用率，应大于 70%。

（4）联供系统的年能源综合利用率是指分布式能源系统生产的冷热电三种产品的总能量与其消耗的燃料能量之比。该参数是在利用效率法（即能平衡法）分析时的有效性系数。

$$v = \frac{3.6W + Q_1 + Q_2}{B \times Q_L} \times 100\%$$

式中 v——年平均能源综合利用率，%；

W——年净输出电量，kW·h；

Q_1——年有效余热供热总量，MJ；

Q_2——年有效余热供冷总量，MJ；

B——年燃气总耗量，N·m³；

Q_L——燃气低位发热量，MJ/(N·m³)。

全年综合利用率也称为天然气分布式能源系统的燃料利用系数，是指分布式能源系统生产的冷热电三种产品的总能量与其消耗的燃料能量之比。该参数是在利用效率法（即能平衡法）分析时的有效性系数。

（5）发电设备最大利用小时数应大于2000h，并应按下式计算

$$n = \frac{W_{\text{year}}}{\text{Cap}_e}$$

式中 n——发电设备最大利用小时数，h；

W_{year}——发电设备全年发电总量，kW·h；

Cap_e——所有发电设备的总装机容量，kW。

（6）联供系统的节能率应大于15%，并按下列计算

$$r = 1 - \frac{B \times Q_L}{\dfrac{3.6W}{\eta_{e0}} + \dfrac{Q_1}{\eta_0} + \dfrac{Q_2}{\eta_{e0} \times \text{COP}_0}}$$

$$\eta_{e0} = 122.9 \times \frac{1-\theta}{M}$$

式中 r——节能率；

B——联供系统年燃气总耗量，N·m³；

Q_L——燃气低位发热量，MJ/(N·m³)；

W——联供系统年净输出电量，kW·h。

Q_1——联供系统年余热供热总量，MJ；

Q_2——联供系统年余热供冷总量，MJ；

η_{e0}——常规供电方式的平均供电效率；

η_0——常规供热方式的燃气锅炉平均热效率，可按90%取值；

COP_0——常规供冷方式的电制冷机平均性能系数，可按5.0取值；

M——电厂供电标准煤耗，g/(kW·h)，可取上一年全国统计数据；

θ——供电线路损失率，可取上一年全国统计数据。

三、应用案例

1. 概况

某办公楼建筑面积5.2万m²，其中地下1.4万m²用于停车库，地上3.8万m²主要用于办公，建筑高度99m，地上23层。能源中心设于楼外，夏季供冷、冬季采暖面积为地上的3.8万m²。

2. 负荷分析

（1）用电负荷。季节性负荷为全楼夏季供冷和冬季采暖及其配套设备的用电负荷。采用三联供系统，制冷机组的能源和采暖热水的能源为发电机余热，所以能源中心的用电负荷

（主要为溴化锂机组和循环水泵）较小，且由于与三联供系统同步运行，能源中心的用电负荷由发电机组提供即可。所以在向供电部门申请用电时可不考虑此部分负荷。

非季节性用电负荷需求，采用单位指标法进行计算：车库负荷按 $15W/m^2$ 计共约 210kW，办公照明等负荷按 $35W/m^2$ 计共约 1330kW，特殊设备（22 层、23 层有部分实验设备）300kW，共约 1840kW，这是全楼常年运行的非季节性计算负荷。

由于三联供系统仅在夏、冬季运行，所以非季节性负荷仍需取得市电电源，确保全年正常运行。春、秋两季此部分负荷由市电供电，冬、夏两季此部分负荷首先由发电机组供电，缺口部分由市电补充。发电机组与市电并网运行。

（2）冷热负荷。全办公楼夏季空调冬季采暖面积 3.8 万 m^2，暖通专业提供的夏季空调总计算负荷约 5050kW，如果全部采用内燃机的余热进行转换，则需要发电机持续稳定输出功率约 $[(5050kW/1.1)/50\%]\times37\%=3397kW$（吸收式制冷机组采用溴化锂机组，是以热力驱动制冷机组，热力系数为 1.1）。

同理，暖通专业提供的冬季采暖总计算负荷约 3465kW，如果全部采用内燃机的余热进行转换，则需要发电机持续稳定输出功率约 $[(3465kW/0.8)/50\%]\times37\%=3205kW$（内燃机余热驱动余热锅炉生产高温热水，高温热水经板式换热器生产采暖热水，供全楼采暖负荷，其中的转换效率暖通专业取 0.8）。

3. 能源系统配置

全楼的非季节性用电总负荷仅为 1840kW，不能全部消化上述发电机的发电量，即驱动发电机内燃机的余热既不能保证冬季采暖负荷，更不能保证夏季的空调制冷负荷。所以"以热定电"在办公楼中不能实现，只能"以电定热"。即先根据全楼用电负荷，确定发电机的额定功率，然后再根据驱动发电机内燃机的余热量，确定所能够转换的采暖负荷或空调负荷，这样针对整个办公楼的采暖负荷或空调负荷的缺口部分，再设置天然气直燃锅炉补充，与余热锅炉并列运行，确保整个办公楼的采暖负荷和空调负荷需求。

4. 发电机组容量

选用两台 700kW 的天然气发电机组，使发电机的总安装容量略低于办公楼除空调外的总用电负荷，保证发电机组能满负荷投入运行，并确保内燃机所提供的余热能够持续稳定，尽量避免制冷系统和采暖系统的运行工况出现频繁、幅度较大的波动。天然气发电机组的发电量供全楼用电，机组发电与公共电网并网，并保证三联供系统产电被优先使用，市电作为补充。

由于发电机组容量不大，其额定电压确定为 0.4kV，这样可便于发电机组在变压器低压侧并网运行。

5. 配电系统主接线形式

办公楼为一级负荷用户，由两路 10kV 电源供电，设置两台降压变压器分列运行。设置两台发电机组可以分别与两台变压器并网运行。电气系统主接线如图 2-15 所示。

6. 经济分析

（1）年发电量。两台机组均按 700kW 工况连续运行，每日 8h，每年制冷采暖季共按 200 日计算，年工作 1600h，每年发电量共为 224 万 kW·h。

同时，发电机组产生的余热为 $(224/37\%)\times50\%$ 万 kW·h＝303 万 kW·h，此部分余热驱动溴化锂制冷机组制冷，热力系数按 1.1 计，共可产生 333 万 kW·h 的冷量。如果采

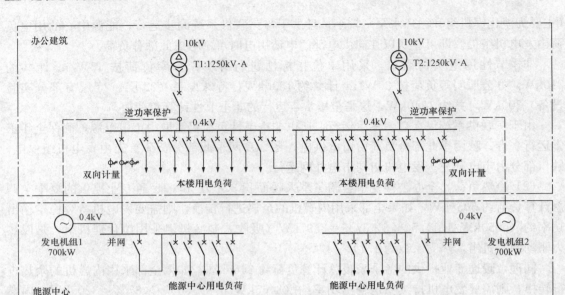

图 2-15　电气系统主接线

用电动压缩机制冷获取相当的冷量，制冷效率（COP 值）按 4 计，则消耗电量为 333/4 万 kW·h＝83.3 万 kW·h。此为被利用的余热所相当的电量，即余热利用所节约的电量。

供给发电机组内燃机的天然气能源充分利用后相当于产生了（224＋83.3）万 kW·h＝307.3 万 kW·h 电能。

（2）每年消耗天然气费用。每一标准立方米 [m³（标准）] 天然气的热值为 36MJ，其中的 37％转化为电能，即内燃机组可发电 3.7kW·h。按年发电量 224 万 kW·h，则年耗气量为 60.5 万 m³，天然气按 3.61 元/m³（地区价格）计，年耗气费用为 60.5×3.61 万元＝218.4 万元。折合发电单价 218.4/307.3 元/(kW·h)＝0.71 元/(kW·h)。

（3）年运行费用。

人员及管理费用：电站需运行管理技术人员按 2 人计，每人每年按 5 万计，则人员费用为 10 万元。折合发电单价 10/307.3 元/(kW·h)＝0.032 5 元/(kW·h)。

机油消耗费用：机组的机油消耗率为 1.5g/(kW·h)，按 700kW×2 连续工作运行，年工作 1600h，两台机组每年消耗机油 3360kg，机油价格为 6 元/kg，则机油费用为 2.016 万元。折合发电单价 2.016/307.3 元/(kW·h)＝0.006 6 元/(kW·h)。

设备折旧费用：每台机组价格为 70 万元，按运行 20 年报废，残值率按 5％计，两台机组每年的折旧费用约为 6.65 万元，折合发电单价 0.022 元/(kW·h)。

维护及配件费用：每台机组每年 5 万元，合计为 10 万元。折合发电单价 10/307.3 元/(kW·h)＝0.032 5 元/(kW·h)。

发电机组占地费用：由于增加发电机组，约增加了 50m² 的占地面积，1m² 面积价格按 3000 元计，占地费用约为 15 万元。按运行 50 年计，每年的占地费用为 0.3 万元，折合发电单价 0.3/307.3 元/(kW·h)＝0.001 元/(kW·h)。

（4）折合发电单价。折合发电单价为（0.71＋0.032 5＋0.006 6＋0.022＋0.032 5＋0.001）元/(kW·h)＝0.8046 元/(kW·h)（经查询，一般地方工商业用电价格：1～10kV

为 0.89 元/kW·h)。

(5) 回收年限。每年发电量为 224 万 kW·h，每 kW·h 自发电折合单价与市政电网的差价约为 0.08 元；每年电费差价为 224×0.08 万元＝17.92 万元；发电系统相关设备投资约[70×2(发电机组价格)＋15(设备占地面积所用费用)]万元＝155 万元；投资回收年限约155/17.92 年≈9 年。

第三节　太阳能光伏发电技术

一、光伏发电系统

1. 光伏发电系统

光伏发电是利用半导体界面的光生伏特效应而将光能直接转变为电能的一种技术。

光伏发电系统（PV System）是将太阳能转换成电能的发电系统，利用的是光生伏特效应。

2. 光伏建筑一体化

目前对光伏建筑一体化 BIPV（Building Integrated Photostatic）的定义有两种：

(1) 构件型光伏建筑一体化（BIPV）。构件型光伏建筑一体化（BIPV）技术是将太阳能发电（光伏）产品集成到建筑上的技术，它不但具有外围护结构的功能，同时又能产生电能供建筑使用。光伏组件以一种建筑材料的形式出现，光伏方阵成为建筑不可分割的一部分，如光伏瓦屋顶、光伏幕墙和光伏采光屋顶等。

(2) 安装型光伏建筑一体化（BAPV）。安装型光伏建筑一体化（BAPV）是将建筑物作为光伏方阵载体，起支承作用，将太阳能光伏发电方阵安装在建筑的围护结构外表面来提供电力。

3. 分类

光伏发电系统分为离网太阳能光伏发电系统、并网太阳能光伏发电系统。

(1) 离网型太阳能光伏发电系统。

离网型光伏发电系统由太阳能光伏阵列、太阳能控制器、逆变器、蓄电池、切换控制箱等设备组成，可细分为纯离网型光伏发电系统、市电互补型离网发电系统两种类型，并可与风力能源互补组成风光互补型离网发电系统。

离网型光伏发电系统广泛应用于偏僻山区、无电区、海岛、通信基站和路灯等应用场所。光伏阵列在有光照的情况下将太阳能转换为电能，通过太阳能充放电控制器给负载供电，同时给蓄电池组充电；在无光照时，通过太阳能充放电控制器由蓄电池组给直流负载供电，同时蓄电池还要直接给独立逆变器供电，通过逆变器逆变成交流电，给交流负载供电。

市电互补型离网发电系统可实现市电和太阳能电混合供电的工作模式，其中太阳能电优先，在太阳能电力供应不足时，可自动切换至市电，切换过程小于 0.03s，不影响负载工作。

离网型光伏发电系统示意如图 2-16 所示。

(2) 并网型太阳能光伏发电系统。

并网型太阳能光伏发电系统主要由太阳能电池方阵、控制器、逆变器、计量装置、高低压电气系统等单元组成，按类型可分为大型光伏系统和中小型光伏系统。

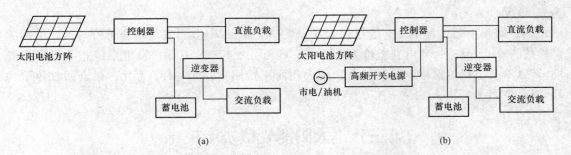

图 2-16　离网型太阳能光伏发电系统

（a）独立太阳能电源系统框图；（b）太阳能-市电及太阳能-柴油发电机组互补型电源系统框图

小型光伏系统——接入电压等级为 0.4kV 低压电网的光伏系统。小型光伏系统的装机容量一般不超过 200kW。

中型光伏系统——接入电压等级为 10～35kV 电网的光伏系统。

大型光伏系统——接入电压等级为 66kV 及以上电网的光伏系统。

4. 接入方式

根据是否允许通过公共连接点向公用电网送电，可分为可逆和不可逆的接入方式。

（1）可逆接入方式。可逆系统是在光伏系统产生剩余电力时将该电能送入电网，由于与电网的供电方向相反，所以称为逆流。光伏系统电力不够时，则由电网供电。这种系统一般是为光伏系统的发电能力大于负载或发电时间同负荷用电时间不相匹配而设计的。太阳能屋顶发电系统由于输出的电量受天气和季节的制约，而用电又有时间的区分，为保证电力平衡，一般均设计成有逆流系统。

可逆系统如图 2-17 所示。

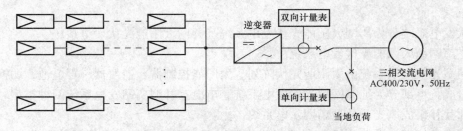

图 2-17　有逆流光伏并网发电系统

（2）不可逆系统。不可逆系统则是指光伏系统的发电量始终小于或等于负荷的用电量，电量不够时由电网提供，即光伏系统与电网形成并联向负载供电。这种系统即使当光伏系统由于某种特殊原因产生剩余电能，也只能通过某种手段加以处理或放弃。由于不会出现光伏系统向电网输电的情况，所以称为不可逆系统。

不可逆系统如图 2-18 所示。

（3）切换型系统。所谓切换型并网光伏发电系统，实际上是具有自动运行双向切换的功能。当光伏发电系统因多云、阴雨天及自身故障等导致发电量不足时，切换器能自动切换到电网供电一侧，由电网向负载供电；当电网因为某种原因突然停电时，光伏系统可以自动切换使电网与光伏系统分离，成为独立光伏发电系统工作状态。

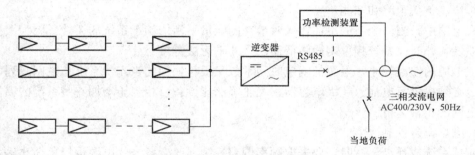

图 2-18　无逆流光伏并网发电系统

切换型并网光伏发电系统如图 2-19 所示。

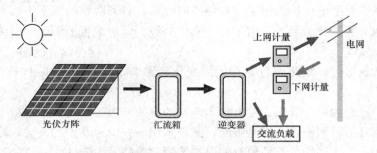

图 2-19　切换型并网光伏发电系统

切换型光伏发电系统，还可以在需要时断开为一般负载的供电，接通对应急负载的供电。

二、光伏并网关键技术

光伏并网的出现将从根本上改变传统电网应对负荷增长的方式，其在降低能耗、提高电力系统可靠性和灵活性等具有巨大潜力。目前，光伏并网技术已经成为电力系统发展的前沿技术。

1. 控制功能

控制功能基本要求包括：新的光伏电源接入时不改变原有的设备；与电网解、并列时快速无缝的切换；无功功率、有功功率要能独立进行控制；电压暂降和系统不平衡可以校正；要能适应配电网中负荷的动态需求。

（1）基本的有功和无功功率控制（$P-Q$ 控制）。

由于光伏电源大多为电力电子型的，因此有功功率和无功功率的控制、调节可分别进行，可通过调节逆变器的电压幅值来控制无功功率，调节逆变器电压和网络电压的相角来控制有功功率。

（2）基于调差的电压调节。

在有大量光伏电源接入时用 $P-Q$ 控制是不适宜的，若不进行就地电压控制，就可能产生电压或无功振荡，而电压控制要保证不会产生电源间的无功环流。

在大电网中，由于电源间的阻抗相对较大，不会出现这种情况。当光伏系统接入电网时，只要电压整定值有小的误差，就可能产生大的无功环流，使电源的电压值超标。因此要根据光伏电源所发电流是容性还是感性来决定电压的整定值，发容性电流时电压整定值要降低，发感性电流时电压整定值要升高。

（3）快速负荷跟踪和储能。

在大电网中，当一个新的负荷接入时最初的能量平衡依赖于系统的惯性，因为大型发电机具有惯性，此时仅系统频率略微降低而已（几乎无法觉察）。

光伏电源的惯性较小，电源的响应时间常数又很长，因此当光伏系统与主网解列成孤岛运行时，必须提供蓄电池、超级电容器、飞轮等储能设备，相当于增加一些系统的惯性，才能维持电网的正常运行。

（4）频率调差控制。

在光伏系统成孤岛运行时，要采取频率调差控制，改变各光伏电源承担负荷比例，以使各自出力在调节中按一定的比例且都不超标。

2. 保护功能

光伏并网系统对继电保护提出了一些特殊的要求，必须考虑的因素主要有以下几点。

（1）配电网一般是放射形的，由于有了光伏电源，保护装置上流经的电流就可能由单向变为双向。

（2）一旦孤岛运行，短路容量会有大的变化，影响了原有的某些继电保护装置的正常运行。

（3）改变了原有的单个分布式发电接入电网的方式，为了尽可能地维持一些重要负荷在电网故障时能正常运行而不使其供电中断，必须采用一些快速动作的开关，以代替原有的相对动作较慢的开关。这些均可能使原有的保护装置和策略发生变化。

3. 并网运行

根据负荷需求确定保护方案的同时，也即要根据负荷对电压变化的敏感程度和控制标准来配置保护。如果故障发生在配电网中，则要采用高速开关类隔离装置（Separation Device，SD），将电网中重要敏感性负荷尽快地与故障隔离。此时，配电网中的 DR（或 DER）是不应该跳闸的，以确保故障隔离后仍能对重要负荷正常供电。

当故障发生在光伏系统中时，要断开系统隔离装置，以免影响上一级馈线负荷。一旦配电网恢复正常，就应通过测量和比较 SD 两侧电压的幅值和角度，采用自动或手动的方式将光伏电源重新并网运行。

4. 孤岛运行

当电网孤岛运行时，由于光伏系统电源大多为电力电子型设备，所发出的电力通过逆变器与网络连接，故障时仅提供很小的短路电流，难以启动常规的过电流保护装置。

因此，保护装置和策略就应相应地修改，如采用阻抗型、零序电流型、差分型或电压型继电保护装置。

此外，接地系统必须仔细设计，以免电网解列时继电保护误动作。

5. 能量管理系统

能量管理系统（Energy Management System，EMS）的目的即为做出决策以最优地利用发电产生的电能。确定该能量管理决策的依据是当地设备对电量的需求、气候的情况、电价、燃料成本等因素。

能量管理系统是为整个电网服务的，即为系统级的，由此首要任务是将设备控制和系统控制加以明确区分，使各自的作用和功能简单明了。

频率、端电压、功率因数等应由光伏电源来控制。

EMS只调度系统的潮流和电压。潮流调度时需考虑燃料成本、发电成本、电价、气候条件等。EMS仅控制电网内某些关键母线的电压幅值，并由电源的控制器配合完成，与配电网相连的母线电压应由所连上级配电网的调度系统来控制。

除了上述基本功能外，EMS还具有其他一些功能。例如当光伏系统与配电网解列后光伏系统应配备快速切负荷的功能，以使光伏供电系统内的发电与负荷平衡。

三、光伏系统接入对配电网的影响

1. 电能质量

（1）电压偏移。

集中供电的配电网一般呈辐射状。稳态运行状态下，电压沿馈线潮流方向逐渐降低。接入光伏电源后，由于馈线上的传输功率减少，使沿馈线各负荷节点处的电压被抬高，可能导致一些负荷节点的电压偏移超标，其电压被抬高多少与接入光伏电源的位置及总容量大小密切相关。

传统的配电网络是"无源"的辐射状受端网络，光伏发电系统的接入使得配电网变成了一个"有源"的网络。分布式光伏接入后，由于网络传输功率的波动和负荷功率的随机特性，使传输线各负荷节点处的电压可能出现偏高或偏低，导致电压偏差超过安全运行的技术指标。图2-20中描述了分布式光伏接入配电网对于局部电压影响，大规模分布式光伏接入后，配电网局部节点存在静态电压偏移的问题。

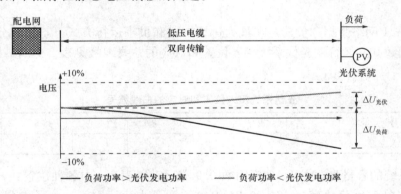

图 2-20　分布式光伏系统单点接入对配电网局部电压的影响

图2-20中，光伏在线路的末端单点接入系统，根据 $\Delta U = (PR + QX) + \mathrm{j}(PR - QX)$，在中高压输电线路中 $X > R$，系统无功功率对电压稳定影响大；在低电压系统中 $R > X$，节点注入的有功功率对电压影响大。

如果光伏在线路的首端单点接入系统，沿线的电压可能会出现先升高后降低趋势。同等容量光伏发电分散接入对电压的提升幅度小于线路末端集中接入，高于集中接入线路前端引起的电压升高。

根据图2-20对某地2MW光伏并网站专线接入变电站低压侧的稳态电压进行计算，此时单个负荷的大小取为 $P_\mathrm{d} + \mathrm{j}Q_\mathrm{d} = 0.42 + \mathrm{j}0.24(\mathrm{MV \cdot A})$，且假设变压器高压侧电压恒为1.05p.u.。其计算结果如图2-21所示，图中光伏系统未接入时配线1～13节点电压均在限制范围内，当光伏系统接入变电站低压侧时，由于流过主变功率减少，若分接头没有降挡位仍位于+5%挡，则此时馈线后端节点的电压将越限。由此可见如果是按原有的调压

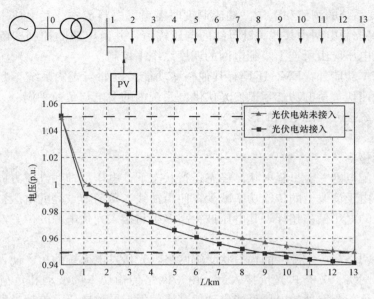

图 2-21 光伏发电接入变电站前后馈线电压

策略，将可能使用户侧电压水平降低，因此改进传统的调压方案来应对光伏系统接入电网十分必要。

采用图 2-21 网络数据和负荷，在最大运行方式和最小运行方式下，给定分布式电源容量且以功率因数 0.9 运行，光伏系统接入位置和对应的曲线编号见表 2-4，馈线电压曲线将有变化。

表 2-4　　　　　　　　　　　　　光伏系统接入位置和对应的曲线编号

曲线编号	1	2	3	4	5	6	7
光伏系统接入位置	4	7	10	13	4, 7	4, 7, 10	4, 7, 10, 13

取光伏系统的容量为 2MW，功率因数 0.9 滞后，以表 2-4 中各种位置并入电网，在最大运行方式（单个负荷功率 0.42＋j0.24MVA）和最小运行方式（取最大负荷的 0.3 倍）下，对于多节点接入的情况将光伏系统的总容量平均分配给多个节点进行计算。

图 2-22 为馈线最大和最小运行方式下光伏系统接入配电馈线不同位置时馈线电压分布曲线。

图 2-22 中曲线 1 的接入位置为主变电站母线，曲线 2～4 的接入位置则逐渐向线路末端靠近，可知当光伏系统距离主变电站母线越远，则馈线电压升得越高。由于在最小运行方式下，光伏系统容量相对于负荷的比例大，使得电站上游输送的功率减小甚至出现逆流，从而使得最小运行方式下光伏系统不同位置并网的馈线电压分布，与最大运行方式相比馈线电压有着较大的上升。曲线 5～曲线 7 为虚线代表光伏发电多点接入时的稳态电压曲线，可见接入位置分散时的电压曲线比电源集中时电压曲线要平滑，布置越分散，则馈线末端节点的电压也被抬得越高。

（2）电压波动和闪变。

光伏电源对电压的影响还体现在可能造成电压的波动和闪变。除了光伏系统的投切和电

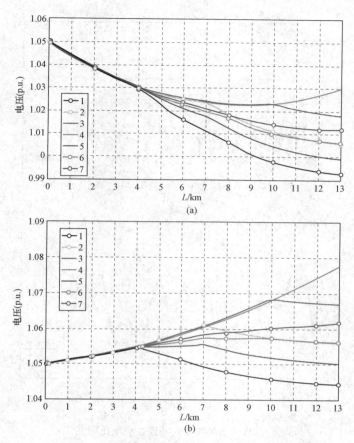

图 2-22　光伏并网系统接入不同位置时馈线电压
(a) 最大运行方式；(b) 最小运行方式

容器投切外，由于光伏电源的出力随入射的太阳辐照度而变，可能会造成局部配电线路的电压波动和闪变，若跟负荷改变叠加在一起，将会引起更大的电压波动和闪变。

　　光伏系统输出功率波动是其引起电网电压波动和闪变的直接原因。图 2-23 为三个连续运行日内光伏系统公共连接电压短时和长时闪变实测曲线，图 2-23 中长时闪变基本小于限值 0.8 但短时闪变频繁超出 1.0 限值。

　　光伏系统的输出功率随光照强度和温度波动变化，图 2-24 为某地 6MW 光伏并网系统接入电网时，系统与电网公共连接点在 24h 时间内的相电压波动曲线，图 2-24 中 C 相电压波动大于 A 和 B 相，且 C 相电压波动多次超出 4% 限制。

　　通常光伏系统所接入的电网短路容量越大，则表明该配电网络越坚强，光伏系统的功率波动以及启动和停机引起的公共接入点的电压波动和闪变就越小。

　　若光伏系统接入的电网较薄弱时，则在设计时需要选择合适的并网点和电压等级。为了分析光伏系统的功率波动所引起的电网电压波动，需要区分光伏系统和电网其他部分产生的电压波动。

　　光伏系统在启动和停运、云层遮挡等状态下都会造成配电网的电压波动。配电网功率因数越低，并网点的电压波动越严重，电压等级越低电压波动越严重。当云暂时遮挡了太阳

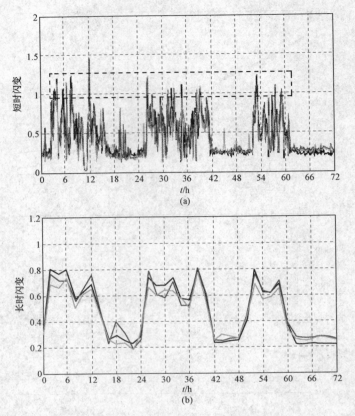

图 2-23　光伏发电公共连接点电压闪变

（a）短时闪变；（b）长时闪变

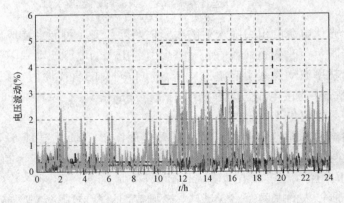

图 2-24　光伏发电公共连接点电压波动

时，会造成光伏出力的在短时间内骤降，最大变化速率可以在 1~2s 内，下降 30%。

（3）三相不平衡度。

根据对称分量法，对于三相不平衡系统，系统中三相电压含有正序、负序和零序分量。

正序分量支持基波，减少相对地的危害。

负序分量与基波呈对抗趋势，使得设备过热，进而产生很多危害。

零序分量在 N 线处积聚，使得 N 线发热，造成 N 线接地和开路情况。

（4）注入直流电流分量。

对于逆变器采用脉宽调制技术，其基准正弦波的直流分量、控制电路中运算放大器的零漂、开关器件的设计偏差以及驱动脉冲分配和死区时间的不对称等都会使得输出交流电流中含有直流分量。直流分量将对电网产生以下影响：

直流分量主要对配电网中电流式漏电断路器（RCD）、电流型变压器、计量仪表等造成不利影响，其中对电流式漏电断路器的影响最为不利，如造成电流式漏电断路器误动作、磁通饱和、发热、产生谐波和噪声等。

在带隔离变压器的逆变器系统中，如果直流分量超过一定值，就会造成隔离变压器饱和，导致系统过电流保护，甚至损坏功率器件。

在不带隔离变压器的逆变器系统中，直流分量将直接对负载供电。对于非线性负载，直流分量会造成电流的严重不对称，损坏负载。

直流分量不仅给电源系统本身和用电设备带来不良影响，还会对并网电流的谐波产生放大效应，从而产生电能质量问题，增加电网电缆的腐蚀；导致较高的瞬时电流峰值，可能烧毁熔断器，引起断电。

2. 谐波

电流谐波对配电网络和用户的影响范围很大，通常包含改变电压平均值，造成电压闪变，导致旋转电机及发电机发热、变压器发热和磁通饱和，并造成保护系统误动作，对通信系统产生电磁干扰和系统噪声等。

谐波的危害表现为引起电气设备（电机、变压器和电容器等）附加损耗和发热：使同步发电机的额定输出功率降低，转矩降低；变压器温度升高，效率降低；绝缘加速老化，缩短使用寿命，甚至损坏；降低继电保护、控制，以及检测装置的工作精度和可靠性等。

谐波注入电网后会使无功功率加大，功率因数降低，甚至有可能引发并联或串联谐振，损坏电气设备以及干扰通信线路的正常工作。

当光伏电源逆变器生成正弦基波时，可以部分补偿配电网的电压波形畸变，但会使逆变器输出更多的电流谐波，把光伏电源逆变器接入到弱电网时就会明显出现上述现象。当光伏电源逆变器检测配电网电压来生成参考基波时，光伏电源逆变器可以输出很好的正弦波电流，但是无法补偿配电网的电压波形畸变。

高次谐波衰减很快，低次谐波的变化情况比较复杂。在强网中谐波畸变一般是个常值，而弱网中的谐波畸变一般随接入的光伏电源逆变器个数增加而加重。当馈电线路阻抗值较大时，可使谐波衰减明显。为了防止特定次数的谐波产生谐振，有必要限制光伏电源逆变器的容量。在实际运行中，光伏电源注入的谐波电流一般都能符合相关标准的要求。

3. 潮流分布

从配电网的潮流计算来讲，传统的配电网络是"无源"的辐射状受端网络，光伏发电系统使得配电网也变成了一个"有源"的网络。由于光伏电源的引入，配电网结构发生变化，配电网潮流不一定只从变电站母线流向各负荷，有可能出现逆潮流和复杂的电压变化；光伏发电系统的输出功率受天气变化影响很大，具有随机变化特性，使得系统潮流也具有随机性。在光伏接入配电网后，光伏并网节点类型、光伏发电容量、位置是影响配电网电压分布的三个重要因素。

光伏并网逆变器常用的控制方式有电压控制、电流控制以及电压外环、电流内环双环控制等。当电网电压受到扰动或出现不平衡时，电压控制的并网逆变器对电网呈现出低阻特性，可能会影响逆变器的运行；电流控制和双环控制方式是以逆变器输出电流为最终控制量，能够使逆变器获得很好的输出并且受电网电压影响较小。所以越来越多的光伏并网逆变器采用电流控制和双环控制方式来取代电压控制。

对于电流控制型逆变器，其输出有功和注入配电网的电流是恒定的，视为 PQ 节点。若为电压控制型逆变器，则为输出有功和电压恒定的 PV 节点，当注入的电流达到边界值后转化为电流控制型来处理。对于电压要求较高且无功储备充足光伏发电系统，可把光伏发电并网节点视为 PV 节点；对于电压要求相对较低的节点，可把光伏发电并网节点视为 PQ 节点，或者在 MPPT 的控制下视为无功为零的 PQ 节点。

PQ 型光伏发电系统所发出功率方向与负荷方向相反，潮流计算中以负荷方向为正方向，则 PQ 型光伏发电系统相当于负荷接至配电网中，其潮流计算模型为

$$\begin{cases} P = -P_s \\ Q = -Q_s \end{cases}$$

PV 型光伏发电系统注入有功 P 与接入节点电压 V 为已知值，其潮流计算模型为

$$\begin{cases} P = -P_s \\ U = U_s \end{cases}$$

式中　P_s、Q_s——光伏发电系统的输出功率；

　　　　U_s——光伏发电系统的电压。

传统配电网潮流计算方法主要包括前推回代法、直接法和改进牛顿法等。

4. 短路电流

在配电网络侧发生短路时，接入到配电网络中的光伏电源对短路电流贡献不大，稳态短路电流一般只比光伏电源额定输出电流大 10%～20%，短路瞬间的电流峰值与光伏电源逆变器自身的储能元件和输出控制性能有关。

光伏系统接入前，公共连接点短路电流

$$I_{POI} = \frac{U_{N2}}{\sqrt{3}\left(\dfrac{U_{N1}}{\sqrt{3}I_{PCC}} + X_L\right)}$$

式中　I_{POI}——并网点短路电流，kA；

　　　　I_{PCC}——光伏系统接入前公共连接点短路电流，由当地供电公司提供，kA；

　　　　U_{N1}——公共连接点基准电压，kV；

　　　　U_{N2}——并网点基准电压，kV；

　　　　X_L——并网点到公共连接点线路的阻抗。

光伏系统接入后，公共连接点短路电流

$$I'_{PCC} = I_{PCC} + 1.5I_n$$

并网点短路电流

$$I'_{POI} = I_{POI} + 1.5I_n$$

式中　I_n——光伏系统额定工作电流。

在配电网络中，短路保护一般采用过电流保护加熔断保护。对于高渗透率的光伏电源，馈电线路上发生短路故障时，可能由于光伏电源提供绝大部分的短路电流而导致馈电线路无法检测出短路故障。

5. 保护装置

(1) 单端供电的配电网。

图 2-25 为一个简单配电网结构，光伏系统接在线路上。

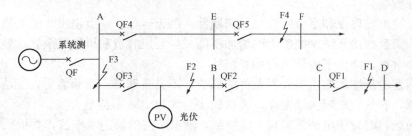

图 2-25　光伏接入简单配电网

1) 当光伏系统下游 F1 点发生短路故障时，光伏系统接入对短路点的短路电流增益很明显，流过 QF1 和 QF2 的故障电流增大，断路器的过电流保护动作，但 QF2 的速断保护和限时速断保护，其保护范围可能会延伸到下一条线路，引起其保护的误动，从而失去选择性。

2) 当光伏系统出口 F2 点发生短路故障时，由于光伏系统的接入，流过保护装置 QF3 的故障电流减小，保护装置 QF3 的速断保护范围减小、限时速断保护和定时限过电流保护的灵敏度降低，可能引起保护装置 QF3 的拒动或延时动作。

3) 当光伏系统上游 F3 点发生短路故障时，由于光伏系统的接入可能会引起保护装置 QF3 的反向误动。

4) 当 F4 点发生短路故障时，光伏系统接入的影响同 1)，可能会引起保护装置 QF4 的误动。当光伏系统接在母线 B 处时，对保护影响的理论分析同 1)、3) 和 4)。

(2) 双端供电的配电网。

图 2-26 所示光伏接入手拉手的环状配网，原有的双端电源供电网络，变为多端供电，保护配合和协调变得更加复杂。

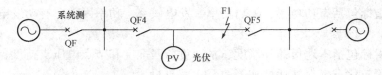

图 2-26　光伏接入手拉手环状配网

若 F1 处发生故障，右侧保护 QF5 受系统提供短路电流影响，保护能够正常动作，左侧保护 QF4 受到光伏对短路电流的分流影响，使保护检测到的故障电流值要小于故障点实际值，保护可能会拒动。

假如光伏没有孤岛保护的话，会持续对短路点输送电流，有可能使光伏系统损坏。

6. 非正常孤岛

随着在配电网络中有越来越多的分布式电源接入，出现非正常孤岛的可能性也越来越大。

7. 系统稳定性

由于储能设备的成本较高，大规模储能还不现实，而光伏发电的输出又在很大程度上受物理因素和地理条件的制约，并网发电后必然会对系统安全稳定运行、经济性以及电能质量带来一些特殊影响。

光伏系统输出随昼夜和季节的变化呈周期性，白天运行，晚上退出，频繁地投切降低了电网稳定性，而且光伏系统发电能力的增加不能减少装机容量和机组冗余，这就减少了原有机组的利用小时数，降低了电网运行的经济性。

光伏并网发电系统的输出受外界条件的影响，不具备调峰、调频能力，无法满足系统的负荷高峰需求，若气象出现大幅变化，光伏输出会大幅度减小甚至为零。

光伏并网运行时光伏电源常采用 PQ 控制，输出所需的设定功率值，并提供线路电压支撑和无功就地补偿，而光伏系统的输出不稳定，外界条件恶劣或系统误判时甚至根本无法输出功率，就不适宜采用 PQ 控制，降低了配电网的供电可靠性。

当孤岛运行时，需要由光伏电源维持自身电压和频率的稳定，而容量较小、条件能力差的光伏系统就无法承担此功能，降低了孤岛运行时的稳定性。

8. 配电网络设计、规划和营运

随着越来越多的分布式电源接入到配电网络中，集中式发电所占比例将有所下降，电力网络的结构和控制方式可能会发生很大的改变，这种改变带来的挑战和机遇将要求电力网络从设计、规划、营运和控制等各方面进行升级换代。

大量分布式光伏电源接入到配电网中后，用户侧可以主动参与能量管理和运营，使传统配电网运营费用模型不再适用。因此，一方面面临电力市场自由化和解除管制的压力，另一方面可再生能源诸如光伏电源却得到保护和补贴，使得配电网在保证供电质量和可靠性方面面临越来越大的压力。

四、效应指标

1. 正面效应指标

光伏并网发电对配网影响的正面效应指标包括发电指标、供电指标和节能减排指标三类。

（1）发电指标包括有功功率、无功功率、发电效率、功率因数、有功发电量以及无功发电量。

（2）供电指标包括本地负荷补偿度、本地负荷匹配度和节点电压支持度；节能减排指标网损下降率、等效化石燃料减耗量和等效 CO_2 减排量。

2. 负面效应指标

光伏并网发电对配网影响的负面效应指标包括电压质量指标、谐波畸变指标和功率变化指标三类。

（1）电压质量指标包括电压偏差、电压波动、三相电压不平衡度、电压闪变、电压暂升和电压暂降。

（2）谐波畸变指标包括电压谐波总畸变率、电流谐波总畸变率、电压间谐波含有率、电流间谐波含有率、偶次电流谐波含有率和奇次电流谐波含有率。

（3）功率变化指标包括有功功率变化率和有功功率波动率。

除此三类外，负效应评估还包含直流电流分量和频率偏差两项指标。

3. 效应指标体系

光伏并网发电对配电网影响的正负效应指标体系如图 2-27 所示。

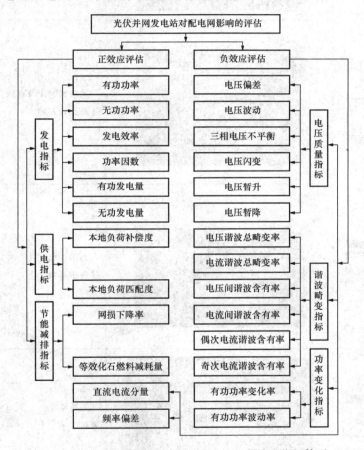

图 2-27　光伏并网发电对配网影响的正负效应指标体系

对于光伏并网系统配电网影响的正负效应指标体系中常见的各项电能质量及基本电量指标，参见 IEC 61000、IEEE 519 和国标。

五、光伏建筑一体化设计

1. 安装方式

从光伏方阵与建筑墙面、屋顶的结合来看，主要为屋顶光伏系统和墙面光伏系统。而光伏组件与建筑的集成来讲，主要有光伏幕墙、光伏采光顶、光伏遮阳板等形式。目前光伏建筑一体化主要有 8 种形式。光伏建筑的安装方式见表 2-5。

表 2-5　　　　　　　　　　　　　　光伏建筑的安装方式

序号	示意图	实物图	说明
1			采用普通光伏组件，安装在倾斜屋顶的建筑材料之上
2			采用普通或特殊的光伏组件，作为建筑材料安装在斜屋顶上
3			采用普通光伏组件，安装在平屋顶原来的建筑材料之上
4			采用特殊的光伏组件，作为建筑材料安装在平屋顶上
5			采用普通或特殊的光伏组件，作为幕墙安装在南立面上

序号	示意图	实物图	说明
6			采用普通或特殊的光伏组件，作为建筑幕墙镶嵌在南立面上
7			采用普通的光伏组件，作为安装在屋顶上
8			采用普通或特殊的光伏组件，作为遮阳板安装在建筑上

光伏建筑的集成可以采用上述几种方式的组合。

2. 总体设计

（1）安装光伏系统的建筑，其主要朝向宜为南向或接近南向。

（2）应根据建筑物的实际条件选择安装位置及系统类型。安装位置宜优先选择屋面，系统宜优先选择并网系统。

（3）应避免建筑物周围的景观与乔木绿化对光伏组件造成遮挡；建筑的外部体形和空间组合应考虑与光伏系统结合，为接收较多的太阳能创造条件。

（4）在建筑群体组合及空间环境的规划中，应用光伏系统的建筑，其日照间距应满足1：1，同时通过计算机进行模拟，保证光伏组件在冬至日 9:00～15:00 间有连续 3h 以上的日照时数。

（5）在既有建筑上安装光伏系统后，不应降低建筑本身或相邻建筑的建筑日照标准；不应影响建筑物的结构安全、通风，并且不能引起建筑物的能耗增加；不应影响原有排水系统的正常运行。如果立面安装，还要考虑下雨时落水的变化对街道行人或下部建筑物造成的影响。

（6）对光伏组件可能引起的二次辐射宜进行预测，避免造成光污染。

（7）光伏组件结合景观小品进行安装时，景观小品的造型除满足景观要求外，还应满足光伏组件的日照要求。

（8）在小品设置位置的选择上应注意周围的环境设施与绿化种植不应对投射到光伏组件上的阳光形成遮挡。

（9）安装光伏组件的景观小品，其结构体系、使用寿命除满足景观小品的使用要求外，还应满足光伏组件的相关要求。

（10）光伏组件结合景观小品进行安装时，在满足作为建筑构件所需的强度、刚度等功能外，还应采取保护人身安全的防护要求。

光伏建筑一体化的设计流程如图 2-28 所示。

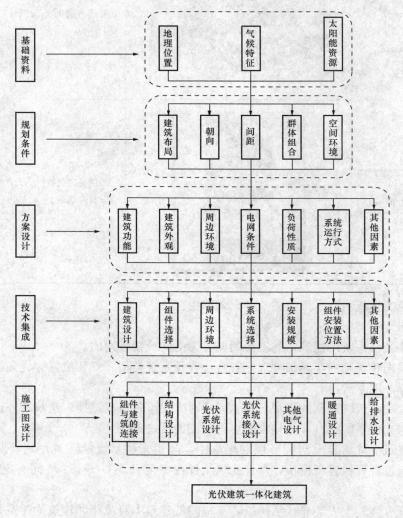

图 2-28　光伏建筑一体化的设计流程

第四节 风力发电技术

一、风力发电

1. 原理

风能是一种可再生的自然洁净能源，利用风能发电不消耗资源、不污染环境，这是其他常规能源发电（如油电、煤电）与核电所无法比拟的优点。

风力发电的过程是首先把风的动能转变成机械能，再把机械能转化为电能。利用风力带动风车叶片的旋转，然后把风的动能转变成风轮轴的机械能，发电机在风轮轴的带动下旋转发电。

2. 组成

风力发电所需要的装置，称为风力发电机组，一般包括风轮、发电机、调向器、塔架、限速安全机构和储能装置等部件，如图 2-29 所示。

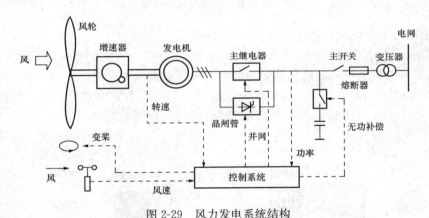

图 2-29 风力发电系统结构

（1）风轮是集风的装置，把流动空气的动能转变为风轮旋转的机械能。水平轴风电机组的风轮一般由两只螺旋桨形的叶片组成。

（2）发电机是将旋转的机械能转变成电能的装置。已采用的发电机主要有直流发电机、同步交流发电机和异步交流发电机。

（3）调向器主要用于使风轮随时都迎着风向，从而能最大限度地获取风能。

（4）限速安全机构是用来保证风力发电机的运行安全；限速安全机构可以使风力发电机风轮的转速在一定风速范围内保持基本不变。

（5）由于自然界的风速是极不稳定的，风力发电机的输出功率也极不稳定，所以其发出的电能一般不能直接用在电器上，先要用储能装置储存起来。

风力发电构成的能量传递系统如图 2-30 所示。

3. 风力发电机组分类

（1）按照额定功率的大小分为微型、小型、中型和大型风电机组。

1）微型风力发电机组：额定功率小于 1kW。

2）小型风力发电机组：额定功率 1～99kW。

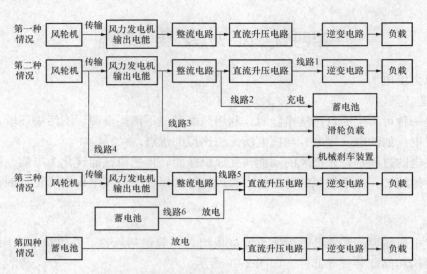

图 2-30　风力发电构成的能量传递系统

3）中型风力发电机组：额定功率 100～600kW。

4）大型风力发电机组：额定功率大于 600kW。

（2）按照风电机组与电网的关系分为离网型和并网型风电机组。

1）离网型风力发电机组：一般是指独立运行的小型风力发电系统，主要解决偏远无电地区用电需要，通常与其他发电或储能装置联合运行，如图 2-31 所示。

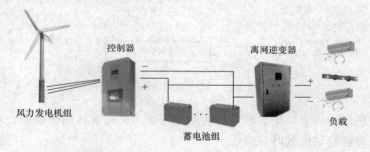

图 2-31　离网型小型风力发电系统

离网型风力发电机组功率较小，均属小型发电机组。可按照发电功率的大小进行分类，其大小从几百瓦至几十千瓦不等。

小型风力发电机按照发电类型的不同进行分类，可分为直流发电机型和交流发电机型。

较早时期的小容量风力发电机组一般采用小型直流发电机，在结构上有永磁式及电励磁式两种类型。永磁式直流发电机利用永磁铁提供发电及所需的励磁磁通；电励磁式直流发电机则是借助在励磁线圈内流过的电流产生磁通来提供发电及所需要的励磁磁通。由于励磁绕组与电枢绕组连接方式的不同，又可分为他励与并励（或自励）两种形式。

随着小型风力发电机组的发展，发电机类型逐渐由直流发电机转变为交流发电机。主要包括永磁发电机、硅整流自励交流发电机及电容自励异步发电机。其中，永磁发电机在结构上转子无励磁绕组，不存在励磁绕组损耗，效率高于同容量的励磁式发电机；转子没有集电环，运转时更安全可靠；电机重量轻，体积小，工艺简便，因此在离网型风力发电机中被广泛应用。其缺点是电压调节性能差。硅整流自励交流发电机是通过与集电环接触的电刷与硅整流器的直流输出端相连，从而获得直流励磁电流。

由于风力的随机波动会导致发电机转速的变化，从而引起发电机出口电压的波动，将导致硅整流器输出直流电压及发电机励磁电流的变化，并造成励磁磁场的变化，这样又会造成发电机出口电压的波动。因此，为抑制这种联锁的电压波动，稳定输出，保护用电设备及蓄电池，该类型的发电机需要配备相应的励磁调节器。

2）并网型风力发电机组：一般是指风电机组与电网相连，向电网输送有功功率，同时吸收或者发出有功功率的风力发电系统。并网型的风力发电是规模较大的风力发电场，容量大约为几兆瓦到几百兆瓦，由几十台甚至成百上千台风电机组构成，如图 2-32 所示。

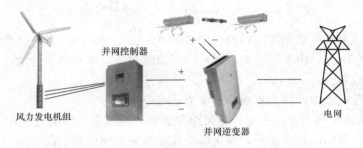

图 2-32　并网型风力发电机组系统

（3）按照风轮结构分为水平轴和垂直轴风力发电机组。

风力发电机可分为两大类：水平轴风力发电机，风轮的旋转轴与风向平行；垂直轴风力发电机，风轮的旋转轴垂直于地面或者气流方向。

1）水平轴风力发电机：分为升力型和阻力型两类，其结构如图 2-33 所示。

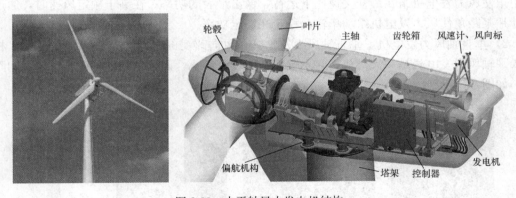

图 2-33　水平轴风力发电机结构

升力型风力发电机旋转速度快，阻力型旋转速度慢。对于风力发电而言，多采用升力型水平轴风力发电机。大多数水平轴风力发电机具有对风装置，能随风向改变而转动。对于小型风力发电机，这种对风装置采用尾舵，而对于大型的风力发电机，则利用风向传感器件以及伺服电机组成的传动机构。

风力机的风轮在塔架前面的称为上风向风力机（顺风式），风轮在塔架后面的则成为下风向风机（逆风式），如图 2-34 所示。水平轴风力发电机的式样很多，有的具有反转叶片的风轮，有的在一个塔架上安装多个风轮，以便在输出功率一定的条件下减少塔架的成本，还有的水平轴风力发电机在风轮周围产生漩涡，集中气流，增加气流速度。

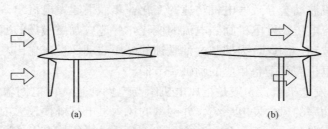

图 2-34 风轮与塔架相对位置
（a）上风向风力机（顺风式）；（b）下风向风机（逆风式）

小型水平轴风力发电机的额定转速一般在 500～800r/min，转速高，产生的噪声大，启动风速一般在 3～5m/s，由于转速高，噪声大，故障频繁，容易发生危险，不适宜在有人居住或经过的地方安装。

水平轴风力发电机组按风力机功率调节方式可分为：

A. 定桨距失速型风力发电机组。定桨距失速型风力发电机组通过风轮叶片失速来控制风力发电机组在大风时的功率输出，通过叶尖扰流器来实现极端情况下的安全停机问题。

B. 变桨距失速型风力发电机组。变桨距失速型（主动失速型）风力发电机组在低于额定风速时，通过改变桨距角，使其功率输出增加，或保持一定的桨距角运行；在高于额定风速时，通过改变叶片桨距角来控制功率输出，稳定在额定功率。

C. 变速恒频型风力发电机组。变速恒频型风力发电机组的风轮叶片桨距角可以调节，同时发电机可以变速，并输出恒频恒压电能。在低于额定风速时，通过改变风轮转速和叶片桨距角使风力发电机组在最佳尖速比下运行，输出最大的功率；在高于额定风速时，通过改变叶片桨距角使风力发电机组功率输出稳定在额定功率。

2）垂直轴风力发电机。垂直轴风力发电机在风向改变的时候无需对风，在这点上相对于水平轴风力发电机是一大优势，它不仅使结构设计简化，而且也减少了风轮对风时的陀螺力，如图 2-35 所示。

图 2-35 垂直轴风力发电机

利用阻力旋转的垂直轴风力发电机有几种类型。其中有利用平板和杯子做成的风轮，这是一种纯阻力装置；S 型风车，具有部分升力，但主要还是阻力装置。这些装置有较大的启动力矩，但尖速比低，在风轮尺寸、重量和成本一定的情况下，提供的功率输出低。

　　小型的垂直轴风力发电机的额定转速一般在 $60 \sim 200 r/min$，转速低，产生的噪声很小（可以忽略不计），启动风速一般在 $1.6 \sim 4 m/s$。

　　垂直轴风力发电机的结构特点是可以接受来自任何方向的风，因而当风向改变时，无需对风，由于不需要调向装置，使其结构设计简化；由于转速的降低，大大提高了风机的稳定性；振动小，噪声低；风轮直径小，占用面积小；齿轮箱和发电机可以安装在地面或楼板上，检修维护方便；启动风速低等优点，使其更适合在人们居住的地方安装，提高了风力发电机的使用范围。

　　3）参数对比。水平轴风力发电机与垂直轴风力发电机的参数对比见表 2-6。

表 2-6　　　　　　　　　水平轴风力发电机与垂直轴风力发电机的参数对比

序号	性能	水平轴风力发电机	垂直轴风力发电机
1	发电效率（%）	$50 \sim 60$	70 以上
2	电磁干扰（电刷）	有	无
3	对风转向机构	有	无
4	变速齿轮箱	10kW 以上有	无
5	叶片旋转空间	较大	较小
6	抗风能力	弱	强（可抗 $12 \sim 14$ 级台风）
7	噪声/dB	$5 \sim 60$	$0 \sim 10$
8	启动风速/(m/s)	高（$2.5 \sim 5$）	低（$1.5 \sim 3$）
9	地面投影对人影响	眩晕	无影响
10	故障率	高	低
11	维修保养	复杂	简单
12	转速	高	低
13	对鸟类影响	大	小
14	电缆绞线问题（或电刷损坏问题）	有	无
15	发电曲线	凹陷	饱满

二、风力发电机

1. 类型

一般选用垂直轴风力发电机。

　　风力发电机的功率与风叶的受风面积成正比。功率系数一般为 $0.4 \sim 0.5 kW/m^2$，即 $1m^2$ 的风轮发电功率约为 $400 \sim 500W$，以 1 年 400h 工作小时计算，全年可产生 $160 kW \cdot h$ 的电量。

　　在满足结构安全、环境保护等要求的前提下，高层建筑应优先选择大尺寸的风力机以增加发电的功率。然而城市的风力较小，可以选择低风速启动风机，这样可以延长发电机的工作时间，从而获得更多的发电量。

　　安装在建筑中的风力发电机，只有当其转子的直径不大于建筑直径的 15% 或者有垂直轴时，才能充分利用风能。

2. 等级

垂直轴风力发电机组设计应考虑其适用区域风况，主要依据轮毂高度的参考风速（V_{ref}）、年平均风速（V_{ave}）以及湍流强度（I_{15}），设计其适用等级，等级划分应依据 GB/T 17646—2013《小型风力发电机组设计要求》的规定，垂直轴风力发电机组等级见表 2-7。

表 2-7 垂直轴风力发电机组等级

小型风力发电机组等级	I	II	III	IV	S
V_{ref}/（m/s）	50	42.5	37.5	30.0	由设计者规定各参数
V_{ave}/（m/s）	10	8.5	7.5	6.0	
I_{15}	0.18	0.18	0.18	0.18	
a	2	2	2	2	

注：1. 以上数值均适用于轮毂高度。

2. I_{15} 为 15m/s 时湍流强度无量纲特征值。

3. a 为 GB/T 17646—2013《小型风力发电机组设计要求》中无量纲斜率参数。

$$\sigma_1 = I_{15} \frac{15 + aV_{hub}}{a + 1}$$

4. S 级是针对特殊要求（例如特殊风况、其他外部条件或特殊安全等级）所定义。设计者选择 S 级风力发电机组，应将设计值明载于设计报告中。有关此等特殊设计，设计条件中所选择的数值应至少要反映出小型风力发电机组使用环境中可预期的苛刻工况。

标准偏差 σ_1 和湍流强度 σ_1/V_{hub} 的特征值如图 2-36 所示。

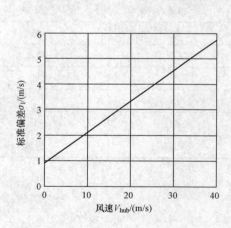 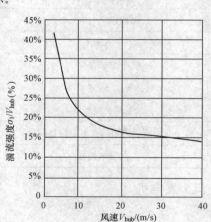

图 2-36 风湍流特性

3. 工作条件

（1）一般环境条件。

垂直轴风为发电机组的设计应保证其整机系统在设计寿命期间，在一般环境工作条件下能维持正常运转。这些一般环境条件包括：

1）环境温度范围：−20℃～40℃。

2）太阳辐射强度：≤1000W/m²。

3）环境相对湿度：≤95%。

4）标准空气密度：1.225kg/m³（不同海拔的空气密度不同，应以适用的公式进行转换）。

（2）极端环境条件。

要求垂直轴风力发电机组可以在一般环境条件以外生存运转，包括温度、雷击、结冰、沙尘、盐害、台风及地震。极端环境条件下运转的垂直轴风力发电机组，应保证其与此等环境条件直接相关的重要组件在设计寿命期间维持正常功能。该风力发电机组应接受极端环境条件模拟试验，宜采用整机模拟实验。

三、发电量计算

1. 风能要素计算

（1）应按现行国家标准 GB/T 18710—2002《风电场风能资源评估方法》的有关规定，计算不同高度代表年的平均风速和风功率密度、风速和风能频率分布、风向频率及风能密度方向分布等参数，并应绘制风况图表。

（2）风速频率分布宜用概率函数威布尔分布来描述。

2. 最大风速计算

（1）宜采用风速年最大值的耿贝尔极值Ⅰ型概率分布，推算气象站的 50 年一遇最大风速。

（2）气象站和测风塔大风时段相关关系应基于测风塔实测年最大风速统计，宜直接相关到风力发电机组预装轮毂高度，推算预装轮毂高度 50 年一遇 10min 平均最大风速，并应按下式计算标准空气密度下的 50 年一遇 10min 平均最大风速

$$V_{std} = V_{mea} \times \sqrt{\frac{\rho_m}{\rho_0}}$$

式中　V_{std} ——标准空气密度下 50 年一遇 10min 平均最大风速，m/s；

　　　V_{mea} ——现场空气密度下 50 年一遇 10min 平均最大风速，m/s；

　　　ρ_m ——风场实测观测期最大空气密度，kg/m³；

　　　ρ_0 ——标准空气密度，1.225kg/m³。

（3）气象站和测风塔大风时段相关系数不宜小于 0.7，并应结合风力发电场所在地区 50 年一遇基本风压值，按下式计算离地 10m 高处 50 年一遇 10min 平均最大风速

$$v_0 = \sqrt{\frac{2000\omega_0}{\rho}}$$

式中　v_0 ——10m 高处 50 年一遇 10min 平均最大风速，m/s；

　　　ω_0 ——风场所在地区 50 年一遇基本风压值，kN/m²；

　　　ρ ——气象站观测计算的年平均空气密度，kg/m³。

（4）轮毂高度处 50 年一遇 10min 平均最大风速和湍流强度等级应按现行国家标准 GB/T 18451.1—2012《风力发电机组设计要求》的有关规定进行计算，并应结合轮毂高度处年平均风速，按表 2-8 风力发电机组安全等级基本参数确定风力发电机组的安全等级。

表 2-8　　　　　　　　　　　风力发电机组安全等级基本参数

风况类型	I	II	III	S
V_{ref}/（m/s）	50	42.5	37.5	
A　I_{ref}（—）	0.16			由设计者规定各参数
B　I_{ref}（—）	0.14			
C　I_{ref}（—）	0.12			

注：V_{ref} 为 10min 平均参考风速；I_{ref} 为参考风速时的湍流强度值。

3. 年理论发电量

风力发电场不考虑尾流影响的年理论发电量可按下式计算

$$E_{th} = 8760 \sum_{i=1}^{n} \int_{v_1}^{v_2} p_i(v) f_i(v) dv$$

式中　E_{th}——年理论发电量，MW·h；

　　　n——风力发电机组台数，台；

　　　v_1——风力发电机组切入风速，m/s；

　　　v_2——风力发电机组切出风速，m/s；

　　　$p_i(v)$——第 i 台风力发电机组在风速为 v 时的发电功率，MW；

　　　$f_i(v)$——第 i 台风力发电机组轮毂高度处风速概率分布，对风速时间序列进行拟合得到的威布尔分布。

应根据修正为代表平均风资源情况的测风资料和风力发电机组功率曲线，计算风力发电场年发电量，并应根据折减因素计算风力发电场年发电量综合折减率，估算风力发电场年上网电量、年等效满负荷小时数、容量系数等。

4. 发电量折减

发电量折减应符合下列规定：

（1）应根据风力发电场场址或附近的观测站多年的温度、气压和湿度资料，计算平均空气密度，修正风力发电机组功率曲线，并应对风力发电场年理论发电量进行空气密度修正。

（2）可利用风能资源评估软件评估风力发电机组尾流影响，计算尾流影响折减系数。

（3）应计算风力发电机组可利用率、风力发电机组功率曲线保证率折减系数。

（4）应根据风力发电场现场实测气温数据，计算发电量低温折减系数。

（5）应计算风力发电场湍流强度的影响折减系数。

（6）应计算电网故障率及电网影响折减系数。

（7）应计算变压器损耗及线损、风力发电场自用电量损耗折减系数。

（8）当风力发电场测风时段与代表性风况不同时，应计算风力发电场代表性订正对于发电量的影响以及风能资源评估中的不确定性的修正影响折减系数。

（9）应计算大规模风力发电场群周围风力发电场的影响折减系数。

（10）应计算叶片污垢、覆冰、台风等特殊影响折减系数。

四、风力发电在建筑中的应用

1. 建筑物周围的风向

大气边界层中的自然风遇到地面建筑物时，一部分被建筑物阻挡而绕行，从而使建筑物周围的风场产生了很大的变化。对于建筑物高度和密度比较大的城市，由于其下垫面具有较大的表面粗糙度，可引来高层建筑屋顶上的较大的风速区"屋顶小急流"的机械湍流，其局部风场的变化也将明显加强，如图 2-37 所示。

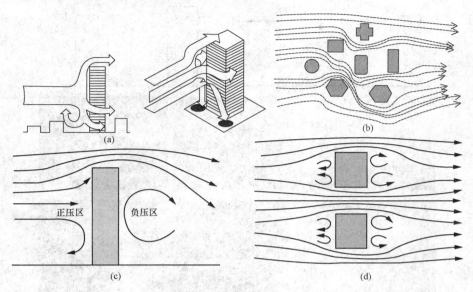

图 2-37 高层建筑风力与风向
（a）建筑物对于风的阻挡与加速作用垂直风向示意；（b）建筑物对于风的阻挡与加速作用
水平方向示意图；（c）高层建筑垂直风向示意；（d）高层建筑水平风向示意

2. 高层建筑

依据高层建筑中风环境的特点，风力机通常安装在风阻较小的屋顶或风力被强化的洞口、夹缝等部位，如图 2-38 所示。

（1）屋顶。建筑物的顶部风力大、环境干扰小，这是安装风力发电机的最佳位置。一般风力机应高出屋面一定距离，以避开檐口处的涡流区。

（2）楼身洞口。在建筑物的中部开口处，风力被汇聚和强化，会产生强劲的"穿堂风"，此处适宜安装定向式风力机。

（3）建筑角边。在建筑角边有自由通过的风，还有被建筑形体引导过来的风，此处适宜安装小型风力机组，也可以将整个外墙作为发电机的受风体，使其成为旋转式建筑。

（4）建筑夹缝。建筑物之间垂直缝隙会产生"峡谷风"，且风力会随着建筑体积量的增大而增大，因此，在此处适合安装垂直轴风力机或水平轴风力机组。

3. 城市公共建筑

风能还可以用于城市公共建筑如公园等的基础照明设施。

除了比较大型的建筑用风机，建筑使用风机更多的是需要小型或微型风力发电设备。对于城市的公共建筑如公园景区、广场等在夜间不需要大量的电力消耗，只需要维持基本的照明，所以可以在公园景区内安放小型的风机发电维持局部照明。而公园等公共建筑周围风速较小，且需要考虑噪声污染问题，需要设计在低风速启动并且具有静音效果的小型风机来实现城市风力发电，如图 2-39 所示。

考虑到建筑环境中风能的特点，大型风机发电机的运用受到了一定限制。建筑环境中风力发电机的研究主要着眼于增大发电功率、减小噪声和振动以及安全美观性等几个方面。风力机的发电功率与风速的三次方和风力发电机的风能利用效率成正比，因此增大风速和提高

图 2-38　风力发电机在建筑上安装部位

图 2-39 风力发电机在公共建筑上安装部位

风力发电机的风能利用效率成为关键技术。

4. 民用住宅

近年来，小型风力发电机主要用于农村、牧区、海岛等电网不及地区（使用非并网风力发电）。我国也将风力发电机直接应用于了住宅建筑。在偏远山区或是不通电网的地方将风力机安装于屋顶之上，利用当地丰富的风能资源进行发电，如图 2-40 所示。

图 2-40 风力发电机在民用住宅上安装部位（一）

图 2-40　风力发电机在民用住宅上安装部位（二）

第五节　储　能　技　术

一、储能

1. 定义

从狭义上讲，针对电能的存储，储能是指利用化学或者物理的方法将产生的能量存储起来，并在需要时释放的一系列技术和措施。

从广义上讲，储能即能量储存，是指通过一种介质或者设备，把一种能量形式用同一种或者转换成另一种能量形式存储起来，基于未来应用需要以特定能量形式释放出来的循环过程。

储能技术是通过装置或物理介质将能量储存起来以便以后需要时利用的技术。

2. 广义电力储能技术

传统意义的电力储能可定义为实现电力存储和双向转换的技术，包括抽水蓄能、压缩空气储能、飞轮储能、超导磁储能、电池储能等，利用这些储能技术，电能以机械能、电磁场、化学能等形式存储下来，并适时反馈回电力网络。

能源互联网中的电力储能不仅包含实现电能双向转换的设备，还应包含电能与其他能量形式的单向存储与转换设备。在能源互联网背景下，广义的电力储能技术可定义为实现电力与热能、化学能、机械能等能量之间的单向或双向存储设备，如图 2-41 所示。电化学储能、储热、氢储能、电动汽车等储能技术围绕电力供应，实现了电网、交通网、天然气管网、供热供冷网的"互联"。

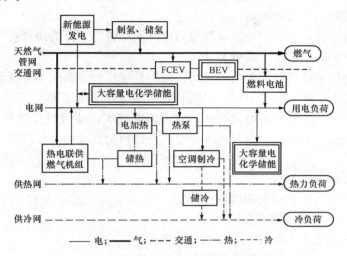

图 2-41　能源互联网中的电力储能技术

FCEV—燃料电池电动汽车；BEV—电化学电池电动汽车

　　其中，电化学储能和电动汽车实现了电力双向转换，用双框线标出，其余用单框线标出，图 2-40 中箭头的方向表示能量流动的方向。

　　3. 作用

　　储能在整个电力价值链上起到了至关重要的作用。它的作用涉及发电（generation）、输电（transmission）、配电（distribution）乃至终端电力用户（end user），这里包括居民用电以及工业和商业用电，如图 2-42 所示。

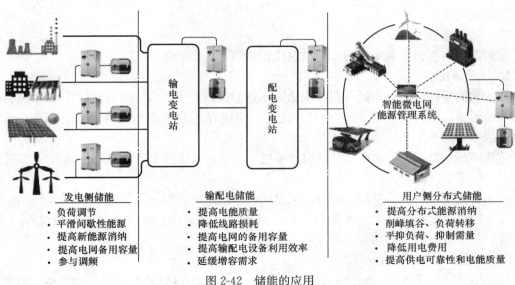

图 2-42　储能的应用

在发电侧，储能系统可以参与快速响应调频服务，提高电网备用容量，并且可将如风能、太阳能等可再生能源向终端用户提供持续供电，这样扬长避短地利用了可再生能源清洁发电的优点，也有效地克服了其波动性、间歇性等缺点。

在输电中，储能系统可以有效地提高输电系统的可靠性。

在配电侧，储能系统可以提高电能的质量。

在终端用户侧，分布式储能系统在智能微电网能源管理系统的协调控制下优化用电、降低用电费用，并且保持电能的高质量。

总体来说，储能是解决新能源消纳、增强电网稳定性、提高配电系统利用效率的最合理的解决方案。系统中引入储能环节后，可以有效地实现需求侧管理，消除昼夜间峰谷差，平抑负荷，不仅可以更有效地利用电力设备、降低用电成本，还可以促进可再生能源的应用，也可作为提高系统运行稳定性、参与调频调压、补偿负荷波动的一种有效手段。

4. 应用

储能技术主要的应用方向。

（1）风力发电与光伏发电互补系统组成的局域网，用于偏远地区供电、工厂及办公楼供电。

（2）通信系统中作为不间断电源和应急电源系统。

（3）风力发电和光伏发电系统的并网电能质量调整。

（4）作为大规模电力存储和负荷调峰手段。

（5）电动汽车储能装置。

（6）作为国家重要部门的大型后备电源等。

储能技术在电力系统中的应用，主要集中在可再生能源发电移峰、分布式能源及微电网、电力辅助服务、电力质量调频、电动汽车充换电等方面，是解决新能源电力储存的关键技术。

5. 分类

储能技术按照电能转换存储形态的不同可划分为物理储能、电磁储能、电化学储能和相变储能四类。

二、物理储能

物理储能主要包括抽水储能、压缩空气储能和飞轮储能等。

1. 抽水储能

抽水储能是在电力负荷低谷期将水从下池水库抽到上池水库时将电能转化成重力势能储存起来的形式，综合效率在 $70\%\sim85\%$ 之间，应用在电力系统的调峰填谷、调频、调相、紧急事故备用。

抽水蓄能电站应有上水库、高压引水系统、主厂房、低压尾水系统和下水库，如图2-43所示。

抽水蓄能电站有上、下两个水库。下水库的进出水口，发电时为进水口，抽水时为出水口；上水库的进出水口，发电时为出水口，抽水时为进水口。常规水电站一般仅有一个水库，仅有一个发电进水口和一个出水口。

2. 压缩空气储能

压缩空气储能系统（Compressed Air Energy Storage，CAES）可利用低谷电、弃风电、

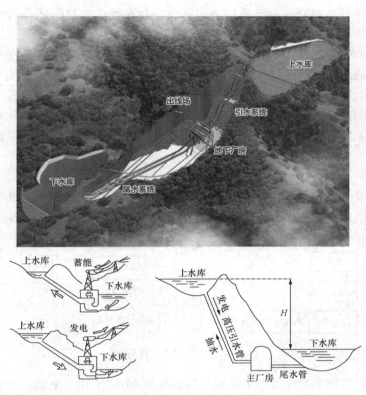

图 2-43 抽水储能

弃光电等对空气进行压缩，并将高压空气密封在地下盐穴、地下矿洞、过期油气井或新建储气室中，在电网负荷高峰期释放压缩空气推动透平机（汽轮机、涡轮机等）发电。按照运行原理，压缩空气储能系统可以分为补燃式和非补燃式两类。

补燃式 CAES 需要借助燃料的补燃，以实现系统的循环运行，系统流程如图 2-44（a）所示。储能时，电机驱动压缩机将空气压缩至高压并存储在储气室中；释能时，储气室中的高压空气进入燃气轮机，在燃烧室中与燃料混合燃烧，驱动燃气轮机做功，从而带动发电机

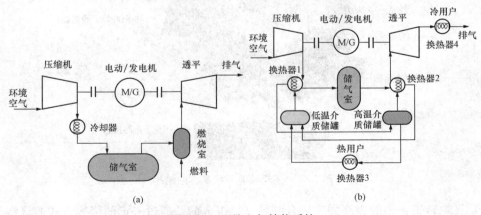

(a)　　　　　　　　　　(b)

图 2-44 压缩空气储能系统
（a）补燃式 CAES；（b）非补燃式 CAES

81

对外输出电能。补燃式 CAES 由于采用燃料补燃，存在污染排放问题，同时存在对天然气等燃料的依赖。

非补燃式 CAES 基于常规的补燃式 CAES 发展而来，通过采用回热技术，将储能时压缩过程中所产生的压缩热收集并存储，待系统释能时加热进入透平的高压空气，系统流程如图 2-43（b）所示。非补燃式 CAES 不仅消除了对燃料的依赖，实现了有害气体零排放，同时还可以利用压缩热和透平的低温排气对外供暖和供冷，进而实现冷热电三联供，实现了能量的综合利用，系统综合效率较高。鉴于非补燃式 CAES 在环保、能量综合利用等方面的优势，目前已成为 CAES 的主流研究方向。

3. 飞轮储能

飞轮储能系统，主要由飞轮、集成式电动/发电机、非接触式轴承、真空容器以及电力电子变换装置等组成，其工作原理示意图如图 2-45 所示。

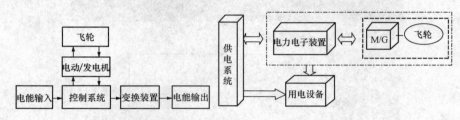

图 2-45　飞轮储能工作原理

系统储能时，电能通过电力电子装置变换后控制 M/G 工作于电动机状态，带动飞轮加速，电能转化为机械能储存下来；需要放能时，飞轮降速，M/G 作为发电机，由飞轮带动其转动，将机械能转化为电能，经电力电子装置变换后，输送给用电设备或回馈给电网（即并网发电）。

飞轮储能系统基本的结构包括以下几个组成部分，如图 2-46 所示。

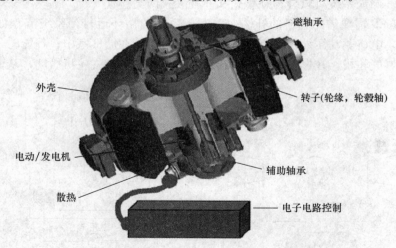

图 2-46　飞轮储能系统基本的结构

（1）飞轮转子：一般为高强度复合纤维材料组成的，通过一定的绕线方式缠绕在与电机转子一体的金属轮毂上。

（2）轴承：利用永磁轴承、电磁轴承、超导悬浮轴承或其他低摩擦功耗轴承支承飞轮，并采用机械保护轴承。

（3）电动/发电机：一般为直流永磁无刷同步电动发电互逆式双向电机。

（4）电力转换器：它是将输入电能转化为直流电供给电机，输出电能进行调频、整流后供给负载的关键部件。

（5）真空室：为减小风损，防止高速旋转的飞轮发生安全事故，飞轮系统放置于高真空密封保护套筒内。

三、电磁储能

电磁储能包括超导磁储能和超级电容器储能等。

1. 超导磁储能

超导磁储能系统（Super conducting Magnetic Energy Storage，SMES）是利用超导磁体将电磁能直接储存起来，需要是再将电磁能返回电网或者其他负载。

超导磁体是 SMES 系统的核心，它在通过直流电流时没有焦耳损耗。超导导线可传输的平均电流密度比一般常规导体要高 $1 \sim 2$ 个数量级，因此，超导磁体可以达到很高的储能密度。与其他的储能方式，如蓄电池储能、压缩空气储能、抽水蓄能及飞轮储能相比，SMES 具有转换效率可达 95%，毫秒级的影响速度，大功率和大能量系统，寿命长及维护简单，污染小等优点。

SMES 一般有超导磁体、低温系统、磁体保护系统、功率调节系统和监控系统等几个主要部分组成。图 2-47 是 SMES 装置的结构原理图。

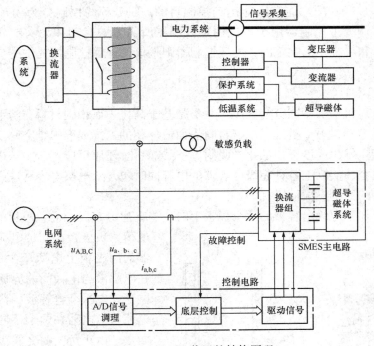

图 2-47　SMES 装置的结构原理

（1）超导磁体。储能用超导磁体可分为螺管形和环形两种。螺管线圈结构简单，但周围杂散磁场较大；环形线圈周围杂散磁场小，但结构较为复杂。由于超导体的通流能力与所承受的磁场有关，在超导磁体设计中第一个必须考虑的问题是应该满足超导材料对磁场的要求，包括磁场在空间的分布和随时间的变化。除此意外，在磁体设计中还需要从超导线性能、运行可靠行、磁体的保护、足够的机械强度、低温技术与冷却方式等几个方面考虑。

（2）低温系统。低温系统维持超导磁体处于超导态所必需的低温环境。超导磁体的冷却方式一般为浸泡式，即将超导磁体直接放在低温液体中。对于低温超导磁体，低温多采用液氦（4.2K）。对于大型超导磁体，为提高冷却能力和效率，可采用超流氦冷却，低温系统也需要采用闭合循环，设置制冷剂回收所蒸发的低温液体。基于 Bi 系的高温超导磁体冷却只要在 20～30K 就可以实现 3～5T 的磁场强度，基于 Y 系的高温超导磁体即使在 77K 也能实现一定的磁场强度。随着技术的进步，采用大功率制冷机直接冷却超导磁体可成为一种现实的方案，但目前的技术水平，还难以实现大型超导磁体的冷却。

（3）功率调节系统。功率调节系统控制超导磁体和电网之间的能量转换，是储能元件与系统之间进行功率交换的桥梁。目前，功率调节系统一般采用基于全控型开关器件的 PWM 变流器，能够在四象限快速、独立的控制有功和无功功率，具有谐波含量低、动态响应速度快等特点。

（4）监控系统。监控系统由信号采集、控制器两部分构成，其主要任务是从系统提取信息，根据系统需要控制 SMES 的功率输出。信号采集部分检测电力系及 SMES 的各种技术参量，并提供基本电气数据给控制器进行电力系统状态分析。控制器根据电力系统的状态计算功率需求，然后通过变流器调节磁体两端的电压，对磁体进行充、放电。控制器的性能必须和系统的动态过程匹配才能有效地达到控制目的。SMES 的控制分为内环控制和外环控制。外环控制器做为主控制器用于提供内环控制器所需要的有功和无功功率参考值，是由 SMES 本身特性和系统要求决定的；内环控制器则是根据外环控制器提供的参考值产生变流器开关的触发信号。

2. 超级电容器储能

根据储存电能机理的不同分为两类：一类是基于高比表面积碳材料与溶液间界面双电层原理的双电层电容器；另一类是在电极材料表面或体相的二维或准二维空间上，电活性物质进行欠电位沉积，发生高度可逆的化学吸附/脱附或氧化/还原反应，产生与电极充电电位有关的法拉第准电容。实际上各种超级电容器的电容同时包含双电层电容和法拉第准电容两个分量，只是所占的比例不同而已。

当外加电压加到超级电容器的两个极板上时，与普通电容器一样，极板的正电极存储正电荷，负极板存储负电荷，在超级电容器的两极板上电荷产生的电场作用下，在电解液与电极间的界面上形成相反的电荷，以平衡电解液的内电场，这种正电荷与负电荷在两个不同相之间的接触面上，以正负电荷之间极短间隙排列在相反的位置上，这个电荷分布层叫作双电层，因此电容量非常大，如图 2-48

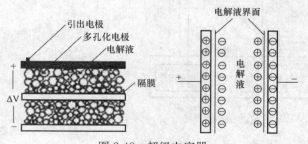

图 2-48　超级电容器

所示。

当两极板间电势低于电解液的氧化还原电极电位时，电解液界面上电荷不会脱离电解液，超级电容器为正常工作状态（通常为 3V 以下），如电容器两端电压超过电解液的氧化还原电极电位时，电解液将分解，为非正常状态。由于随着超级电容器放电，正、负极板上的电荷被外电路泄放，电解液的界面上的电荷相应减少。由此可以看出超级电容器的充放电过程始终是物理过程，没有化学反应，因此性能是稳定的，与利用化学反应的蓄电池是不同的。

四、电化学储能

电化学储能主要是指电池储能等。

1. 钠硫电池

钠硫电池以钠和硫分别作为负极和正极，β 氧化铝陶瓷同时起隔膜和电解质的双重作用。目前研发的单体电池最大容量达到 650A·h，功率 120W 以上，可组合后形成模块直接用于储能。钠硫电池在国外已是发展相对成熟的储能电池，实际使用寿命可达 10～15a。

2. 液流电池与全钒液流电池

液流电池是正负极活性物质均为液态流体氧化还原电子对的一种电池。液流电池主要包括溴化锌（ZnBr）、氯化锌（ZnCl）、多硫化钠溴（PSB）和全钒液流电池（VRB）等多种体系。其中，全钒液流电池已经成为液流电池体系的主流。

3. 锂离子电池

锂离子蓄电池的正极活性物质为锂的活性化合物组成，负极活性物质则为碳材料。锂离子电池是利用 Li＋在正负极材料中嵌入和脱嵌，从而完成充放电过程的反应。

使用磷酸铁锂为正极材料的锂电池由于成本优势明显，正逐步成为锂离子电池的主要发展方向。锂离子电池已成为目前世界上大多数汽车企业的首选目标和主攻方向。

蓄电池的应用十分广泛，可用于 UPS、电动车、滑板车、汽车、风能太阳能系统、安全报警等方面。

4. 铅酸蓄电池

铅酸蓄电池产品主要有下列几种，其用途分布如下：

启动型蓄电池：主要用于汽车、摩托车、拖拉机、柴油机等启动和照明。

固定型蓄电池：主要用于通信、发电厂、计算机系统作为保护、自动控制的备用电源。

牵引型蓄电池：主要用于各种蓄电池车、叉车、铲车等动力电源。

铁路用蓄电池：主要用于铁路内燃机车、电力机车、客车启动、照明及动力。

储能用蓄电池：主要用于风力、太阳能等发电用电能储存。

五、相变储能

相变储能包括冰蓄冷、蓄热储能等。

1. 冰蓄冷

动态冰蓄冷技术基本原理是利用夜间的低谷电力制冰、储冰，在白天用电高峰期停止运行空调机组，使用冰块释放冷量。

目前，动态冰蓄冷技术在日本、美国、加拿大、欧盟等发达国家正在成为蓄冷空调的主流技术。空调压缩机组在夜间电网供电富余的情况下运行制冰并储存，在白天电网供电紧张的情况下，停止运行，空调系统利用夜间机组所制的冰作为冷源，提供给需要供冷的场所，移峰填谷，既缓解电网供电紧张，又利用夜间廉价电费，节省空调制冷机组的整体运行成本。

动态冰蓄冷系统采用板片型蒸发器，多片并联，安装在一个蓄冰池正上方。压缩冷凝机组一般由多台高温螺杆压缩机并联，冰蓄冷系统如图2-49所示。

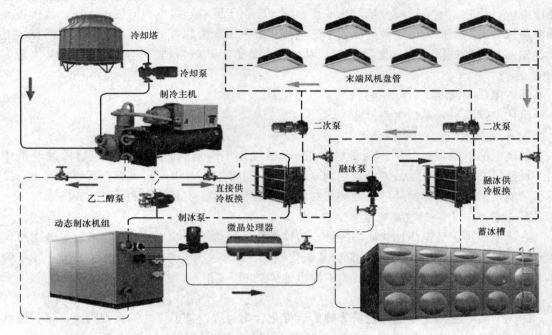

图 2-49　冰蓄冷系统

动态的制冰储冰：制冷系统正常运行后，内循环水泵将蓄冰池内的水输送至板冰机蒸发器顶部的洒水槽处，通过洒水槽将水均匀洒在板冰机蒸发器的外表面，与板冰机蒸发器内部的制冷剂热交换，部分水在板冰机蒸发器上结冰，没有结冰的水落入蓄冰池内，再次循环。待蒸发器表面的冰层厚度达到5～8mm时，采用热氟将板冰机蒸发器上的冰脱落，掉进蓄冰池内，漂浮在水面上，通过快速的制冰脱冰循环，最终将蓄冰池内的水全部制成冰。

融冰吸热：通过温度比例调节阀，将部分空调回水通过板冰机蒸发器顶部的洒水槽均匀洒在板冰机蒸发器外表面，由于制冷机组停止运行，空调回水经过板冰机蒸发器，均匀地洒在蓄冰池上方的冰层上，通过热交换，温度降低至接近0℃，再由蓄冰池底部采用水泵输送至空调回水处混合，将空调回水温度降低至空调出水的标准，通过比例调节阀和空调出水温度配合控制空调的出水温度。在储冰量不足时，机组可运行在冷水制冷模式，即运行部分压缩机，作为中央空调机组使用。

2. 蓄热储能

储热即热能储存，是能源科学技术中的重要分支，在能量转换和利用的过程中，常常存在供求之间在时间上和空间上不匹配的矛盾，由于储能技术可解决能量供求在时间上和空间上不匹配的矛盾，因而是提高能源利用率的有效手段。

（1）智能移动供热车。智能移动供热设备简称为移动供热车，是一种新型的余热利用与集约化供热模式，把工业余热储存到移动供热车上，为需要热能的地方输送热能。它主要由热柜、控制部件及放热/储热管道、载车等部分组成。产品的使用领域为工业生产、采暖、洗浴、洗涤、酒店、宾馆等需用分布式能源的场所。

（2）风能热能储存。风能与其他能源相比，具有蕴藏量大，分布广泛，永不枯竭的优势。但受天气和季节的影响非常大，遇到阴雨天和无风天气，则会造成电力供应紧张甚至中断，给广大使用该类可再生能源的用户，造成生产和生活的严重影响。风能通过桨叶转变成机械能，机械能通过发电机转变成电能，电能通过电热器转变成热能储存于储热材料中，当需要时可及时供应生产及生活中的热水、热风、热蒸汽。主要用于住宅、别墅、小型办公区域、边防哨所、公路收费站等取暖、洗浴及生活热水，还可应用于石油输送加热、沥青加热、农牧业采暖等领域。

（3）太阳能热储存。太阳能集热器把所收集到的太阳辐射能转化成热能并加热其中的传热介质，经过热交换器把热量传递给蓄热器内的蓄热介质，同时，蓄热介质在良好的条件下将热能储存起来。当需要时，即利用另一种传热介质通过热交换器把所储存的热量提取出来输送给热负荷；在运行过程中，当热源的温度高于热负荷的温度时，蓄热器吸热并储存；而当热源的温度低于热负荷的温度时，蓄热器即放热。

（4）电力调峰热能储存。近年来我国民间和工业用电大幅上升，而在民用和工业热水供应、采暖、空调、工业干燥及电热电器上，利用储能技术来加快传统工业和民用电气产品改造，积极开发和利用储能锅炉和储能式设备及电热电器产品，甚至建立灵活机动的中小型储能热电站，量大面广和灵活使用谷期电力，是实现峰谷电价、改善电网负荷平衡和淘汰效率低下机组的切实可行的手段。

（5）工业余热间歇式储存。工业余热资源因为载体多样、分布分散、衰减快、不可储存、稳定性差等原因，一直未得到大量应用；工业生产过程排出的余热一般波动很大，而且与用热负荷的波动并不同步，所以实现工业余热的回收利用时，通过储热技术来平衡用热负荷是余热回收的重点，工业余热间歇式储存器主要用于蒸汽热能回收、烟气，热风热能回收。

六、储能技术比较

1. 应用

根据各种储能技术的特点，飞轮储能、超导电磁储能和超级电容器储能适合于需要提供短时较大的脉冲功率场合，如应对电压暂降和瞬时停电，提高用户的用电质量，抑制电力系统低频振荡，提高系统稳定性等。

抽水储能、压缩空气储能和电化学电池储能适合于系统调峰、大型应急电源、可再生能源并入等大规模、大容量的应用场合。

各种储能技术的特点和应用场合见表 2-9。

表 2-9　　　　　　　　　　各种储能技术的特点和应用场合

种类		典型额定功率	额定功率下的放电时间	特点	应用场合
机械储能	抽水蓄能	100~3000MW	4~10h	适于大规模储能，技术成熟。响应慢，受地理条件限制	调峰、日负荷调节，频率控制，系统备用
	压缩空气储能	10~300MW	1~20h	适于大规模储能，技术成熟。响应慢，受地理条件限制	调峰、调频，系统备用，平滑可再生能源功率波动
	飞轮储能	0.002~3MW	1~1800s	寿命长，比功率高，无污染	调峰、频率控制、不间断电源、电能质量控制

种类		典型额定功率	额定功率下的放电时间	特点	应用场合
电磁储能	超导磁储能	0.1～100MW	1～300s	响应快，比功率高，低温条件，成本高	输配电稳定、抑制振荡
	超级电容器储能	0.01～5MW	1～30s	响应快，比功率高，成本高，比能量低	电能质量控制
电化学储能	铅酸电池	几千瓦至几万千瓦	几分钟至几小时	技术成熟，成本低，寿命短，存在环保问题	备用电源，黑启动
	液流电池	0.05～100MW	1～20h	寿命长，可深度放电，便于组合，环保性能好，储能密度稍低	备用电源，能量管理，平滑可再生能源功率波动
	钠硫电池	0.1～100MW	数小时	比能量与比功率高，高温条件，运行安全问题有待改进	电能质量控制，备用电源，平滑可再生能源功率波动
	锂离子电池	几千瓦至几万千瓦	几分钟至几小时	比能量高，循环特性好，成组寿命有待提高，安全问题有待改进	电能质量控制，备用电源，平滑可再生能源功率波动

2. 放电时间

若储能技术性能按放电时间划分，可分为以下四类：

（1）短放电时间（秒至分钟级），如超级电容器、超导储能和飞轮储能。

（2）中等放电时间（分钟至小时级），如飞轮储能和各种电池等。

（3）较长放电时间（小时至天级），如各类电池、抽水蓄能和压缩空气等。

（4）特长放电时间（天至月级），如氢和合成天然气。

3. 储能技术比较

目前，大规模储能技术中只有抽水蓄能技术相对成熟。因受地理条件制约，还有一些储能方式处于试验示范阶段，距离大规模推广应用还有距离，需要在可靠性、效率、成本、规模化和寿命等方面进行综合评估。储能技术成熟度如图2-50所示。

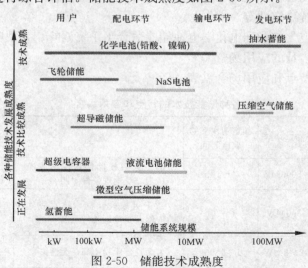

图2-50 储能技术成熟度

第六节　电动汽车充电设施

一、充换电设施

充换电设施为电动汽车提供电能的相关设施的总称，一般包括充电站、电池更换站、电池配送中心、集中或分散布置的交流充电桩等，电动汽车充换电设施如图 2-51 所示。

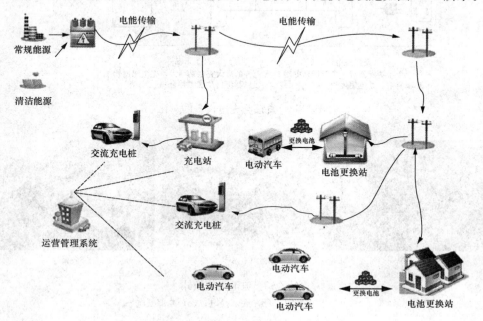

图 2-51　电动汽车充换电设施

1. 充换电模式

（1）整车充电模式。将电动汽车直接与充电设备相连接进行充电的方式，分为直流充电和交流充电两种方式。

1）直流充电。采用直流电源为电动汽车提供电能的方式。

2）交流充电。采用交流电源为电动汽车提供电能的方式。

直接与充电设备的对比如图 2-52 所示。

（2）电池更换模式。通过更换动力蓄电池为电动汽车提供电能的方式，电池更换模式如图 2-53 所示。

1）侧向换电。电池箱安装在车体两侧时的电池箱更换方式。

2）底部换电。电池箱安装在车体底部时的电池箱更换方式。

3）端部换电。电池箱安装在车体前后舱时的电池箱更换方式。

2. 充电设备

充电设备为与电动汽车或动力蓄电池相连接，并为其提供电能的设备，一般包括非车载充电机、车载充电机和交流充电桩等。

（1）非车载充电机。安装在电动汽车车体外，将交流电能变换为直流电能，采用传导方式为电动汽车动力蓄电池充电的专用装置。

89

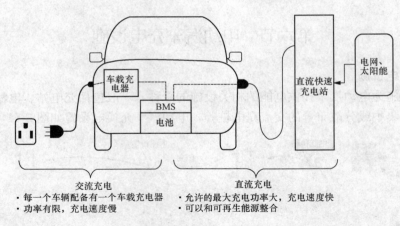

图 2-52　直接与充电设备的对比

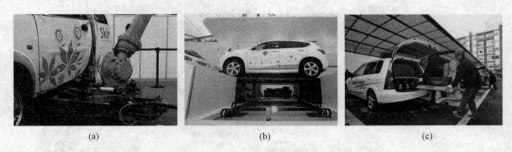

(a)　　　　　　　　　　　　(b)　　　　　　　　　　　　(c)

图 2-53　电池更换模式
(a) 侧向换电；(b) 底部换电；(c) 端部换电

（2）车载充电机。固定安装在电动汽车上运行，将交流电能变换为直流电能，采用传导方式为电动汽车动力蓄电池充电的专用装置。

（3）交流充电桩。采用传导方式为具有车载充电装置的电动汽车提供交流电源的专用供电装置。

交流充电桩的额定电压为单相 220V 和三相 380V，电流优选值为 10A，16A，32A，63A。交流充电桩内部结构如图 2-54 所示。

（4）直流充电桩。采用传导方式为非车载电动汽车提供直流电源的专用供电装置。

直流充电桩内部结构如图 2-55 所示。

（5）充电连接装置。电动汽车充电时，连接电动汽车和电动汽车供电设备的组件，除电缆外，还可能包括供电接口、车辆接口、线上控制盒和帽盖等部件。

充换电设施如图 2-56 所示。

1）交流充电枪包括供电接口、电缆及帽盖等，实现与车辆接口耦合，提供能量传输路径。当交流充电电流大于 16A 时，供电接口和车辆接口应具有锁止功能。额定充电电流大于 16A 的应用场合，供电插座、车辆插座均应设置温度监控装置，如 PT100、NTC 及温度继电器等。

2）交流充电供电接口和车辆接口应符合 GB/T 20234.2—2015《电动汽车传导充电用连接装置　第 2 部分　交流充电接口》的规定，交流充电供电接口和车辆接口如图 2-57 所示。

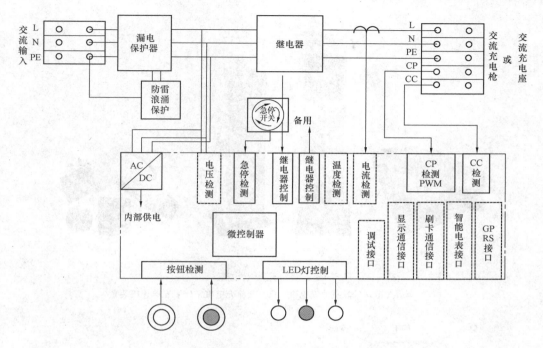

图 2-54 交流充电桩内部结构

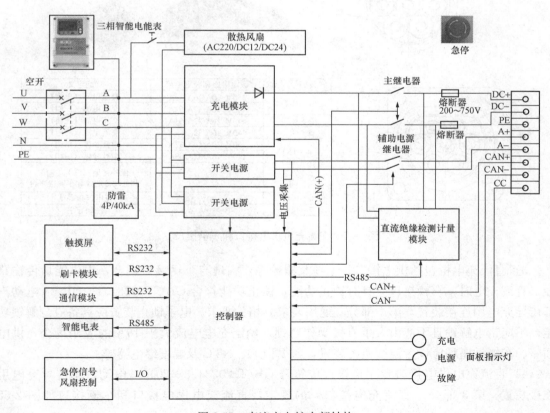

图 2-55 直流充电桩内部结构

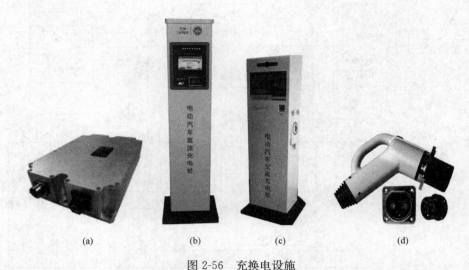

图 2-56　充换电设施

（a）车载充电；（b）直流充电桩；（c）交流充电桩；（d）充电连接装置

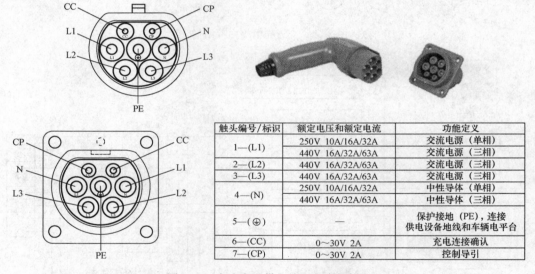

触头编号/标识	额定电压和额定电流	功能定义
1—(L1)	250V 10A/16A/32A	交流电源（单相）
	440V 16A/32A/63A	交流电源（三相）
2—(L2)	440V 16A/32A/63A	交流电源（三相）
3—(L3)	440V 16A/32A/63A	交流电源（三相）
4—(N)	250V 10A/16A/32A	中性导体（单相）
	440V 16A/32A/63A	中性导体（三相）
5—(⏚)	—	保护接地（PE），连接供电设备地线和车辆电平台
6—(CC)	0~30V 2A	充电连接确认
7—(CP)	0~30V 2A	控制导引

图 2-57　交流充电供电接口和车辆接口

　　3）直流充电枪包括供电接口、电缆及帽盖等，实现与车辆接口耦合，提供能量传输路径。直流充电时，车辆接口应具有锁止功能，锁止功能符合 GB/T 20234.1—2015《电动汽车传导充电用连接装置　第 1 部分　通用要求》相关要求。电子锁止装置应具备应急解锁功能，不应带电解锁且不应由人手直接操作解锁。额定充电电流大于 16A 的应用场合，供电插座、车辆插座均应设置温度监控装置，如 PT100、NTC 及温度继电器等。

　　4）直流充电供电接口和车辆接口应符合 GB/T 20234.3—2015《电动汽车传导充电用连接装置　第 3 部分　直流充电接口》的规定，直流充电供电接口和车辆接口如图 2-58 所示。

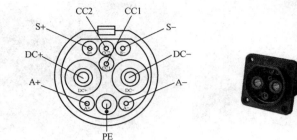

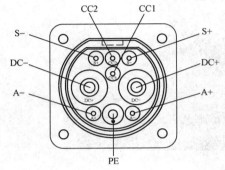

触头编号/标识	额定电压和额定电流	功能定义
1-(DC+)	750V/1000V 80A125 A/200 A250A	直流电源正
2-(DC−)	750V/1000V 80A/125 A/200 A250A	直流电源负
3-(⏚)	—	保护接地(PE)
4-(S+)	0~30V 2A	充电通信CAN_H
5-(S−)	0~30V 2A	充电通信CAN_L
6-(CC1)	0~30V 2A	充电连接确认
7-(CC2)	0~30V 2A	充电连接确认
8-(A+)	0~30V 20A	低压辅助电源正
9-(A−)	0~30V 20A	低压辅助电源负

图 2-58　直流充电供电接口和车辆接口

3. 充电站/电池更换站

（1）充电站。采用整车充电模式为电动汽车提供电能的场所，主要由三台及以上电动汽车充电设备，至少有一台非车载充电机，以及相关的供电设备、监控设备等组成。

（2）电池更换站（换电站）。采用电池更换模式为电动汽车提供电能的场所。

（3）充换电站。同时可为电动汽车提供整车充电服务和电池更换服务的场所。

（4）电池配送中心。对动力蓄电池集中进行充电，并为电池更换站提供电池配送服务的场所，也可称为电池集中充电站。充电站及电池更换站如图 2-59 所示。

4. 分类

（1）按安装方式分：可分为落地式充电桩、挂壁式充电桩。落地式充电桩适合安装在不靠近墙体的停车位。挂壁式充电桩适合安装在靠近墙体的停车位。

（2）按安装地点分：可分为公共充电桩和专用充电桩。

公共充电桩是建设在公共停车场（库）结合停车泊位，为社会车辆提供公共充电服务的充电桩。

专用充电桩是建设单位（企业）自有停车场（库），为单位（企业）内部人员使用的充电桩。

自用充电桩是建设在个人自有车位（库），为私人用户提供充电的充电桩。

充电桩一般结合停车场（库）的停车位建设。安装在户外的充电桩防护等级应不低于 IP54，安装在户内的充电桩防护等级应不低于 IP32。

（3）按充电接口数分：可分为一桩一充和一桩多充。

（4）按充电方式分：充电桩（栓）可分为直流充电桩（栓）、交流充电桩（栓）和交直流一体充电桩（栓）。

图 2-59　充电站及电池更换站
(a) 充电站；(b) 电池换电站；(c) 充换电站；(d) 电池配送中心

二、充换电系统

1. 供电系统

为充电站/电池更换站提供电源的电力设备和配电线路组成的系统。

根据充电站的规模、容量和重要性，可选择采用不同的供电方式。

(1) 配电容量大于或等于 500kV·A 的充电站，宜采用双路 10kV 电源供电方式。

(2) 配电容量大于或等于 100kV·A、小于 500kV·A 的充电站，宜采用双路电源供电方式，根据具体情况可采用 10kV 或 0.4kV。

(3) 配电容量小于 100kV·A 的充电站，宜采用 0.4kV 供电方式。

(4) 用于充电站的配电变压器宜采用 Dyn11 联结方式。

充电站及电池更换站供电系统如图 2-60 所示。

2. 充电系统

由充电站及电池更换站内的所有充电设备、电缆及相关辅助设备组成的系统称为充电系统。

充电站及电池更换站的组成如图 2-61 所示。

3. 电池更换系统

电池更换系统为实现电动汽车动力—蓄电池更换的机械设备和电气设备组成的系统。

(1) 组成。

1) 动力蓄电池箱：由若干单体蓄电池或动力蓄电池模块、箱体、电池信息采集单元及相关电气、机械附件等构成的装置，简称电池箱。

2) 电池箱连接器：实现电池箱与电动汽车、电池箱与充电架之间传导式连接的专用电

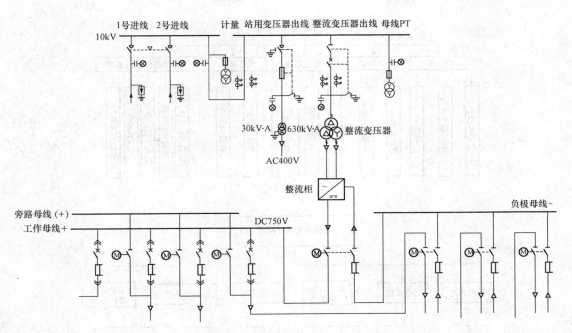

图 2-60　充电站及电池更换站供电系统

连接器。

3）充电架：由机械、电气、通信等装置构成，用以连接非车载充电机和电池箱，完成充电过程的电池箱承载设备。

4）电池箱存储架：用于集中承载电池箱的设备。

5）电池箱更换设备：用于卸载、搬运和装载电池箱的专用设备。

6）电池箱转运设备：用于将电池箱搬运至规定位置的专用设备。

7）车辆导引系统：实现导引电动汽车至规定位置以便进行电池箱更换的系统。

8）电池箱更换时间：电动汽车从就位后至完成电池箱更换（电动汽车自身具备行驶条件）所需的时间。

（2）换电模式分类：

1）集中充电模式，是指通过集中型充电站对大量电池集中存储、集中充电、统一配送，并在电池配送站内对电动汽车进行电池更换服务。

2）充换电模式是以换电站为载体，这种电池换电站同时具备电池充电及电池更换功能，站内包括供电系统、充电系统、电池更换系统、监控系统、电池检测与维护管理系统等部分。

根据所服务车辆类型的不同，换电站主要可以分为：综合型换电站、商用车电池更换站和乘用车电池更换站三类。

（3）换电网络。

换电网络中包含集中型充电站、换电站、配送站三类，其中集中型充电站承担大规模的电池充电功能，满电池将被配送至具有小规模充电能力和换电池功能的换电站以及仅具备换电池功能的配送站，从而实现对用户的电池能量供应。

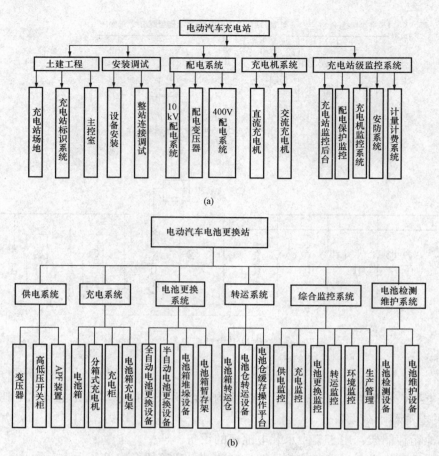

图 2-61　充电站及电池更换站的组成

（a）充电站；（b）电池更换站

图 2-62　换电网络基本运行结构

换电网络基本运行结构如图 2-62 所示，其中具有小规模充电能力的换电站因可分解为配送站和额外的电池供应量而未纳入其中。

4. 监控系统

应用信息、网络及通信技术，对充电站及电池更换站内设备运行状态和环境进行监视、控制和管理的系统，监控系统如图 2-63 所示。

充电站监控系统的核心功能是充电监控功能，即对充电机和充电电池的各种工作状态的监控。此外，还包括一些辅助功能以增强系统稳健性和智能化管理。

（1）数据采集功能。

系统采集充电机工作状态（充电模式）、温度、电压（输出电压、直流母线电压）、电流（输出电流、直流母线电流）、功率和故障信号（输入电压过电压、输入电压欠电压、输入电

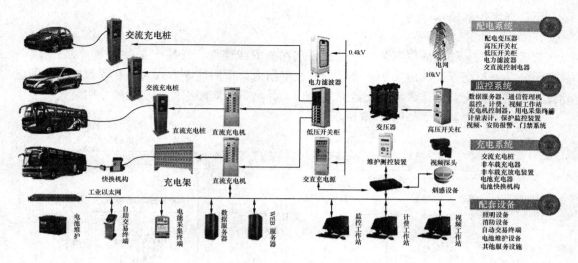

图 2-63 监控系统

流过电流、输出电压过电压、输出电流过电流、模块温度过高、输入缺相、通信中断、风扇故障等）。采集电池组的温度、SOC、端电压、端电流、电池连接状态和电池故障信号（包括单体电池工作参数，如正常工作电压、温度、容量、能量、电池电压上限和下限报警限制、温度报警上限、最大充电电流及电流报警上限、电压互差最大报警上限、充电次数、电池健康指数）；采集充电站配电系统监控上传的开关状态、保护信号、电压电流、有功功率、无功功率和功率因数。

（2）控制调节功能。

监控系统能向充电机下发控制指令，遥控充电机启停、校时、紧急停机、远方设定充电参数，控制配电系统断路器及开关的分合。

（3）数据处理和存储功能。

监控系统根据充电站内的数据性质、重要性进行分类存储，当数据量大时，可以根据预定策略保证重要信息的实时传送。提供对充电机和电池组遥测、遥信、报警事件等实时数据和历史数据的集中存储和查询功能。此外，系统具备操作记录、系统故障记录、充电运行参数异常记录和电池组参数异常记录功能。

5. 计量计费系统

用于实现充电站及电池更换站与电网之间、充电站及电池更换站与电动汽车用户之间的电能结算的全套计量和计费装置，计量计费系统如图 2-64 所示。

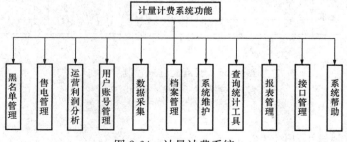

图 2-64 计量计费系统

三、充电控制技术

1. 交流充电桩

交流充电桩又称交流供电装置，是指固定在地面或墙壁，安装于公共建筑（办公楼宇、商场、公共停车场等）和居民小区停车场或充电站内，采用传导方式为具有车载充电机的电动汽车提供人机交互操作界面及交流充电接口，并具备相应测控保护功能的专用装置。

交流充电桩控制导引如图 2-65 所示。

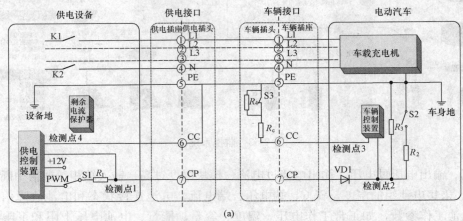

图 2-65 交流充电桩控制导引

（a）控制导引；（b）导引时序

2. 直流充电桩

直流充电桩控制导引如图 2-66 所示。

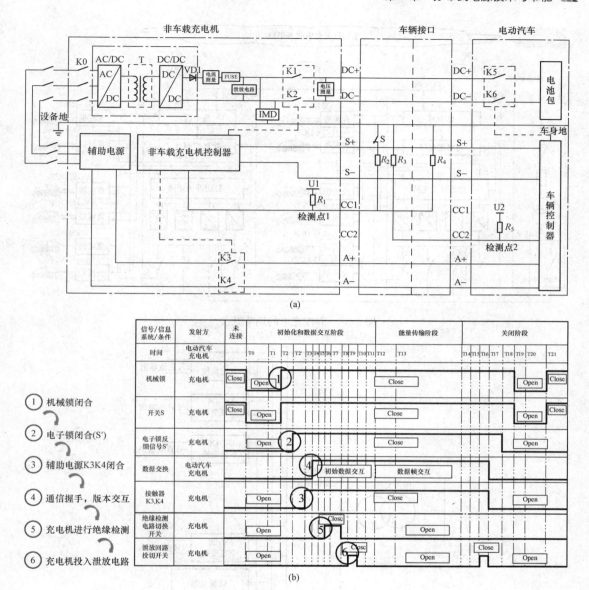

图 2-66 直流充电桩控制导引

（a）控制导引；（b）启动充电流程

3. 群控充电

群控充电的矩阵开关如图 2-67 所示。

公共直流母线如图 2-68 所示。

4. 传导式充电

传导式充电以电缆为传输介质，通过电缆和耦合器（插头插座）连接，进行直接的接触式电能传输，传导式充电如图 2-69 所示。

传导式充电连接方式如图 2-70 所示。

图 2-70 （a）将电动汽车和交流电网连接时，使用和电动汽车永久连接在一起的充电电

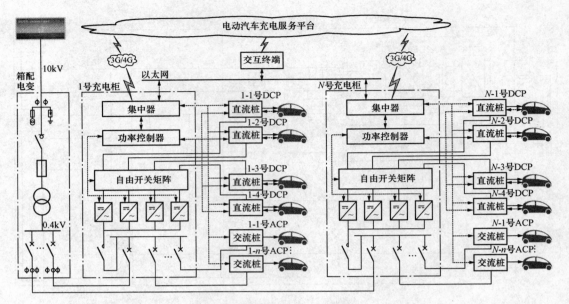

图 2-67　群控充电的矩阵开关

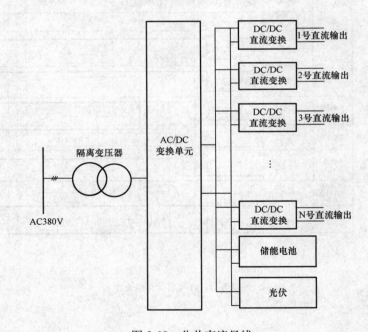

图 2-68　公共直流母线

缆和供电插头。

图 2-70（b）将电动汽车和交流电网连接时，使用带有车辆插头和供电插头的独立的活动电缆组件。

图 2-70（c）将电动汽车和交流电网连接时，使用了和供电设备永久连接在一起的充电电缆和车辆插头。

100

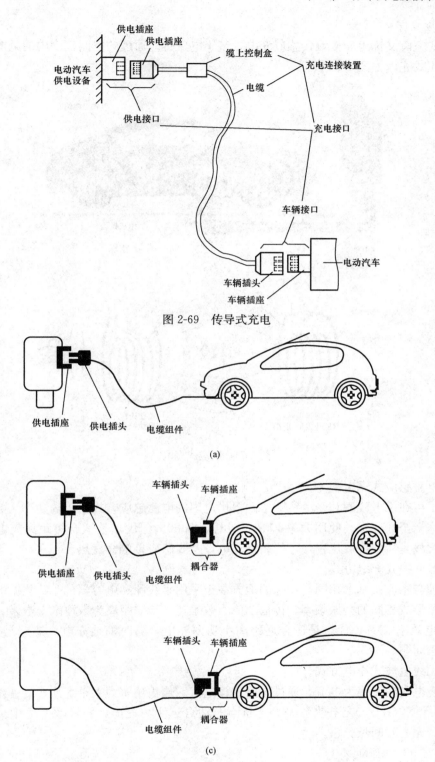

图 2-69 传导式充电

图 2-70 传导式充电连接方式

5. 感应式充电

感应式充电又称为非接触式感应充电，基于电磁感应原理的空间范围内的电能无线传输技术，感应式充电如图 2-71 所示。

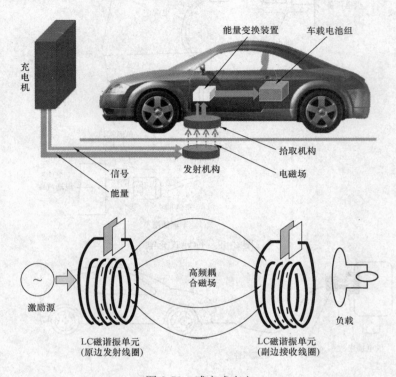

图 2-71　感应式充电

（1）电磁感应式充电。

采用了可在供电线圈和受电线圈之间提供电力的电磁感应方式。传输功率为数瓦；传输距离为数毫米至数厘米，使用频率 kHz，充电效率 80％。优点是适合短距离充电，转换效率较高。挑战是特定摆放位置，才能精确充电，金属感应接触会发热。

（2）磁共振式充电方式。

其原理与感应式基本相同，特殊的地方在于采用了线圈和电容器的 LC 共振电路，并利用控制电路形成相同的共振频率。传输功率为数千瓦，传输距离为数厘米至数米，使用频率 MHz，充电效率 50％。优点是适合远距离小功率充电，随时随地充电。缺点是效率较低，安全与健康问题。

（3）无线电波式充电方式。

将环境电磁波转换为电流，通过电路传输电流。传输功率为大于毫瓦，传输距离为大于 10m，使用频率 GHz，充电效率 38％。优点是适合远距离充电，转换效率适中。缺点是转换效率低，充电时间长。

第三章　建筑供配电系统节能技术

第一节　供配电系统损耗

一、定义

电能的输送过程，要通过电力网中的导线和变压器等输配电设备到用户，由于导线和变压器都具有电阻和电抗，因此电流在电网中流动时，将会产生有功和无功的电能损耗。

1. 电能损耗

电能损耗（线损）是输电网络、配电网络损耗电量的总称，包括技术电能损耗和管理电能损耗两部分。

$$电能损耗电量＝供电量（输入电量）－用电量（输出电量）$$

2. 理论线损

DL/T 686—1999《电力网电能损耗计算导则》规定：理论线损电量是下列各项损耗电量之和：

——变压器的损耗电能；

——架空及电缆线路的导线损耗电能；

——电容器、电抗器、调相机中的有功损耗电能、调相机辅机的损耗电能；

——电流互感器、电压互感器、电能表、测量仪表、保护及远动装置的损耗电能；

——电晕损耗电能；

——绝缘子的泄漏损耗电能（数量较小，可以估计或忽略不计）；

——变电站的所用电能；

——电导损耗。

3. 统计线损

通常用统计线损来统计电能表计量的总供电量 A_G 和总售电量 A_S 相减而得出的损失电量，即统计线损为

$$\Delta A = A_G - A_S$$

统计线损包括技术线损和管理线损，所以统计线损不一定反映电网的真实损耗情况。由于电网结构、电源的类型和电网的布局、负荷性质和负荷曲线均有很大的不同。

4. 线损率

线损率可分为统计线损率和理论线损率，即

统计线损率

$$\Delta A\% = \frac{A_G - A_S}{A_G} \times 100\%$$

理论线损率

$$\Delta A_{\mathrm{I}}\% = \frac{\Delta A_{\mathrm{I}}}{A_{\mathrm{G}}} \times 100\%$$

式中　A_{G}——总供电量；

　　　　A_{S}——总售电量；

　　　　ΔA_{I}——理论计算所得出的损失。

二、分类

1. 按损耗特点分类

线路损耗电量一般可分为可变损耗、固定损耗和不明损耗三部分，线损的分类如图 3-1 所示。

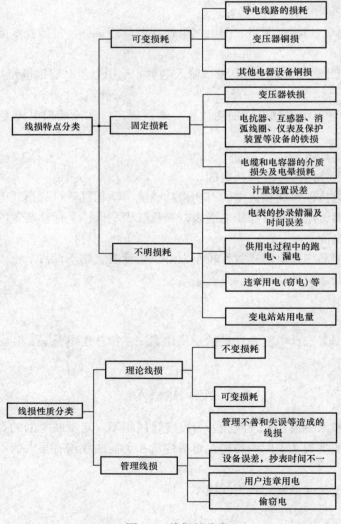

图 3-1　线损的分类

（1）可变损耗。

可变损耗随线路、设备上通过的电流变化而变化，即与电流二次方成正比，电流越大，损耗也越大。

1）线路上产生的可变损耗为输电线路、配电线路、低压线路、接户线路产生的负荷损耗。

2）变压器上产生的可变损耗为主变压器、配电变压器的负荷损耗。

在变压器上产生负荷损耗的原因如下：

——由负荷电流在变压器绕组导线内流动造成的电能损耗；

——由励磁电流在变压器绕组导线内造成的电能损耗；

——杂散电流在变压器绕组导线内造成的电能损耗；

——由于泄漏电流对导体影响所引起的涡流损耗。

（2）固定损耗。

不随负荷电流的变化而变化，只要设备上接上电源，就要消耗电能，与电压成正比。在实际运行中，一般电压变化不大，为了计算方便，这个损耗作为一个固定值。

1）主变压器的空载损耗主要包括以下三方面：

——铁心的涡流损耗。

——铁心的磁带损耗。

——夹紧螺栓的杂散损耗。

2）配电变压器的空载损耗。

3）电缆、电容器的介质损耗。

4）调相机的空载损耗。

5）电能表电压线圈的损耗。

6）35kV 及以上线路的电晕损耗。

（3）不明损耗。不明损耗指理论计算损耗电量与实际损耗电量的差值，包括漏电及窃电损耗电量在内。

产生不明损耗的原因大致有以下几方面：

1）仪用互感器配电不合理，变比错误。

2）电能表接线错误或故障。

3）电流互感器二次阻抗超过允许值，电压互感器二次压降超过规定值引起的计量误差。

4）在互感器二次回路上临时工作，如退出电压互感器，短接电流互感器二次侧未做记录，未向用户追补电量。

5）在计费工作中，因漏抄、漏计、错算及倍率差错等。

6）对供电区因馈电总表与用户分表时间不对引起的误差（抄表时间不固定并不会损耗电量，只影响线损计算）。

7）用户违章窃电。

2. 按损耗性质分类

按损耗的性质分类线路损耗可分为技术线损和管理线损两大类。

（1）技术线损。由于电源少，供电半径长，线缆截面积小，设备老化，无功补偿容量不足，潮流分布不合理，计量装置误差所造成的电量损失属于技术线损。

技术线损又称理论线损，是电网各元件电能损耗的总称，主要包括不变损耗和可变损耗。

技术线损可通过理论计算来预测，通过采取技术措施达到降低的目的。

（2）管理线损。供用电过程中，由于管理不善而引起的损失。

由计量设备误差引起的线损以及由于管理不善和失误（如个别人员技术素质和实现素质造成的漏抄、估抄、错抄、查窃电不利及其他一些外部原因）等原因造成的线损。管理线损可通过加强管理来降低。

3. 按损耗变化规律分类

按损耗的变化规律分类，电能损耗可分为空负荷损耗、负荷损耗和其他损耗三类。

（1）空负荷损耗：即不变损失，与通过的电流无关，但与元件所承受的电压有关。

（2）负荷损耗：即可变损失，与通过的电流的二次方成正比。

（3）其他损耗：与管理因素有关。

三、电能损耗产生原因

电能损耗（线损）管理是一个系统工程，不仅涉及规划、设计、运行与检修的各个方面，还与线路、变电、用电等环节联系密切。

电能损耗率的大小与网络结构、运行方式、负荷大小、用电比重、检修质量、用电管理、计量管理、无功补偿等因素有关。

1. 运行方式

（1）配电网结构不合理，近电远送。

（2）迂回供电。

（3）供电半径超过规定。

（4）导线截面过细。

（5）检修质量不高。

（6）负荷分配不合理。

2. 设备因素

（1）无功补偿度低，造成功率因素低。

（2）主变压器、配电变压器容量配置过大，使变压器空载损耗比率增加。

（3）电流互感器二次阻抗超过允许阻值，电压互感器二次压降超过规定值，引起计量误差。

（4）电能表校前合格率、准确率、轮换率达不到规定要求。

3. 管理方法

（1）无电能损耗管理，制度不健全。

（2）降损措施不落实。

（3）无电能损耗分析。

4. 环境因素

（1）线路、设备检修计划落实差。

（2）没有定期检查电气设备。

（3）未检查电能计量装置。

（4）用户违章用电等。

5. 人员因素

抄表差错主要指电能表底码电量和倍率差错，抄核收及大用户电能表出现问题，也有可能运行方式改变，电流互感器变比更换，电能表更换后的漏登记，造成电量不准等。

用逐条输配电线路及逐座变电所计算电能损耗的办法，可减少上述误差。

第二节　变压器节能

一、变压器能耗

1. 种类

三相 10kV 电压等级，无励磁调压，额定容量为 30～1600kV·A 的油浸式配电变压器和额定容量 30～2500kV·A 的干式配电变压器，具体技术参数参照下列标准：

GB/T 6451—2015《油浸式电力变压器技术参数和要求》

GB/T 10228—2015《干式电力变压器技术参数和要求》

GB/T 22072—2008《干式非晶合金铁心配电变压器技术参数和要求》

GB/T 25446—2010《油浸式非晶合金铁心配电变压器技术参数和要求》

GB/T 25438—2010《三相油浸式立体卷铁心配电变压器技术参数和要求》

2. 能耗等级

GB 20052—2013《三相配电变压器能效限定值及能效等级》有如下规定。

（1）配电变压器能效等级。配电变压器能效等级分为 3 级，其中 1 级损耗最低。

各级油浸式配电变压器空载损耗和负载损耗值均应不高于表 3-1 的规定。

各级干式配电变压器空载损耗值和负载损耗值均应不高于表 3-2 的规定。

（2）配电变压器能效限定值。在规定测试条件下，配电变压器空载损耗和负载损耗的允许最高限值。

油浸式配电变压器的空载损耗值和负载损耗值均应不高于表 3-1 中 3 级的规定。

干式配电变压器的空载损耗值和负载损耗值均应不高于表 3-2 中 3 级的规定。

（3）配电变压器节能评价值。在规定测试条件下，评价节能配电变压器空载损耗和负载损耗的最高值。

油浸式配电变压器的空载损耗和负载损耗值均应不高于表 3-1 中 2 级的规定。

干式配电变压器的空载损耗和负载损耗值均应不高于表 3-2 中 2 级的规定。

二、非晶合金铁心配电变压器选择

1. 结构

（1）三框三柱式非晶合金铁心。由非晶合金带材制作成图 3-2 所示结构的铁心称为三框三柱式非晶合金铁心。

（2）四框五柱式非晶合金铁心。由非晶合金带材制作成图 3-3 所示结构为四框五柱式非晶合金铁心。

（3）三框三柱式非晶合金立体卷铁心。由非晶合金带材制作成的三个几何尺寸完全相同的单框拼合而成、横截面呈三角形立体布置，如图 3-4 所示结构为三框三柱式非晶合金立体卷铁心。

表 3-1　油浸式配电变压器能效等级

额定容量/(kV·A)	1级 电工钢带 空载损耗/W	1级 电工钢带 负载损耗/W Dyn11/Yzn11	1级 电工钢带 负载损耗/W Yyn0	1级 非晶合金 空载损耗/W	1级 非晶合金 负载损耗/W Dyn11/Yzn11	1级 非晶合金 负载损耗/W Yyn0	2级 空载损耗/W 电工钢带	2级 空载损耗/W 非晶合金	2级 负载损耗/W Dyn11/Yzn11	2级 负载损耗/W Yyn0	3级 空载损耗/W	3级 负载损耗/W Dyn11/Yzn11	3级 负载损耗/W Yyn0	短路阻抗/(%)
30	80	505	480	33	565	540	80	33	630	600	100	630	600	4.0
50	100	730	695	43	820	785	100	43	910	870	130	910	870	
63	110	870	830	50	980	935	110	50	1090	1040	150	1090	1040	
80	130	1050	1000	60	1180	1125	130	60	1310	1250	180	1310	1250	
100	150	1265	1200	75	1420	1350	150	75	1580	1500	200	1580	1500	
125	170	1510	1440	85	1700	1620	170	85	1890	1800	240	1890	1800	
160	200	1850	1760	100	2080	1980	200	100	2310	2200	280	2310	2200	
200	240	2185	2080	120	2455	2340	240	120	2730	2600	340	2730	2600	
250	290	2560	2440	140	2880	2745	290	140	3200	3050	400	3200	3050	
315	340	3065	2920	170	3445	3285	340	170	3830	3650	480	3830	3650	
400	410	3615	3440	200	4070	3870	410	200	4520	4300	570	4520	4300	
500	480	4330	4120	240	4870	4635	480	240	5410	5150	680	5410	5150	
630	570	4960		320	5580		570	320	6200		810	6200		4.5
800	700	6000		380	6750		700	380	7500		980	7500		
1000	830	8240		450	9270		830	450	10 300		1150	10 300		
1250	970	9600		530	10 800		970	530	12 000		1360	12 000		
1600	1170	11 600		630	13 050		1170	630	14 500		1640	14 500		

表3-2　干式配电变压器能效等级

额定容量/(kV·A)	1级 电工钢带 空载损耗/W	1级 电工钢带 负载损耗/W B(100℃)	1级 电工钢带 负载损耗/W F(120℃)	1级 电工钢带 负载损耗/W H(145℃)	1级 非晶合金 空载损耗/W	1级 非晶合金 负载损耗/W B(100℃)	1级 非晶合金 负载损耗/W F(120℃)	1级 非晶合金 负载损耗/W H(145℃)	2级 空载损耗/W 电工钢带	2级 空载损耗/W 非晶合金	2级 负载损耗/W B(100℃)	2级 负载损耗/W F(120℃)	2级 负载损耗/W H(145℃)	3级 空载损耗/W	3级 负载损耗/W B(100℃)	3级 负载损耗/W F(120℃)	3级 负载损耗/W H(145℃)	短路阻抗(%)
30	135	605	640	685	70	635	675	720	150	70	670	710	750	190	670	710	760	
50	195	845	900	965	90	895	950	1015	215	90	940	1000	1070	270	940	1000	1070	
80	265	1260	1240	1330	120	1225	1310	1405	295	120	1290	1380	1480	370	1290	1380	1480	
100	290	1330	1415	1520	130	1405	1490	1605	320	130	1480	1570	1690	400	1480	1570	1690	
125	340	1565	1665	1780	150	1655	1760	1880	375	150	1740	1850	1980	470	1740	1850	1980	
160	385	1800	1915	2050	170	1900	2025	2165	430	170	2000	2130	2280	540	2000	2130	2280	
200	445	2135	2275	2440	200	2250	2405	2575	495	200	2370	2530	2710	620	2370	2530	2710	
250	515	2330	2485	2665	230	2460	2620	2810	575	230	2590	2760	2960	720	2590	2760	2960	
315	635	2945	3125	3355	280	3105	3295	3545	705	280	3270	3470	3730	880	3270	3470	3730	
400	705	3375	3590	3850	310	3560	3790	4065	785	310	3750	3990	4280	980	3750	3990	4280	
500	835	4130	4390	4705	360	4360	4635	4970	930	360	4590	4880	5230	1160	4590	4880	5230	
630	965	4975	5290	5660	420	5255	5585	5975	1070	420	5530	5880	6290	1340	5530	5880	6290	4.0
800	1095	5895	6265	6715	480	6220	6610	7085	1215	480	6550	6960	7460	1520	6550	6960	7460	
1000	1275	6885	7315	7885	550	7265	7725	8320	1415	550	7650	8130	8760	1770	7650	8130	8760	
1250	1505	8190	8720	9335	650	8645	9205	9850	1670	650	9100	9690	10370	2090	9100	9690	10370	
1600	1765	9945	10555	11320	760	10495	11145	11950	1960	760	11050	11730	12580	2450	11050	11730	12580	
2000	2195	12240	13005	14005	1000	12920	13725	14780	2440	1000	13600	14450	15560	3050	13600	14450	15560	
2500	2590	14535	15455	16605	1200	15340	16310	17525	2880	1200	16150	17170	18450	3600	16150	17170	18450	

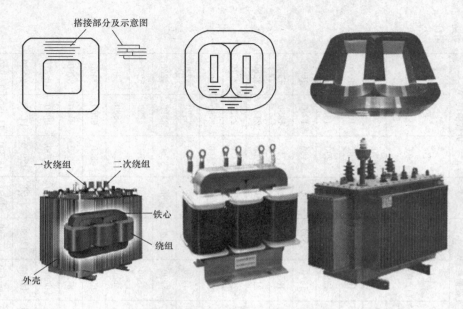

图 3-2 三框三柱式非晶合金铁心结构图

图 3-3 四框五柱式非晶合金铁心结构图

2. 分类

（1）单相油浸式非晶合金铁心配电变压器。额定容量范围为 30～160kV·A，适用于负荷分散、负荷密度较低且需要高压深入的单相供电或单三相混合供电台区。

（2）三相油浸式非晶合金铁心配电变压器。额定容量范围为 30～2500kV·A，包括三框三柱式非晶合金铁心、四框五柱式非晶合金铁心和三框三柱式非晶合金立体卷铁心三种结构，适用于城市和农村配电网中的配电台区。

（3）三相干式非晶合金铁心配电变压器。额定容量范围为 30～2500kV·A，包括三框三柱式非晶合金铁心、四框五柱式非晶合金铁心和三框三柱式非晶合金立体卷铁心三种结构，适用于负荷密度比较大，防火、防爆要求比较高的场所。

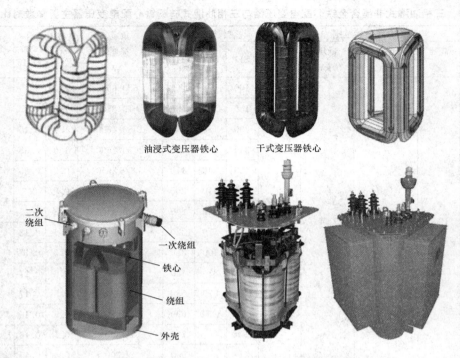

图 3-4　三框三柱式非晶合金立体卷铁心结构图

3. 选用原则

（1）非晶合金铁心配电变压器适用于城市和农村配电网中的配电台区，对于年平均负荷率（全年平均负荷除以年最大负荷）低于 35% 和空载时间较长的（如路灯、居民等）配电台区，宜优先选用非晶合金铁心配电变压器。

（2）选用的非晶合金铁心配电变压器除应符合 GB/T 17468—2008《电力变压器选用导则》的相关规定，还应按照实际运行环境和运行方式确定主要性能参数，保证变压器的可靠性、安全性和经济性。

表 3-3～表 3-5 分别给出了单相油浸式非晶合金铁心配电变压器与单相油浸式硅钢铁心配电变压器主要参数、三相油浸式非晶合金铁心配电变压器与三相油浸式硅钢铁心配电变压器主要参数和三相干式非晶合金铁心配电变压器与三相干式硅钢铁心配电变压器主要参数的对比。

表 3-3　单相油浸式非晶合金铁心配电变压器与单相油浸式硅钢铁心配电变压器主要参数对比表

额定容量/(kV·A)	电压组合及分接范围			联结组标号	空载损耗/W		负载损耗/W		空载电流（%）		短路阻抗（%）
	高压/kV	高压分接范围（%）	低压/kV		D11	DH15	D11	DH15	D11	DH15	
30	10 10.5 11	±5 ±2×2.5	2×（0.22～0.24）或 0.22～0.24	Ii0	80	30	560	560	2.80	0.35	3.5
40					100	35	700	700	2.50	0.35	
50					120	40	855	855	2.30	0.30	
60					145	50	1020	1020	2.10	0.30	
80					160	60	1260	1260	2.00	0.25	
100					190	70	1485	1485	1.90	0.25	
125					230	85	1755	1755	1.80	0.20	
160					290	100	2130	2130	1.70	0.20	

表 3-4　三相油浸式非晶合金铁心配电变压器与三相油浸式硅钢铁心配电变压器主要参数对比表

额定容量 /(kV·A)	电压组合及分接范围			联结组标号	空载损耗/W			负载损耗 /W	空载电流(%)		短路阻抗 (%)
	高压 /kV	高压分接范围（%）	低压 /kV		S11	S13	SH15		S11 S13	SH15	
30					100	80	33	630/600	1.5	0.5	
50					130	100	43	910/870	1.3	0.5	
100					200	150	75	1580/1500	1.1	0.45	
200					340	240	120	2730/2600	1.0	0.35	4.0
315					480	340	170	3830/3650	0.9	0.35	
400					570	410	200	4520/4300	0.8	0.3	
500	10 10.5 11	±5 ±2×2.5	0.4	Dyn11 Yyn0	680	480	240	5410/5150	0.8	0.25	
630					810	570	320	6200	0.7	0.18	
800					980	700	380	7500	0.6	0.17	
1000					1150	830	450	10 300	0.6	0.17	4.5
1250					1360	970	530	12 000	0.5	0.17	
1600					1640	1170	630	14 500	0.5	0.16	
2000					1940		750	18 300	0.4	0.16	
2500					2290		900	21 200	0.4	0.15	5.0

注：对于额定容量为 500kV·A 及以下的三相变压器，表中斜线上方的负载损耗值适用于 Dyn11 联结组，斜线下方的负载损耗值适用于 Yyn0 联结组。

（3）选用的非晶合金铁心配电变压器应结合配电台区负荷特性，依据 DL/T 985—2012《配电变压器能效技术经济评价导则》中总费用（TOC）方法判断其寿命期内综合经济性，并按照经济负荷率进行合理选用。

（4）选用的非晶合金铁心配电变压器可根据需要提出特殊要求，应考虑性能参数要求与投资成本的关系。对于噪声有严格要求的场所，应根据项目单位提出的声级限值要求，由设备制造商在产品设计、制造等各个环节中采取相应的技术措施加以控制。

（5）选用非晶合金铁心配电变压器如果与其他变压器并网运行，以满足与原有配电变压器并联运行条件。

（6）非晶合金材料对应力敏感性较大，非晶合金铁心配电变压器的运输、安装、过励磁、严重不均匀负荷和出口短路等情况均可能导致变压器空载损耗增大，需加强对这些环节的监控并采取相应的防范措施。

（7）对应用于防火、防爆要求高场合的油浸式非晶合金配电变压器，其绝缘油应选用 FR3 高燃点绝缘油或高燃点植物绝缘油；对应用于环境要求高的水源地附近的油浸式非晶合金配电变压器，其绝缘油应选用自然降解率高植物绝缘油。

（8）选用非晶合金铁心配电变压器时，其容量应与标准规范保持一致。

三、变压器运行

1. 并联运行

并联运行是指并联的各变压器的两个绕组，采用同名端子对端子的直接相连方式下的运行。

表3-5 三相干式非晶合金铁心配电变压器与三相干式硅钢铁心配电变压器主要参数对比表

额定容量/(kV·A)	高压/kV	高压分接范围/(%)	低压/kV	联结组标号	空载损耗/W S11	空载损耗/W S13	负载损耗/W SC10	负载损耗/W SCH15	负载损耗/W SC10	负载损耗/W SCH15	空载电流/(%) SC10	空载电流/(%) SCH15	短路阻抗/(%)
30					190	70	670	670	760	760	2.0	1.2	
50					270	90	940	940	1070	1070	2.0	1.1	
100					400	130	1480	1480	1690	1690	1.5	0.95	
200					620	200	2370	2370	2710	2710	1.1	0.75	
315					880	280	3270	3270	3730	3730	1.0	0.7	4.0
400	10	±5			980	310	3750	3750	4280	4280	1.0	0.6	
500	10.5	±2×2.5	0.4	Dyn11	1160	360	4590	4590	5230	5230	1.0	0.6	
630	11				1340	420	5530	5530	6290	6290	0.85	0.55	
630					1300	410	5610	5610	6400	6400	0.85	0.55	
800					1520	480	6550	6550	7460	7460	0.85	0.5	
1000					1770	550	7650	7650	8760	8760	0.85	0.5	
1250					2090	650	9100	9100	10 370	10 370	0.85	0.45	
1600					2450	760	11 000	11 050	12 500	12 580	0.85	0.4	6.0
2000					3050	1000	13 600	13 600	15 500	15 560	0.68	0.35	
2500					3600	1200	16 100	16 150	18 400	18 450	0.68	0.35	

注 表中所列的负载损耗为括号内绝缘等级等级所对应的参考温度下得值。

变压器并列运行的最理想情况是：

（1）空载时，并列的各变压器二次侧之间没有循环电流。

（2）负载时，各变压器所承担电流应与其额定容量成比例地分配。

（3）各台变压器负载侧电流应同相位。

为了达到以上理想的并列运行要求，并列运行的各台变压器并联运行条件：

（1）时钟序数（绕组组别）要严格相等。

（2）电压和电压比要相同，允许偏差也相同（尽量满足电压比在允许偏差范围内），调压范围与每级电压要相同。

（3）短路阻抗相同，尽量控制在允许偏差范围10%以内，还应注意极限正分接位置短路阻抗与极限负分接位置短路阻抗要分别相同。

（4）容量比在0.5～2之间。

（5）频率相同。

2. 运行节能

（1）调整变压器的电压。变压器的空载损耗与通过电压的二次方成反比。

当变压器处于空载运行，运行电压会升高，空载损耗在所有损耗中的比例会增加，因此必须通过调整分接开关来降低输入电压，在不影响供电质量的前提下，降低空载消耗；在满载状态下，运行电压必然会降低。

（2）调整三相负荷平衡。由于不平衡电流的存在，在增加变压器损耗的同时加大了低压线路的损耗。在三相负荷不平衡时，在低压侧会产生零序电流，而高压侧则没有零序电流的产生，零序电流产生的零序磁通在变压器内通过时发热，增加损耗。主要表现形式为附加铁损、附加铜损和线路损耗。三相电流不平衡程度越大，其零序电流也就越大，有功功率损耗越大。要及时调整负荷的接入方式，使变压器的三相电流趋于平衡。

（3）增加无功补偿提高功率因素。对变压器提供无功补偿可以提高功率因素，大大减小了无功功率的传输，实现在变压器上的损耗的降低。这种措施一般在功率因素较低时候才用。由于无功补偿提高了变压器的负载能力，还实现了输电质量的提高。

3. 经济运行的功率损耗

（1）双绕组变压器功率损耗的动态计算。

计算变压器有功、无功和综合功率损耗时应考虑负载波动损耗系数对计算结果的影响，采用动态计算式。

1）双绕组变压器平均负载系数计算

$$\beta = \frac{S}{S_N} = \frac{P_2}{S_N \cos\varphi}$$

式中　β——变压器的平均负载系数，一定时间内，变压器平均输出的视在功率与变压器额定容量之比；

S——一定时间内变压器平均输出的视在功率，kV·A；

S_N——变压器的额定容量，kV·A；

P_2——一定时间内变压器平均输出的有功功率，kW；

$\cos\varphi$——一定时间内变压器负载侧平均功率因数。

2）有功功率损耗计算

$$\Delta P = P_0 + K_T \beta^2 P_k$$

式中　　ΔP——有功功率损耗，kW；

　　　　P_0——变压器空载功率损耗，kW；

　　　　P_k——变压器额定负载功率损耗，kW；

　　　　K_T——负载波动损耗系数。首先用 T 小时的有功负荷率 γ_{TP}、平均功率因数 $\cos\varphi_{cp}$ 和最大负荷时功率因数 $\cos\varphi_m$ 计算出视在负荷率 γ_T，即 T 小时负载的平均视在功率与最大视在功率之比的百分数。

$$\gamma_T = \gamma_{TP} \frac{\cos\varphi_{cp}}{\cos\varphi_m}$$

式中　　γ_T——T 小时的视在负荷率，%。

根据 T 小时内出现 95% 以上最大负载的小时数 T_m，计算出最大负载运行时间的百分率 $T_m\%$，即 T 小时内出现 95% 以上的最大负载的时间所占的百分数。

$$T_m\% = \frac{T_m}{T} \times 100\%$$

式中　　$T_m\%$——最大负载运行时间百分数，%。

根据 γ_T 和 $T_m\%$ 值，可在表 3-6 中查出对应的 K_T 值。

3）无功功率损耗计算

$$\Delta Q = Q_0 + K_T \beta^2 Q_k$$

式中　　ΔQ——无功功率损耗，kvar；

　　　　Q_0——变压器空载励磁功率，kvar；

　　　　Q_k——变压器额定负载漏磁功率，kvar。

4）综合功率损耗计算。综合功率损耗是指变压器运行中有功功率损耗与因无功功率消耗使其受电网增加的有功功率损耗之和。

变压器综合功率经济运行是立足于配电系统总体最佳节电法，是既考虑有功电量节约，又考虑无功电量节约的综合最佳；是既考虑用电单位的节电，又考虑供电网损降低的系统最佳。

综合功率损耗包含两部分内容，即变压器的有功损耗 ΔP 和由变压器无功损耗引起的电网有功损耗。

$$\Delta P_Z = \Delta P + K_Q \Delta Q = P_{0Z} + K_T \beta^2 P_{kZ}$$

式中　　K_Q——无功经济当量，kW/kvar；变压器无功消耗每增加或减少 1kvar 时引起受电网有功功率损耗增加或减少的量。无功经济当量是一个统计数字，其数值可以通过表 3-7 查询。

5）变压器综合功率空载损耗计算

$$P_{0Z} = P_0 + K_Q Q_0$$

式中　　P_{0Z}——变压器综合功率的空载损耗，kW。

6）变压器综合功率额定负载功率损耗计算

$$P_{kZ} = P_k + K_Q Q_k$$

式中　　P_{kZ}——变压器综合功率的额定负载功率损耗，kW。

表 3-6

负载波动损耗系数表

γ_T	$\dfrac{1}{T}$	\multicolumn{10}{c}{$T_m(\%)$}
		5	10	15	20	25	30	35	40	45	50
1	99.03	(100.0)	—	—	—	—	—	—	—	—	—
2	49.00	(50.00)	—	—	—	—	—	—	—	—	—
3	32.34	(33.33)	—	—	—	—	—	—	—	—	—
4	24.02	(25.00)	—	—	—	—	—	—	—	—	—
5	19.01	20.000	—	—	—	—	—	—	—	—	—
6	15.56	16.510	(16.670)	—	—	—	—	—	—	—	—
7	13.31	14.010	(14.286)	—	—	—	—	—	—	—	—
8	11.53	12.140	(12.500)	—	—	—	—	—	—	—	—
9	10.14	10.680	(11.111)	—	—	—	—	—	—	—	—
10	9.037	9.519	10.000	—	—	—	—	—	—	—	—
11	8.132	8.568	9.004	(9.091)	—	—	—	—	—	—	—
12	7.379	7.777	8.174	(8.333)	—	—	—	—	—	—	—
13	6.742	7.107	7.473	(7.692)	—	—	—	—	—	—	—
14	6.197	6.535	6.873	(7.143)	—	—	—	—	—	—	—
15	5.725	6.039	6.353	6.667	—	—	—	—	—	—	—
16	5.313	5.606	5.899	6.191	(6.250)	—	—	—	—	—	—
17	4.951	5.225	5.499	5.772	(5.882)	—	—	—	—	—	—
18	4.629	4.887	5.144	5.402	(5.556)	—	—	—	—	—	—
19	4.341	4.584	4.826	5.069	(5.263)	—	—	—	—	—	—
20	4.083	4.312	4.542	4.771	5.000	—	—	—	—	—	—
21	3.851	4.068	4.285	4.502	4.719	(4.762)	—	—	—	—	—
22	3.639	3.845	4.051	4.257	4.463	(4.545)	—	—	—	—	—
23	3.447	3.643	3.839	4.035	4.230	(4.348)	—	—	—	—	—
24	3.272	3.458	3.645	3.831	4.018	(4.167)	—	—	—	—	—

续表

γ_T	$\dfrac{1}{T}$	$T_m(\%)$									
		5	10	15	20	25	30	35	40	45	50
25	3.111	3.289	3.467	3.644	3.822	4.000	—	—	—	—	—
26	2.963	3.133	3.303	3.472	3.642	3.812	(3.846)	—	—	—	—
27	2.827	2.989	3.152	3.314	3.477	3.639	(3.704)	—	—	—	—
28	2.701	2.856	3.012	3.167	3.322	3.478	(3.571)	—	—	—	—
29	2.584	2.733	2.882	3.031	3.180	3.329	(3.448)	—	—	—	—
30	2.476	2.619	2.762	2.905	3.047	3.190	3.333	—	—	—	—
31	2.376	2.513	2.650	2.787	2.924	3.061	3.199	(3.226)	—	—	—
32	2.282	2.414	2.545	2.677	2.809	2.941	3.072	(3.125)	—	—	—
33	2.194	2.321	2.447	2.574	2.701	2.827	2.954	(3.030)	—	—	—
34	2.113	2.235	2.357	2.478	2.600	2.722	2.844	(2.941)	—	—	—
35	2.037	2.154	2.271	2.388	2.506	2.623	2.740	2.857	—	—	—
36	1.965	2.078	2.191	2.304	2.417	2.530	2.643	2.755	(2.778)	—	—
37	1.898	2.007	2.116	2.224	2.333	2.442	2.551	2.658	(2.703)	—	—
38	1.836	1.941	2.045	2.150	2.255	2.360	2.464	2.569	(2.632)	—	—
39	1.777	1.878	1.979	2.080	2.181	2.281	2.382	2.483	(2.564)	—	—
40	1.722	1.819	1.917	2.014	2.111	2.208	2.306	2.403	2.500	—	—
41	1.671	1.765	1.858	1.952	2.046	2.139	2.233	2.327	2.420	(2.439)	—
42	1.622	1.712	1.803	1.893	1.983	2.074	2.164	2.255	2.345	(2.381)	—
43	1.577	1.664	1.751	1.838	1.925	2.012	2.100	2.187	2.274	(2.326)	—
44	1.535	1.619	1.703	1.787	1.870	1.954	2.038	2.122	2.206	(2.273)	—
45	1.495	1.576	1.657	1.737	1.818	1.899	1.980	2.060	2.141	2.222	—
46	1.458	1.536	1.614	1.691	1.769	1.847	1.925	2.003	2.081	2.158	(2.174)
47	1.423	1.498	1.573	1.648	1.723	1.798	1.873	1.948	2.023	2.098	(2.128)
48	1.391	1.463	1.535	1.607	1.679	1.751	1.824	1.896	1.968	2.040	(2.083)

γ_T	$\dfrac{1}{T}$	$T_m(\%)$									
		5	10	15	20	25	30	35	40	45	50
49	1.361	1.430	1.500	1.569	1.639	1.708	1.777	1.847	1.916	1.985	(2.041)
50	1.333	1.400	1.466	1.533	1.600	1.667	1.733	1.800	1.867	1.933	2.00
51	1.308	1.370	1.431	1.493	1.554	1.616	1.677	1.739	1.800	1.862	1.923
52	1.284	1.341	1.398	1.454	1.511	1.568	1.625	1.682	1.738	1.795	1.852
53	1.262	1.314	1.367	1.419	1.472	1.524	1.576	1.629	1.681	1.734	1.786
54	1.242	1.290	1.339	1.387	1.436	1.484	1.532	1.581	1.629	1.678	1.726
55	1.223	1.268	1.312	1.357	1.401	1.446	1.491	1.535	1.580	1.624	1.669
56	1.206	1.247	1.288	1.329	1.370	1.412	1.453	1.494	1.535	1.576	1.617
57	1.190	1.228	1.266	1.304	1.342	1.380	1.417	1.455	1.493	1.531	1.569
58	1.175	1.210	1.245	1.280	1.315	1.350	1.384	1.419	1.454	1.489	1.524
59	1.161	1.193	1.225	1.258	1.290	1.322	1.354	1.384	1.419	1.451	1.483
60	1.148	1.178	1.207	1.237	1.266	1.296	1.326	1.355	1.385	1.414	1.444
61	1.136	1.163	1.191	1.218	1.245	1.273	1.300	1.327	1.354	1.382	1.409
62	1.125	1.150	1.175	1.200	1.225	1.251	1.276	1.301	1.326	1.351	1.376
63	1.115	1.138	1.161	1.184	1.207	1.230	1.253	1.276	1.299	1.322	1.345
64	1.105	1.126	1.147	1.168	1.189	1.211	1.232	1.253	1.274	1.295	1.316
65	1.097	1.116	1.136	1.155	1.174	1.194	1.213	1.232	1.251	1.271	1.290
66	1.088	1.106	1.123	1.141	1.159	1.177	1.194	1.212	1.230	1.247	1.265
67	1.081	1.097	1.113	1.130	1.146	1.162	1.178	1.194	1.211	1.227	1.243
68	1.074	1.089	1.103	1.118	1.133	1.147	1.161	1.177	1.192	1.206	1.221
69	1.067	1.081	1.094	1.108	1.121	1.135	1.148	1.162	1.175	1.189	1.202
70	1.061	1.073	1.086	1.098	1.110	1.123	1.135	1.147	1.159	1.172	1.184
71	1.056	1.067	1.078	1.089	1.100	1.112	1.123	1.134	1.145	1.156	1.167
72	1.050	1.060	1.070	1.080	1.090	1.101	1.111	1.121	1.131	1.141	1.151

续表

γ	$\dfrac{1}{T}$	T_m (%)									
		5	10	15	20	25	30	35	40	45	50
73	1.046	1.055	1.064	1.073	1.082	1.092	1.101	1.110	1.119	1.128	1.137
74	1.041	1.049	1.057	1.066	1.074	1.082	1.090	1.098	1.107	1.115	1.123
75	1.037	1.044	1.051	1.059	1.067	1.074	1.081	1.089	1.096	1.104	1.111
76	1.033	1.041	1.046	1.053	1.060	1.067	1.073	1.080	1.087	1.093	1.100
77	1.030	1.036	1.042	1.048	1.054	1.060	1.065	1.071	1.077	1.083	1.089
78	1.027	1.032	1.038	1.043	1.048	1.054	1.059	1.064	1.069	1.075	1.080
79	1.024	1.029	1.033	1.038	1.043	1.048	1.052	1.057	1.062	1.066	1.071
80	1.021	1.025	1.029	1.034	1.038	1.042	1.046	1.050	1.055	1.059	1.063
81	1.018	1.022	1.025	1.029	1.033	1.037	1.040	1.044	1.048	1.051	1.055
82	1.016	1.019	1.022	1.026	1.029	1.032	1.035	1.038	1.042	1.045	1.048
83	1.014	1.017	1.020	1.022	1.025	1.028	1.031	1.034	1.036	1.039	1.042
84	1.012	1.014	1.017	1.019	1.022	1.024	1.026	1.029	1.031	1.034	1.036
85	1.010	1.012	1.014	1.016	1.018	1.021	1.023	1.025	1.027	1.029	1.031
86	1.009	1.011	1.013	1.014	1.016	1.018	1.020	1.022	1.023	1.025	1.027
87	1.007	1.009	1.010	1.012	1.013	1.015	1.016	1.018	1.019	1.021	1.022
88	1.006	1.007	1.009	1.010	1.011	1.013	1.014	1.015	1.016	1.018	1.019
89	1.005	1.006	1.007	1.008	1.010	1.010	1.011	1.012	1.013	1.014	1.015
90	1.004	1.005	1.006	1.007	1.008	1.009	1.009	1.010	1.010	1.011	1.012
91	1.003	1.004	1.005	1.006	1.007	1.007	1.007	1.008	1.009	1.009	1.010
92	1.003	1.004	1.005	1.005	1.006	1.006	1.006	1.007	1.007	1.008	1.008
93	1.002	1.002	1.003	1.004	1.004	1.004	1.005	1.005	1.005	1.006	1.006
94	1.001	1.001	1.002	1.002	1.003	1.003	1.003	1.003	1.003	1.004	1.004
95	1.001	1.001	1.002	1.002	1.002	1.002	1.002	1.002	1.003	1.003	1.003
96	1.001	1.001	1.001	1.001	1.002	1.002	1.002	1.002	1.002	1.002	1.002
97	1.000	1.000	1.000	1.000	1.001	1.001	1.001	1.001	1.001	1.001	1.001
98	1.000	1.000	1.000	1.000	1.000	1.000	1.000	1.000	1.000	1.000	1.000
99	1.000	1.000	1.000	1.000	1.000	1.000	1.000	1.000	1.000	1.000	1.000
100	1.000	1.000	1.000	1.000	1.000	1.000	1.000	1.000	1.000	1.000	1.000

注：表中 $\dfrac{1}{T}$ 指丁小时内出现 95%以上最大负荷运行时间百分数的极限值。表中 （ ）内的值指该负荷率出现最大负载运行时间不超过 1h。

表 3-7　　　　　　　　　　　　　无功经济当量表

变压器受电位置	K_Q	说　明
发电厂母线直配	0.04	指系统的一次变电站及发电厂的直配用户
二次变压	0.07	指系统的二次变电站
三次变压	0.10	指配电变压器
当功率因数已经补偿到 0.9 及以上时	0.04	指变压器全年受入端功率因数

由上面公式可知，在变压器运行过程中，其有功功率、无功功率和综合功率损耗大小都与所带负载大小有关，呈非线性关系，其有功损耗率、无功损耗率和综合功率损耗率也随负载发生变化。

（2）三绕组变压器功率损耗的动态计算。

1）有功功率损耗计算

$$\Delta P = P_0 + S_1\left(K_{T1}\frac{P_{k1}}{S_{1N}^2} + K_{T2}C_2^2\frac{P_{k2}}{S_{2N}^2} + K_{T3}C_3^2\frac{P_{k3}}{S_{3N}^2}\right)$$

式中　K_{T1}、K_{T2}、K_{T3}——变压器一、二、三次侧的负载波动损耗系数，一定时间内，负载波动条件下的变压器负载损耗与平均负载条件下的负载损耗之比；

　　　　S_1——变压器电源侧的工况负载，kV·A；

　　　P_{k1}、P_{k2}、P_{k3}——变压器一、二、三次侧绕组的额定负载损耗，kW；

　　S_{1N}、S_{2N}、S_{3N}——变压器一、二、三次侧绕组的额定容量，kV·A；

　　　　C_2——变压器二次侧负载分配系数

$$C_2 = \frac{S_2}{S_1} = \frac{\beta_2}{\beta_1}$$

　　　　C_3——变压器三次侧负载分配系数

$$C_3 = \frac{S_3}{S_1} = \frac{\beta_3}{\beta_1}$$

$$C_2 + C_3 = 1$$

2）无功功率损耗计算

$$\Delta Q = Q_0 + S_1\left(K_{T1}\frac{Q_{k1}}{S_{1N}^2} + K_{T2}C_2^2\frac{Q_{k2}}{S_{2N}^2} + K_{T3}C_3^2\frac{Q_{k3}}{S_{3N}^2}\right)$$

式中　Q_{k1}、Q_{k2}、Q_{k3}——变压器一、二、三次侧绕组额定负载的漏磁功率，kvar。

3）综合功率损耗计算

$$\Delta P_Z = P_{0Z} + S_1\left(K_{T1}\frac{P_{k1Z}}{S_{1N}^2} + K_{T2}C_2^2\frac{P_{k2Z}}{S_{2N}^2} + K_{T3}C_3^2\frac{P_{k3Z}}{S_{3N}^2}\right)$$

式中　P_{k1Z}、P_{k2Z}、P_{k3Z}——变压器一、二、三次侧绕组额定负载的综合功率损耗，kW。

（3）变压器损耗率的计算。变压器有功功率损耗率、无功功率损耗率及综合功率损耗率计算式

$$\Delta P\% = \frac{\Delta P}{P_1} \times 100\%$$

$$\Delta Q\% = \frac{\Delta Q}{P_1} \times 100\%$$

$$\Delta P_Z\% = \frac{\Delta P_Z}{P_1} \times 100\%$$

式中　$\Delta P\%$——变压器有功功率损耗率，%；

$\Delta Q\%$——变压器无功功率损耗率，%；

$\Delta P_Z\%$——变压器综合功率损耗率，%；

P_1——变压器电源侧有功功率，kW。

对双绕组变压器 $P_1 = P_2 + \Delta P$

对三绕组变压器 $P_1 = P_2 + P_3 + \Delta P$

（4）变压器经济运行节电效果的计算。变压器经济运行降低的有功功率、无功功率及综合功率计算式

$$\Delta\Delta P = \Delta P_y - \Delta P_j$$

$$\Delta\Delta Q = \Delta Q_y - \Delta Q_j$$

$$\Delta\Delta P_Z = \Delta P_{Zy} - \Delta P_{Zj}$$

式中　$\Delta\Delta P$——变压器经济运行降低的有功功率，kW；

$\Delta\Delta Q$——变压器经济运行降低的无功功率，kvar；

$\Delta\Delta P_Z$——变压器经济运行降低的综合功率，kW；

y——原运行方式；

j——经济运行方式。

（5）并列运行的双绕组变压器临界综合负载视在功率计算

$$S_{LZ} = \sqrt{\frac{(P_{\sigma0Z})_{\mathrm{I}} - (P_{\sigma0Z})_{\mathrm{II}}}{K_T\left[\left(\frac{P_{\sigma kZ}}{S_{\sigma N}^2}\right)_{\mathrm{II}} - \left(\frac{P_{\sigma kZ}}{S_{\sigma N}^2}\right)_{\mathrm{I}}\right]}}$$

式中　S_{LZ}——并列运行的双绕组变压器经济运行方式的临界综合负载视在功率，kV·A；

K_T——负载波动损耗系数；

$P_{\sigma0Z}$——综合功率空载损耗的组合参数，kW；

$P_{\sigma kZ}$——综合功率额定负载损耗的组合参数，kW；

$S_{\sigma N}$——组合变压器额定容量，kV·A；

Ⅰ、Ⅱ——变压器两种不同的运行方式。

上式也适用于单台双绕组变压器间技术特性分析。

（6）并列运行的双绕组变压器经济运行方式下降低综合功率损耗的计算

$$\Delta\Delta P_Z = \Delta P_{Zy} - \Delta P_{Zj} = (P_{\sigma0Z})_y - (P_{\sigma0Z})_j + K_T S^2\left[\left(\frac{P_{\sigma kZ}}{S_{\sigma N}^2}\right)_y - \left(\frac{P_{\sigma kZ}}{S_{\sigma N}^2}\right)_j\right]$$

式中　$\Delta\Delta P_Z$——并列运行的双绕组变压器经济运行方式降低的综合功率损耗，kW；

y——原运行方式；

j——经济运行方式；

S——负载视在功率，kV·A。

（7）共用变压器经济临界综合负载视在功率的计算

$$S_{glZ} = \frac{S_{Ng}^2 P_{0Zb} + K_T S_b^2 \left[\left(\frac{S_{Ng}}{S_{Nb}} \right)^2 P_{kZb} - P_{kZg} \right]}{2K_T S_b P_{kZg}}$$

（8）共用变压器经济运行降低综合功率损耗的计算

$$\Delta\Delta P_Z = P_{0Zb} + K_T S_b^2 \left(\frac{P_{kZb}}{S_{Nb}^2} - \frac{P_{kZg}}{S_{Ng}^2} \right) - 2K_T \frac{S_b S_g P_{kZg}}{S_{Ng}^2}$$

式中　$\Delta\Delta P_Z$——共用变压器经济运行降低的综合功率，kW；

g——共用变压器的技术参数；

b——不共用变压器的技术参数；

S_b、S_g——分列运行变压器的负载视在功率，kV·A。

4. 经济运行

变压器经济运行是指在确保安全可靠运行及满足供电量需求的基础上，通过对变压器进行合理配置，对变压器运行方式进行优化选择，对变压器负载实施经济调整，从而最大限度地降低变压器的电能损耗。经济运行方式选择：

（1）并列运行的双绕组变压器经济运行方式的选择。在选择经济运行方式前，应绘制出两种组合方式综合功率损耗的负载特性曲线 $\Delta P_Z = f(S)$，经比较两条负载特性曲线确定组合（含单台）变压器经济运行方式。

若两种组合方式综合功率损耗的负载特性曲线无交点时，应选用综合功率空载损耗值较小的变压器组合方式运行。

若两种组合方式综合功率损耗的负载特性曲线有交点时（图3-5），应计算出临界综合负载视在功率 S_{LZ}（临界综合负载视在功率是两种经济运行方式的综合功率损耗特性曲线交点处的负载视在功率），并将变压器总平均视在功率 S 与临界综合负载视在功率 S_{LZ} 对比。

当负载视在功率 $S < S_{LZ}$ 时，应选用综合功率空载损耗值较小的变压器组合方式运行；当负载视在功率 $S > S_{LZ}$ 时，应选用综合功率额定负载损耗值较小的变压器组合方式运行。

（2）分列运行的双绕组变压器经济运行方式的选择。对二次侧有联络线的分列运行的双绕组变压器，在总供电负载不变情况下，应对共用一台或两台分列运符方式进行比较选择。

在采用一台变压器满足总供电负载的情况下，应对两台分列运行变压器的空载损耗和额定负载损耗进行比较，选择总损耗最低的为共用变压器。再对选定共用变压器与两台变压器分列运行方式进行比较，选择综合功率损耗最小的运行方式。

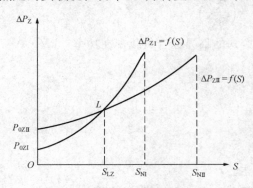

图3-5　变压器间综合功率损耗特性曲线

注：$\Delta P_{ZI} = f(S)$ 与 $\Delta P_{ZII} = f(S)$ 分别为变压器两种组合方式综合功率损耗 ΔP_Z 与负载视在功率 S 的函数特性曲线，两条曲线交点 L 的横坐标 S_{LZ} 即为两种组合运行方式的临界综合负载视在功率。

5. 经济负载系数的计算与经济运行区的划分

（1）双绕组变压器经济负载系数计算与经济运行区划分。

经济负载系数计算。双绕组变压器在运行中，其综合功率损耗率随负载系数呈非线性变

化，在其非线性曲线中，最低点为综合功率经济负载系数，其计算式

$$\beta_{JZ}=\sqrt{\frac{P_{0Z}}{K_T P_{kZ}}}$$

式中　β_{JZ}——变压器综合功率经济负载系数；

P_{0Z}——变压器综合功率空载损耗，kW；

P_{kZ}——变压器综合功率额定负载功率损耗，kW；

K_T——负载波动损耗系数。

（2）经济运行区划分。经济运行区指的是综合功率损耗率等于或低于变压器额定负载时的综合功率损耗率的负载区间。最佳经济运行区为综合功率损耗率接近变压器经济负载系数时的综合功率损耗率的负载区间。非经济运行区是综合功率损耗率高于变压器额定负载综合功率损耗率对应的低负载运行区间。变压器在额定负载运行为经济运行区上限，与上限额定综合功率损耗率相等的另一点为经济运行区下限。经济运行区上限负载系数为1，经济运行区下限负载系数为 β_{JZ}，如图3-6所示。

（3）最佳经济运行区划分。变压器在75%负载运行为最佳经济运行区上限，与上限综合功率损耗率相等的另一点为最佳经济运行区下限。最佳经济运行区上限负载系数为0.75，最佳经济运行区下限负载系数为 $1.33\beta_{JZ}^2$，如图3-6所示。

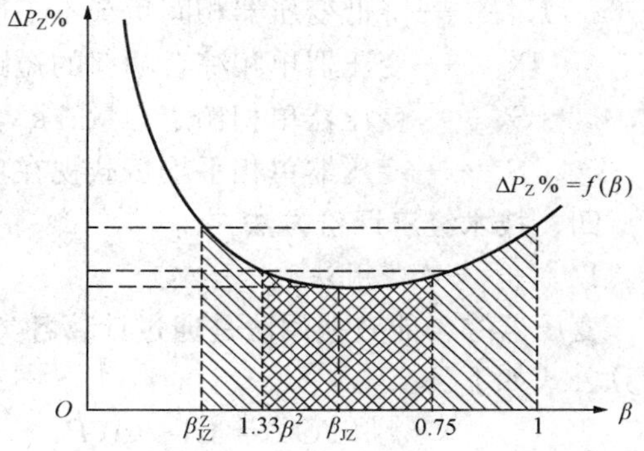

图3-6　双绕组变压器综合功率运行区间划分

注：$\Delta P_Z\% = f(\beta)$ 为变压器综合功率损耗率与平均负载系数 β 的函数特性曲线。变压器综合功率运行区间的范围划分为，经济运行区为 $\beta_{JZ}^2 \leqslant \beta \leqslant 1$，最佳经济运行区为 $1.33\beta_{JZ}^2 \leqslant \beta \leqslant 0.75$，非经济运行区 $0 \leqslant \beta \leqslant \beta_{JZ}^2$。

6. 负载经济调整

双绕组变压器间负载经济调整，双绕组变压器分列运行时，应合理分配变压器间负载，使变压器总综合功率损耗最小。

负载经济分配为分列运行变压器总损耗达到最小时的变压器间的负载分配。

分列运行的任意一台双绕组变压器综合功率的负载经济分配系数应按下式计算

$$J_{Zr}=\frac{\dfrac{S_{Nr}^2}{K_{Tr}P_{kZr}}}{\sum_{i=1}^{m}\dfrac{S_{Ni}^2}{K_{Ti}P_{kZi}}}$$

式中　r——第 r 台变压器。

7. 调整负荷率

用户应调整变压器负载曲线（调整负荷率），降低综合功率损耗率。在总用电量不变的情况下，双绕组变压器降低的综合功率损耗应按下式计算

$$\Delta\Delta P_Z=(K_{T1}-K_{T2})\frac{S^2 P_{\sigma kZ}}{S_{\sigma N}^2}$$

式中　$\Delta\Delta P_Z$——调整负荷率降低的综合功率损耗，kW；

K_{T1}——变压器调整负荷率前的负载波动损耗系数；

123

K_{T2}——变压器调整负荷率后的负载波动损耗系数。

8. 调整变压器相间不平衡负载

相间不平衡负载损耗系数为变压器负载三相不平衡条件下的负载功率损耗与三相平衡条件下的负载功率损耗之比。

用户应平衡变压器各相间负载，降低变压器总综合功率损耗。变压器总负载不变情况下，降低的综合功率损耗按下式计算

$$\Delta\Delta P_Z = (K_{Bby} - K_{Bbj})\frac{3S_\varphi^2 P_{kZ}}{S_N^2}$$

式中　K_{Bby}——原变压器相间负载不平衡度的损耗系数；

　　　K_{Bbj}——降低变压器相间负载不平衡度的损耗系数；

　　　P_{kZ}——变压器单相综合功率的短路损耗，kW；

　　　S_N——变压器单相额定容量，kV·A；

　　　S_φ——变压器单相平均负载视在功率，kV·A。

四、技术经济评价方法

1. 综合能效费用法

变压器综合能效费用法是通过计算各类变压器 TOC 值，以 TOC 值最低者为优选方案。计算公式如下

$$TOC = CI + A(P_0 + K_Q I_0 S_e) + B(P_k + K_Q U_k S_e)$$

式中　TOC——配电变压器综合能效费用，元；

　　　CI——配电变压器初始费用，取变压器采购价格，元；

　　　A——配电变压器单位空载损耗的等效初始费用系数，元/kW；

　　　P_0——配电变压器额定空载损耗，kW；

　　　K_Q——无功经济当量，按变压器在电网中的位置取值；一般配电变压器的取值范围为 $0.05 \leqslant K_Q \leqslant 0.1$；

　　　I_0——配电变压器额定空载电流，%；

　　　S_e——配电变压器额定容量，kV·A。

　　　B——配电变压器单位负载损耗的等效初始费用系数，元/kW；

　　　P_k——配电变压器额定负载损耗，kW；

　　　U_k——配电变压器额定短路阻抗，%。

2. 空载损耗等效初始费用系数

空载损耗等效初始费用系数宜按下列公式计算

$$A = k_{pv} \times E_{es} \times H_{py}$$

$$k_{pv} = \frac{1 - [1/(1+i)]^n}{i}$$

式中　k_{pv}——年贴现率为 i 的连续 n 年费用现值系数；

　　　E_{es}——供电企业平均售电单价，元/(kW·h)，低于全国综合平均销售电价时，宜取全国平均销售电价；

　　　H_{py}——配电变压器年带电小时数，宜取 8760h；

　　　i——年贴现率；

n ——配电变压器经济使用期年数。

3. 负载损耗等效初始费用系数

负载损耗等效初始费用系数 B 宜按下列公式计算

$$B = E_{es} \times \tau \times k_{pv} \times \beta^2$$

式中　τ ——年最大负载损耗小时数，h，可根据变压器年最大负载利用小时（T_{max}）和功率因数（$\cos\varphi$）确定。不同功率因数和年最大负载利用小时数情况下的年最大负载损耗小时数取值见表 3-8。

　　　β ——负载率，配电变压器年平均负载与额定容量比值。

表 3-8　　　　　　　　　　　　年最大负载损耗小时数 τ 取值

T_{max}/h	1000	2000	3000	4000	5000	6000	7000	8000
$\cos\varphi=0.80$	950	1500	2000	2750	3600	4650	5950	7400
$\cos\varphi=0.85$	900	1200	1800	2600	3500	4600	5900	7380
$\cos\varphi=0.90$	750	1000	1600	2400	3400	4500	5800	7350
$\cos\varphi=0.95$	600	800	1400	2200	3200	4350	5700	7300
$\cos\varphi=1.00$	300	700	1250	2000	3000	4200	5600	7250

综合上述各式，配电变压器综合能效费用的计算

$$TOC = CI + k_{pv} \times E_{es} \times [(P_0 + K_Q I_0 S_e) \times H_{py} + (P_k + K_Q U_k S_e) \times \tau \times \beta^2]$$

n 取现有运行配电变压器可继续运行年限 T。

4. 运行配电变压器的初始费用

现有运行配电变压器的初始费用宜按以下计算

$$CI = V_{O0} - V_{OT}/(1-i)^T$$

式中　V_{O0} ——现有运行配电变压器在拟更换年的可售价格，可取该配电变压器当前价值，元；

　　　V_{OT} ——现有运行配电压器到第 T 年末的净残值，相当于报废回收价格，元；

　　　T ——现有运行配电变压器可继续运行年限。

5. 更换新配电变压器初始费

拟更换新配电变压器初始费宜按下式计算

$$CI = V_N - V_{NT}/(1+i)^T$$

式中　V_N ——拟更换新配电变压器的购置费用，元；

　　　V_{NT} ——拟更换新配电变压器到第 T 年末的残值，元。

拟更换新配电变压器到第 T 年末的残值 V_{NT} 可按照平均年限折旧法 $V_{NT} = V_N - T(V_N - V_{Nn})/n$ 进行估算，其中 V_{Nn} 为拟更换新配电变压器运行经济运行年限（n 年）后的净残值，即报废回收价格。

第三节　配电线路节能

一、电缆能耗

1. 种类

目前的建筑电气设计中，常用的电缆可分为普通电缆、阻燃电缆、耐火电缆、无卤低烟

电缆和矿物绝缘电缆。

（1）普通电缆。主要指聚氯乙烯绝缘导线 BV 和交联聚乙烯绝缘聚氯乙烯护套绝缘电力电缆 YJV。

（2）阻燃电缆。阻燃电缆是指在规定试验条件下，试样被燃烧，在撤去试验火源后，火焰的蔓延仅在限定范围内，残焰或残灼在限定时间内能自行熄灭的电缆。包括具有阻燃性的聚氯乙烯绝缘导线（ZRBV 线）和具有阻燃性的交联聚乙烯绝缘聚氯乙烯护套绝缘电力电缆 ZRYJV。

（3）耐火电缆。耐火电缆是指在火焰燃烧情况下能够保持一定时间安全运行的电缆。将耐火试验分 A、B 两种级别：A 级火焰温度 950～1000℃，持续供火时间 90min；B 级火焰温度 750～800℃，持续供火时间 90min。整个试验期间，试样应承受产品规定的额定电压值。包括具有耐火性的聚氯乙烯绝缘导线（NHBV）和具有耐火性的交联聚乙烯绝缘聚氯乙烯护套绝缘电力电缆 NHYJV。

（4）无卤低烟电缆。低烟无卤电缆是指不含卤素（F、Cl、Br、I、At），不含铅镉铬汞等环境物质的胶料制成，燃烧时不会发出有毒烟雾的环保型电缆。

（5）矿物绝缘电缆。用矿物（如氧化镁）作为绝缘材料的电缆，通常由铜导体、矿物绝缘、铜护套构成，不含有机材料，并且具有不燃、无烟、无毒和耐火的特性。

2. 能耗计算

（1）方均根电流法。利用电流或有功负荷有效值的定义，即线路运行过程中在一段时间内产生的电能损耗，同该线路在相同时间内流过恒定电流（或功率）有效值时所产生的电能损耗相等。其计算公式为

$$\Delta A = 3I_{jf}^2 R t \times 10^{-3}$$

式中　　ΔA——时间 t 内线路的损耗电量，kW·h；

　　　　R——线路的电阻，Ω；

　　　　t——运行时间，h；

　　　　I_{jf}——方均根电流，A：

$$I_{jf} = \sqrt{\frac{I_1^2 + I_2^2 + \cdots + I_{24}^2}{24}} = \sqrt{\frac{\sum\limits_{i=1}^{24} I_i^2}{24}} \quad (A)$$

$I_1, I_2, \cdots, I_n$——代表日 24 个整点通过的电流，A。

当负载曲线以三相有功功率、无功功率表示时，代表日的方均根电流为

$$I_{jf} = \sqrt{\sum_{i=1}^{24} \frac{\dfrac{P_i^2 + Q_i^2}{U_i^2}}{72}} \quad (A)$$

式中　P_i——通过线路的代表日整点有功功率，kW；

　　　Q_i——通过线路的代表日整点无功功率，kvar；

　　　U_i——相应时刻的线电压，kV。

若已知的是代表日通过线路的整点有功电量、无功电量及相应时刻的线电压，则方均根电流可用下式计算

$$I_{jf} = \sqrt{\dfrac{\sum\limits_{i=1}^{24} \dfrac{A_{ai}^2 + A_{ri}^2}{U_i^2}}{72}} \quad \text{(A)}$$

式中　　A_{ai}——日通过线路的整点有功电量，MW·h；

A_{ri}——日通过线路的整点无功电量，Mvar·h；

U_i——相应时刻的线电压，kV。

（2）平均电流法。平均电流法通过引入电力负荷在一定时间段内负荷曲线的形状系数 K，实现了该负荷相应时段内从方均根电流到平均电流的转化。在已知平均电流，求得形状系数后便可实现线路损耗的计算。形状系数 K 的关系式为

$$K = \dfrac{I_{jf}}{I_{pj}}$$

式中　　I_{pj}——日负荷电流的平均值，A；

I_{jf}——代表日方均根电流，A。

在负荷曲线各整点负荷难以获得时，负荷曲线的形状系数 K 一般是通过经验公式求取的。若用 f 和 β 分别表示负荷曲线的负荷率和最小负荷率。

$$f = \dfrac{I_{av}}{I_{max}}$$

$$\beta = \dfrac{I_{min}}{I_{max}}$$

则负荷曲线的形状系数 K 的经验公式的表示方式为

1）当 $f \geqslant 0.5$ 时，可按直线变化的持续负荷曲线计算 K 的值，即

$$K^2 = \dfrac{\beta + \dfrac{(1-\beta)^2}{3}}{\left(\dfrac{1+\beta}{2}\right)^2}$$

2）当 $f < 0.5$ 时，可按二阶梯持续负荷曲线计算 K 的值，即

$$K^2 = \dfrac{f(1+\beta) - \beta}{f^2}$$

线损电量的计算式为

$$\Delta A = 3 I_{pj}^2 K^2 R T$$

或

$$\Delta A = \dfrac{A_p^2 + A_q^2}{T U_{pj}^2} K^2 R$$

式中　　A_p——日有功电量，MW·h；

A_q——日无功电量，Mvar·h；

U_{pj}——日电压平均值，kV；

T——运行时间，h。

（3）最大负荷损失小时法。如果输电线路全年的损耗同该导线在时间 τ 内一直保持流过年最大负荷功率 S_{max} 时所产生的损耗相等，则称时间 τ 为该导线的年最大负荷损耗时间。相应的损耗电量可由下式确定

$$\Delta A = \int_0^{8760} \frac{S^2}{U^2} Rt \times 10^{-3} \, dt = \frac{S_{max}^2}{U^2} R\tau \times 10^{-3} = \Delta P_{max}\tau \times 10^{-3}$$

若电压取额定线电压，则

$$\tau = \frac{\int_0^{8760} S(t)^2 \, dt}{S_{max}^2}$$

二、线路节能措施

线路的功率损耗计算式为

$$\Delta P = 3\frac{P^2+Q^2}{U_N^2} RL \times 10^{-3}$$

则可知线路损耗在传输功率不变的前提下，与线路电阻 R、输送距离 L 和额定电压 U_N 有关。

1. 选择大截面电缆

选择大截面电缆具有见效快、降损效果明显的优点，因此在经济技术条件允许的条件下，可以考虑更换大截面电缆，降低线路电阻，以减小线路损耗。

2. 增加并列线路运行

在原有线路的基础上与之并联一条或者多条线路，实现从电源到用户的多线路并列运行供电。其实该方法等价于增大了总的导线截面积，降低了线路阻抗，因此可以起到节能降损的作用，实现的线路的经济运行。

3. 改变供电路径缩短输电距离

所谓改变供电路径和缩短输电距离，是指通过对部分电力线路的改造和电源点的新建或迁移，避免线路出现迂回供电或超经济输送距离供电，缩短输送距离 L，进而达到线路的节能降损。

4. 线路升压改造

所谓升压改造就是通过对现有线路运行额定电压升高到另一额定电压。升压改造不仅能起到节能降损的作用，还能提高线路的输送能力，降低线路电压损耗。

5. 其他重要措施

其他重要措施主要有对单电源供电线路和双电源供电改造、环网供电改造、配电室改造等优化配置线路负荷，合理规划线路供电范围，使得线路潮流合理分配，以提高供电可靠性，同时降低线路损耗。

三、线路经济运行

1. 经济电流密度

假设和导线截面积 A_L（mm^2）相关部分的单位长度单位截面积的成本为 G_L 元/（$mm^2 \cdot km$），导线截面积无关部分成本为 Z_0（元/km），线路长度 L（km），年成本回收率为 Z_X，则每年应收回的投资成本 F_1（元/年）为

$$F_1 = \frac{Z_X}{100}(A_L G_L + Z_0)L$$

若输送负载电流 I（A）已给定，年运行时间为 T_h（h），电价为 G_C［元/（$kW \cdot h$）］，则考虑负载波动（波动系数 K_T）影响后的年有功功率损耗成本 F_2（元/年）为

$$F_2 = 3K_\text{T} I^2 \frac{\rho L}{A_\text{L}} T_\text{h} G_\text{C} \times 10^{-3}$$

从而每年线路的总成本 F（元/年）为

$$F = F_1 + F_2 = \frac{Z_\text{X}}{100}(A_\text{L} G_\text{L} + Z_0)L + 3K_\text{T} I^2 \frac{\rho L}{A_\text{L}} T_\text{h} G_\text{C} \times 10^{-3}$$

对上式求导数 $\dfrac{\mathrm{d}F}{\mathrm{d}A_\text{L}} = 0$，可得出最小成本的导线经济截面积 A_J（mm^2）为

$$A_\text{J} = I\sqrt{\frac{3K_\text{T}\rho T_\text{h} G_\text{C}}{10 Z_\text{X} G_\text{L}}}$$

由此求得的电流密度就是经济电流密度 J_I（A/mm^2）为

$$J_\text{I} = \frac{I}{A_\text{J}} = \sqrt{\frac{10 Z_\text{X} G_\text{L}}{3K_\text{T}\rho T_\text{h} G_\text{C}}}$$

2. 经济输送距离

线路的经济输送距离由经济输送容量和容许电压损耗决定。由于经济电流密度综合考虑了电能损失和投资以及修理折旧费较小的条件，故选用经济电流密度来计算电力线路的经济输送容量，进而计算电力线路的经济输送距离。

以线路末端有集中负荷的电力线路的经济输送距离进行分析计算。

额定电压为 U_N（kV）的电力线路经济输送容量 S_j（kV·A）计算式为

$$S_\text{j} = \sqrt{3} U_\text{N} I_\text{j} = \sqrt{3} U_\text{N} J_\text{I} A$$

式中　I_j——电力线路的经济负载电流，A；

　　　J_I——电力线路的经济电流密度，A/mm^2；

　　　A——电力线路导线的标称截面积，mm^2。

设线路输送有功功率 P（kW）、无功功率 Q（kvar）、平均功率因数 $\cos\varphi_\text{P}$，额定电压 U_N（kV），则线路的电压损耗 ΔU（kV）计算式为

$$\Delta U = \frac{PR + QX}{U_\text{N}} \times 10^{-3} = SL \frac{r_0 \cos\varphi_\text{P} + x_0 \sqrt{1 - \cos^2\varphi_\text{P}}}{U_\text{N}} \times 10^{-3}$$

式中　r_0——导线单位长度的电阻，Ω/km；

　　　x_0——导线单位长度的电抗，Ω/km；

　　　S——线路输送容量，kV·A；

　　　L——线路长度，km；

　　　R——线路总电阻，Ω；

　　　X——线路总电抗，Ω。

设线路的允许电压损耗为 ΔU（kV），经济输送容量为 S_j（kV·A），考虑到地形（地形系数 1.3）的影响后，可得线路的经济输电距离 L_rj（km）算式为

$$L_\text{rj} = \frac{U_\text{N} \Delta U}{1.3 S_\text{j}[r_0 \cos\varphi_\text{P} + x_0 \sqrt{1 - \cos^2\varphi_\text{P}}]} \times 10^3$$

3. 相间负载不平衡度

由于配电线路的单相用电负载所占比重较大，所以线路长期存在三相负载不平衡的情况。配网线路三相负载不平衡，不仅会引起线路 L1、L2、L3 三相导线损耗增大，还会有零序电流在中性导体通过并产生损耗。显然，配电线路的三相负载不平衡程度越严重，其线路

损耗就会越大。

（1）相间负载不平衡度。

由于线路三相间存在最大负载或最小负载，故相间负载不平衡度也存在着相间最大负载不平衡度、相间最小负载不平衡度和三相间负载不平衡度。

1）相间最大负载不平衡度。三相中的最大负载 $S_{max}(I_{max})$ 与平均负载 $S_{av}(I_{av})$ 之差，再除以平均负载 $S_{av}(I_{av})$ 即可得到相间最大负载不平衡度（即不平衡系数）F_{max}，计算式如下

$$F_{max} = \frac{S_{max} - S_{av}}{S_{av}} = \frac{I_{max} - I_{av}}{I_{av}}$$

$$S_{av} = \frac{S_{L1} + S_{L2} + S_{L3}}{3}$$

$$I_{av} = \frac{I_{L1} + I_{L2} + I_{L3}}{3}$$

由上式可知，当即 $S_{max} = 3S_{av}$（即 $I_{max} = 3I_{av}$）时，$F_{max} = 2$，不平衡度等于 2 是相间最大负载不平衡度的上限值；当 $S_{max} = S_{av}$（即 $I_{max} = I_{av}$）时，$F_{max} = 0$，不平衡度等于零是相间最大负载不平衡度的下限值，即此时三相负载完全平衡。由此可见，相间最大负载不平衡度的变化范围是 2～0。

2）相间最小负载不平衡度。三相中的最小负载 $S_{min}(I_{min})$ 与平均负载 $S_{av}(I_{av})$ 之差，再除以平均负载 $S_{av}(I_{av})$，即可得到相间最小负载不平衡度（即不平衡系数）F_{min}，计算式如下

$$F_{min} = \frac{S_{min} - S_{av}}{S_{av}} = \frac{I_{min} - I_{av}}{I_{av}}$$

由上式可知，当即 $S_{min} = 0$（即 $I_{min} = 0$）时，$F_{min} = -1$，不平衡度等于 -1 是相间最小负载不平衡度的下限值；当 $S_{min} = S_{av}$（即 $I_{min} = I_{av}$）时，$F_{min} = 0$，不平衡度等于零是相间最小负载不平衡度的上限值，即此时三相负载完全平衡。由此可见，相间最小负载不平衡度的变化范围是 -1～0。

3）三相间负载不平衡度。三相中的最大负载 $S_{max}(I_{max})$ 与最小负载 $S_{min}(I_{min})$ 之差，再除以三相的平均负载 $S_{av}(I_{av})$，即可得到三相间负载不平衡度（即不平衡系数）F_{φ}，计算式如下

$$F_{\varphi} = \frac{S_{max} - S_{min}}{S_{av}} = \frac{I_{max} - I_{min}}{I_{av}}$$

由上式可知，当即 $S_{max} = 3S_{av}$（即 $I_{max} = 3I_{av}$）且 $S_{min} = 0$（即 $I_{min} = 0$）时，$F_{\varphi} = 3$，不平衡度等于 3 是三相间负载不平衡度的上限值；当 $S_{max} = S_{min} = S_{av}$（即 $I_{max} = I_{min} = I_{av}$）时，$F_{\varphi} = 0$，不平衡度等于零是三相间负载不平衡度的下限值，即此时三相负载完全平衡。由此可见三相间负载不平衡度的变化范围是 3～0。

4）三相间负载不平衡损耗系数。三相负载不平衡使线路的总损耗 ΔP_{Lb} 比三相负载平衡时的损耗 $\Delta P_{L\varphi}$，所增大的倍数称为线路间负载不平衡损耗系数 K_{Lb}，即

$$K_{Lb} = \frac{\Delta P_{Lb}}{\Delta P_{L\varphi}}$$

$$\Delta P_{Lb} = K_{Lb} 3I_{\varphi}^2 R_L \times 10^{-3} = K_{Lb} \frac{3S_{\varphi}^2 R_L}{U_N^2}$$

（2）配电线路相间负载不平衡损耗系数。

三相负载平衡时线路的有功功率损耗 $\Delta P_{L\varphi}$ 的计算式为

$$\Delta P_{L\varphi} = 3I_\varphi^2 R_L \times 10^{-3}$$

三相负载不平衡时线路的有功功率损耗 ΔP_{Lb} 的计算式为

$$\Delta P_{Lb} = (I_{L1}^2 + I_{L2}^2 + I_{L3}^2 + I_{L0}^2)R_L \times 10^{-3}$$

式中　I_{L0}——中性导体的零序电流，A。

中性导体的零序电流 I_{L0} 的计算式为

$$I_{L0}^2 = I_{L1}^2 + I_{L2}^2 + I_{L3}^2 - I_{L1}I_{L2} - I_{L2}I_{L3} - I_{L3}I_{L1}$$

$$\Delta P_{Lb} = [2(I_{L1}^2 + I_{L2}^2 + I_{L3}^2) - I_{L1}I_{L2} - I_{L2}I_{L3} - I_{L3}I_{L1}]R_L \times 10^{-3}$$

设 $I_{L1} = I_{max}$，$I_{L2} = I_{min}$，$I_{L3} = 3I_\varphi - I_{max} - I_{min}$ 带入上式可得出

$$\Delta P_{Lb} = [2I_{max}^2 + 2I_{min}^2 + 2(3I_\varphi - I_{max} - I_{min})^2 - I_{max}I_{min} - (3I_\varphi - I_{min})(I_{max} + I_{min})]R_L \times 10^{-3}$$

把 $I_{max} = F_{max}I_\varphi + I_\varphi$、$I_{min} = F_{min}I_\varphi + I_\varphi$ 和 $F_{max} = F_\varphi - F_{min}$ 带入上式，可以得出

$$\Delta P_{Lb} = [3 + 5(F_\varphi^2 + 3F_{min}^2 + 3F_\varphi F_{min})]I_\varphi^2 R_L \times 10^{-3}$$

把 $\Delta P_{L\varphi}$ 和上式的 ΔP_{Lb} 代入 $\Delta P_{Lb} = K_{Lb}3I_\varphi^2 R_L \times 10^{-3} = K_{Lb}\dfrac{3S_\varphi^2 R_L}{U_N^2}$ 可得出电力线路相间负载不平衡损耗系数 $K_{Lb} = f(F_\varphi, F_{min})$ 的计算式

$$K_{Lb} = 1 + 5\left(\frac{1}{3}F_\varphi^2 + F_\varphi F_{min} + F_{min}^2\right)$$

只要根据公式分别计算线路三相间负载不平衡度 F_φ 和最小负载不平衡度 F_{min}，则可在表 3-9 中查出线路相间负载不平衡损耗系数值 K_{Lb}。

表 3-9 　　　　　　　　　　　　线路相间负载不平衡损耗系数 K_{Lb}

F_φ	F_{min}										
	-1	-0.9	-0.8	-0.7	-0.6	-0.5	-0.4	-0.3	-0.2	-0.1	0
3.0	6.00										
2.9	5.52										
2.8	5.07	5.52									
2.7	4.65	5.05									
2.6	4.27	4.62	4.07								
2.5	3.92	4.22	4.62								
2.4	3.60	3.85	4.20	4.65							
2.3	3.32	3.52	3.82	4.22							
2.2	3.07	3.22	3.47	3.82	4.27						
2.1	2.85	2.95	3.15	3.45	3.85						
2.0	2.67	2.72	2.87	3.12	3.47	3.92					
1.9	2.26	2.26	2.62	2.82	3.12	3.52					
1.8	2.40	2.35	2.40	2.55	2.80	3.15	3.60				
1.7	2.32	2.22	2.22	2.32	2.52	2.82	3.22				
1.6	2.27	2.12	2.07	2.12	2.27	2.52	2.87	3.32			

F_φ	F_{min}										
	-1	-0.9	-0.8	-0.7	-0.6	-0.5	-0.4	-0.3	-0.2	-0.1	0
1.5	2.25	2.05	1.95	1.95	2.05	2.25	2.55	2.95			
1.4	2.27	2.02	1.87	1.82	1.87	2.02	2.27	2.62	3.07		
1.3	2.32	2.02	1.82	1.72	1.72	1.82	2.02	2.32	2.72		
1.2	2.40	2.08	1.80	1.65	1.60	1.65	1.80	2.08	2.40	2.85	
1.1	2.52	2.12	1.82	1.62	1.52	1.52	1.62	1.82	2.12	2.52	
1.0	2.67	2.12	1.82	1.62	1.47	1.42	1.47	1.62	1.82	2.12	2.67
0.9		2.35	1.95	1.65	1.45	1.35	1.35	1.45	1.65	1.95	2.35
0.8			2.07	1.72	1.47	1.32	1.27	1.32	1.47	1.72	2.07
0.7				1.82	1.52	1.32	1.22	1.22	1.32	1.52	1.82
0.6					1.60	1.35	1.20	1.15	1.20	1.35	1.60
0.5						1.42	1.22	1.12	1.12	1.22	1.42
0.4							1.27	1.12	1.07	1.12	1.27
0.3								1.15	1.05	1.05	1.15
0.2									1.04	1.02	1.04
0.1										1.02	1.02
0											1.00

4. 相间负载不平衡节电

如果适当调整线路相间不平衡负载，降低相间负载不平衡度，就可以降低线路不平衡负载损耗系数 K_{Lb} 值，从而减少电力线路的有功和无功功率损耗。

导出调整线路相间不平衡度所节约有功功率 $\Delta\Delta P$（kW）的计算式为

$$\Delta\Delta P = (K_{LbI} - K_{LbII})3I_\varphi^2 R_L \times 10^{-3} = (K_{LbI} - K_{LbII})\frac{3S_\varphi^2 R_L}{U_N^2}$$

式中　　K_{LbI}——调整前相间不平衡负载的损耗系数；

　　　　K_{LbII}——调整后线路不平衡负载的损耗系数。

设供电时间为 T，则 T 时间段内节约的有功电量 $\Delta\Delta A_P$ 的计算式为

$$\Delta\Delta A_P = T\Delta\Delta P = T(K_{LbI} - K_{LbII})3I_\varphi^2 R_L \times 10^{-3} = T(K_{LbI} - K_{LbII})\frac{3S_\varphi^2 R_L}{U_N^2}$$

同理，也可计算得到调整相间不平衡负载电力线路节约的无功功率 $\Delta\Delta Q$（kvar）和综合功率 $\Delta\Delta P_Z$ 计算式，以及 T 时间段内节约的电量 $\Delta\Delta A_Q$、$\Delta\Delta A_Z$。

第四节　无功补偿与节能降耗

一、无功功率

1. 组成

无功功率包括以下几个部分。

（1）感性无功：电流矢量滞后于电压矢量 90°，如电动机、变压器、晶闸管变流设备等。

（2）容性无功：电流矢量超前于电压矢量 90°，如电容器、电缆输配电线路等。

（3）基波无功：与电源频率相等的无功（50Hz）。

（4）谐波无功：与电源频率不相等的无功。

2. 无功功率补偿

补偿原则：全面规划，合理布局，分级补偿，就地平衡。

电网无功补偿根据补偿方式分主要有集中、分散、随机三种方式。

（1）集中补偿与分散补偿相结合，以分散补偿为主。

要求在负荷集中的点进行补偿，既要在变电站进行大容量集中补偿，又要在配电线路、配电变压器和用电设备处进行分散补偿，使无功就地平衡，减少变压器和线路的损耗。

（2）高压补偿与低压补偿相结合，以低压补偿为主。

高压无功补偿装置应装设在变压器的主要负荷侧，当不具备条件时，可装设在变压器的第三绕组侧，高压侧无负荷时，不得在高压侧装设补偿装置。

（3）降损补偿与调压补偿相结合，以降损补偿为主。

应用在供电半径较长，分支较多，负荷比较分散，自然功率因数低的线路。这种线路负荷率低，线路的供电变压器多工作在空载或轻载的工况下，线路损失大，若对此线路进行补偿，可明显提高线路的供电能力。

（4）三相共补与单相分补相结合，以三相共补为主。

三相电压/电流基本平衡时，采用共补或分补的补偿方式；

三相电压/电流不平衡时，采用共补、分补相结合的综合补偿方式；

三相电压/电流严重不平衡时，采用三相不平衡的补偿方式。

二、补偿方式

配电网无功补偿的主要方式有五种，即变电站补偿、配电线路补偿、随机补偿、随器补偿、跟踪补偿，如图 3-7 所示。

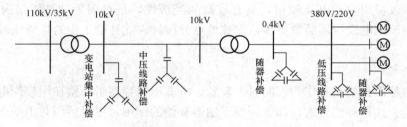

图 3-7　配电网无功补偿方式

1. 变电站补偿

针对电网的无功平衡，在变电站进行集中补偿，补偿装置包括并联电容器、同步调相机、静止补偿器等，主要目的是平衡电网的无功功率，改善电网的功率因数，提高系统终端变电站的母线电压，补偿变电站主变压器和高压输电线路的无功损耗。

这些补偿装置一般集中接在变电站 10kV 母线上，因此具有管理容易、维护方便等优点，缺点是这种补偿方式对 10kV 配电网的降损不起作用。

2. 配电线路补偿

线路无功补偿即通过在线路杆塔上安装电容器实现无功补偿。

线路补偿点不宜过多；控制方式应从简，一般不采用分组投切控制；补偿容量也不宜过大，避免出现过补偿现象；保护也要从简，可采用熔断器和过电压保护器作为过电流和过电压保护。

线路补偿方式主要提供线路和公用变压器需要的无功，该种方式具有投资小、回收快、便于管理和维护等优点，适用于功率因数低、负荷重的长线路。缺点是存在适应能力差，重载情况下补偿不足等问题。

3. 随机补偿

随机补偿就是将低压电容器组与电动机并接，通过控制、保护装置与电动机同时投切的一种无功补偿方式。

随机补偿适用于补偿电动机的无功消耗，以补励磁无功为主，此种方式可较好地限制用电单位无功负荷。

随机补偿的优点是用电设备运行时，无功补偿装置投入；用电设备停运时，补偿装置退出。更具有投资少、占位小、安装容易、配置方便灵活、维护简单、事故率低的特点。适用于补偿电动机的无功消耗，以补励磁无功为主，可较好地限制配电网无功峰荷。年运行小时数在 1000h 以上的电动机采用随机补偿较其他补偿方式更经济。

4. 随器补偿

随器补偿是指将低压电容器通过低压熔断器接在配电变压器二次侧，以补偿配电变压器空载无功的补偿方式。

配电变压器在轻载或空载时的无功负荷主要是变压器的空载励磁无功，配电变压器空载无功是用电单位无功负荷的一个重要部分，对于轻负载的配电变压器而言，这部分损耗占供电量的比例很大，是导致电费增加的较大原因。

随器补偿的优点是接线简单，维护管理方便，能有效地补偿配电变压器空载无功，限制无功基荷，使该部分无功就地平衡，从而提高配电变压器利用率，降低无功网损，提高用户的功率因数，改善用户的电压质量，具有较高的经济性，是目前无功补偿最有效的手段之一。缺点是由于配电变压器的数量多，安装地点分散，因此补偿工作的投资比较大，运行维护工作量大。

5. 跟踪补偿

指以无功补偿投切装置作为控制保护装置，将低压电容器组补偿在用户配电变压器低压侧的补偿方式。这种补偿方式，部分相当于随器补偿的作用，主要适用与 100kV·A 及以上的专用配电变压器用户。

跟踪补偿的优点是可较好地跟踪无功负荷的变化，运行方式灵活，补偿效果好，但是费用高，且自动投切装置较随机或随器补偿的控制保护装置复杂，如有任一元件损坏，则可导致电容器不能投切。其主要适于大容量大负荷的配电变压器。

三、补偿装置

1. 机械旋转类补偿

这类无功补偿设备属于最传统的无功补偿装置，其显著特点是通过转子绕组的励磁电流调节来改变无功功率的输出或吸收。

（1）同步调相机。

同步调相机可以看成是一种不带任何负载的同步电动机，其补偿特点是既能过励磁运行，发出感性无功功率使电压升高，也能欠励磁运行，吸收感性无功功率使电压降低。

由于同步调相机相当于空载运行的同步电动机，也即是一种基于旋转电机的补偿设备，还有一定的电机旋转损耗，可以通过增加励磁向电网发出无功。

在过励磁运行时，向系统提供感性无功功率，因而也称之为无功电源。此时，同步调相机的功能如同电容器。在欠励磁运行时，从系统吸取感性无功，其功能相当于一个电感。大多数情况下电网需要通过同步调相机来提供感性无功，相当于在过励磁状态下运行，即在电磁功率接近零的方式下运行。

（2）同步发电机。

同步发电机在保证自身正常运行的前提下，为系统提供适当的无功功率。其原理是通过调节发电机的励磁电流来实现。励磁调节不仅能改变发电机输出电压的幅值，还能改变输出无功的大小。

一般来讲，通过发电机来调节无功的大小会受制于端电压幅值变化的限制。当发电机的端电压的幅值超过所允许的额定值或幅值变化过于激烈，就可能造成绕组的匝间短路或绕组对地绝缘的损害，甚至严重降低发电机整体的绝缘水平和使用寿命。

（3）同步电动机。

同步电动机属于交流电机，定子绕组与异步电动机相同。转子旋转速度与定子绕组所产生的旋转磁场的速度是一样的，所以称为同步电动机。

与同步调相机相似，同步电动机根据励磁强度的不同，可以工作在感性或容性状态。

2. 静态补偿

静止类无功补偿器没有旋转部分，具有效率高、体积小、占地面积少、动态响应时间短等特点。

（1）固定电容。

通过增加容性无功来补偿负载侧的感性无功需求，以提升负载电压的稳定。

主要特点是结构简单、经济实用。由于并联电容器的投切是通过接触器来实现的，其电容的投切时刻很难准确定位。缺点是合闸涌流大，严重情况下可达到（50～100）I_r（I_r 为补偿电容器额定电流）。此外，在断开时会产生较大的弧光，运行噪声也比较大，易造成补偿电容器及接触器损坏，不宜频繁投切，否则会降低使用寿命，还会对供电系统及周围电气设备造成干扰。

电容器只能实现分级补偿，其补偿效果也是有级调节，补偿精度差，实时性不强，很难适应大型工业负荷快速变化。受交流接触器操作频率和电容充放电时间及寿命的限制，固定电容静态补偿装置一般设有投切延时功能，其延时时间一般为30s，对于快速变化的负载起不到补偿作用。

（2）静止无功补偿。

静止无功补偿器一般采用晶闸管作为开关器件，具有体积小、重量轻、控制灵活等特点，如图 3-8 所示。

晶闸管控制电抗器（Thyristor Controlled Reactor，TCR），基本的单相晶闸管控制电抗由固定电抗器、双向导通晶闸管串联组成。虽然大部分的负载都是感性的，但在某些情

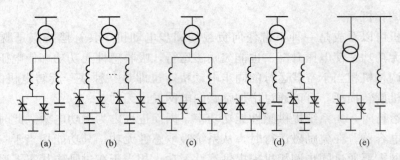

图 3-8　静止无功补偿器

(a) 晶闸管控制电抗器（TCR）；(b) 晶闸管投切电容（TSC）；(c) 晶闸管投切电感（TSR）；
(d) 晶闸管控制电抗器（TCR）/晶闸管投切电容（TSC）；(e) 晶闸管控制的高阻抗变压器（TCT）

况下可能会出现固定电容的过补或变压器抽头处于输出电压最高位置的情况。

城市电网的电缆输电线路中由于晚间负荷的大量减少等原因，都会造成用户端电压抬升。此时就必须采用电抗性补偿措施使电压维持在正常水平，就是这样一种感性无级补偿器。这种补偿器实际上就是一种并联连接的晶闸管控制电感，其有效电抗值由晶闸管以不断变化的部分导通方式来控制，并随着晶闸管控制角的变化，实现感性电抗的无级调节。

晶闸管投切电感（Thyristor-switched Rector，TSR）的使用主要是为了得到系统无功功率消耗的阶跃变化效果，并使调节部分的比例降低，从而保证整个补偿支路输出电流中所含的谐波能得到有效抑制。由于没有控制角的控制，因而其成本和损耗都能相应降低，但不能进行连续控制。

晶闸管投切电容（Thyristor-switched Capacitor，TSC），单相晶闸管投切电容由电容器、双向导通晶闸管和阻抗值很小的限流电抗器组成。限流电抗器的主要作用是限制晶闸管阀由于误操作引起的涌浪电流，同时，限流电抗器与电容器通过参数搭配可以避免与交流电抗的某些特定频率上发生谐振。

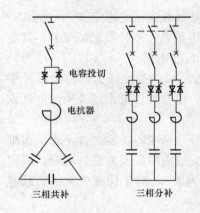

图 3-9　分补和共补

晶闸管投切电容在投入状态下，双向晶闸管之一导通，电容起作用，发出容性无功功率，即向系统补偿无功功率；断开状态下，双向晶闸管均阻断，支路不起作用，无无功功率输出。

一般三相输电线路补偿包括分补和共补两种，如图 3-9 所示。

共补只能保证三相同时补偿且补偿无功一样大。当负载不平衡时，则需要加上分补来补偿单相的不平衡无功。

磁控电抗器（Magnetic-valve Controllable Reactor，MCR），单相磁阀式可控电抗器磁路饱和度越高，晶闸管的控制角就越小。

磁控电抗器的形成方式有多种，现广泛采用的是磁阀式可控电抗器，在传统电抗器的基础上将固定电抗器的气隙用较小面积的铁心柱来代替，在偏磁电流的作用下该较小面积铁心部分的相对磁导率可在完全饱和和完全不饱和的电抗值之间变化。

（3）静止同步补偿器。

静止同步补偿器（Static Synchronous Compensator，STATCOM）装置主要由以下几部分构成，即主电路、控制系统、保护系统、监测系统和冷却系统，是基于全控型电力电子器件所形成的智能型无功补偿控制设备。

在电气结构上相当于三相逆变器的交流端子直接与电网相连，而逆变器的两个直流端子之间大多连接一个电容（电压型）或一个电感（电流型）。由于逆变器是由全控型电力电子器件来控制，因而不仅能实现滞后无功电流的控制，还能实现超前无功电流的控制。此外，还具有控制速度快、调节精度高、输出谐波小、易于诸多智能控制策略的应用等特点，这类无功补偿装置相当于一种静止同步发生器，并联在系统上，能方便地控制输出的容性或感性电流，且控制的输出电流与系统电压无关。

（4）晶闸管控制的高阻抗变压器。

晶闸管控制的高阻抗变压器（Thyristor Controlled Transformer，TCT）是一种特殊类型的 TCR，利用高阻抗变压器替代电抗器与晶闸管串联构成。基本工作原理和 TCR 相同，同样需要固定的电容支路提供容性无功并兼作滤波器。其中高阻抗变压器的漏抗可取在 33%～100%之间。

用于高压电网时，高阻抗变压器一般采用星形－三角形接法，以降低绝缘要求；中低压电网中，则采用三角形－开口星形的接法，一次侧采用三角形接法能消除 3 次谐波，二次侧中性点分开，使每相负载与另外两相独立，从而可以单独控制正序和负序电流，分相调节，补偿电弧炉等不平衡负载。

3. 动态补偿

常见的动态无功补偿装置有四种，即调压式动态无功补偿装置、磁控式动态无功补偿装置、相控式（TCR 型）动态无功补偿装置、SVG 动态无功发生器。

（1）调压式动态无功补偿装置。

调压式动态补偿装置原理是：在普通的电容器组前面增加一台电压调节器，利用电压调节器来改变电容器端部输出电压，改变电容器端电压来调节无功输出，从而改变无功输出容量来调节系统功率因数。

此类装置采用分级补偿方式，容易产生过补、欠补。

由于调压变压器的分接头开关为机械动作过程，响应时间慢（约 3～4s），虽然能及时跟踪系统无功变化和电压闪变，但跟踪和补偿效果稍差。但比常规的电容器组的补偿效果要好得多。在调压过程中，电容器频繁充、放电，极大地影响电容器的使用寿命。由于有载调压变压器的阻抗，使得滤波效果差。

价格便宜，占地面积小，维护方便，一般年损耗在 0.2%以下。

（2）磁控式（MCR 型）动态无功补偿装置。

磁控式动态无功补偿装置原理是：在普通的电容器组上并联一套磁控电抗器。磁控电抗器采用直流助磁原理，利用附加直流励磁磁化铁心，改变铁心的磁导率，实现电抗值的连续可调，从而调节电抗器的输出容量，利用电抗器的容量和电容器的容量相互抵消，可实现无功功率的柔性补偿。

此类装置能够实现快速平滑调节，响应时间为 100～300ms，补偿效果满足工况要求。

磁控电抗器采用低压晶闸管控制，其端电压仅为系统电压的 1%～2%，无需串、并联，不容易被击穿，安全可靠。设备自身谐波含量少，不会对系统产生二次污染。

占地面积小，安装布置方便。装置投运后功率因数可达 0.95 以上，可消除电压波动及闪变，三相平衡符合国际标准，免维护，损耗较小，年损耗一般在 0.8% 左右。

（3）相控式动态无功补偿装置（TCR）。

相控式动态无功补偿装置（TCR）原理是：在普通的电容器组上并联一套相控电抗器（相控电抗器一般由晶闸管、平衡电抗器、控制设备及相应的辅助设备组成）。

相控式原理的可控电抗器的调节原理如图 3-10 所示。

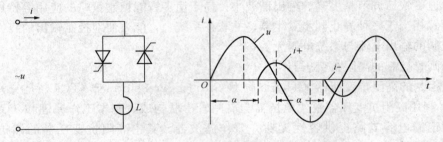

图 3-10　相控式原理图

通过对晶闸管导通时间进行控制，控制角（相位角）为 α，电流基波分量随控制角 α 的增大而减小，控制角 α 可在 0～90° 范围内变化。控制角 α 的变化，会导致流过相控电抗器的电流发生变化，从而改变电抗器输出的感性无功的容量。

普通的电容器组提供固定的容性无功，感性无功和容性无功相互抵消，从而实现总的输出无功的连续可调。

此类装置优点是响应速度快，小于或等于 40ms。适合于冶金行业，一般年损耗在 0.5% 以下。缺点是晶闸管要长期运行在高电压和大电流工况下，容易被击穿，维护困难；晶闸管发热量大，需配监护维修人员。另外，其晶闸管产生的大量谐波电压污染电网，需配套滤波装置。整套装置占地面积很大，价格较贵。

（4）SVG 动态无功发生器。

SVG 是当今无功领域最新技术的代表。SVG 主要由连接电抗器、启动装置、功率模块、控制系统等部分组成，如图 3-11 所示。

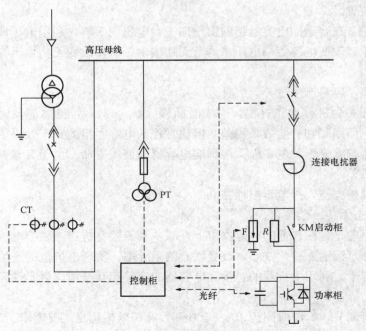

图 3-11　SVG 系统组成示意图

SVG 并联于电网中，相

当于一个可变的无功电流源，其无功电流可以快速地跟随负荷无功电流的变化而变化，自动补偿系统所需的无功功率。可直接发感性或容性无功，补偿效果好。由于 SVG 响应速度极快，所以又称静止同步补偿器，其响应时间为 5ms。

SVC 的无功功率特性如图 3-12 所示。

此类装置是动态无功补偿的装置的换代产品，其占地面积极小，免维护，一般年损耗在 0.3% 以下，可布置在户内。但价格最贵，当其价格合理时应优先选用，且 SVG 设备紧凑，占地较小，可布置在户内。

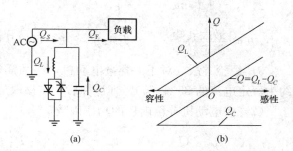

图 3-12　SVC 的无功功率分布与补偿特性
(a) 无功功率分布；(b) 补偿特性

四、无功补偿容量计算

1. 电容器的容量估算

电容器的补偿容量，需根据配电变压器容量、负荷容量、负荷性质、三相电压平衡度、自然功率因数、目标功率因数等背景参数，经过计算确定。

（1）对于 35～110kV 变电站中电容器装置的总容量，按照无功功率就近平衡的原则，可按主变压器容量的 10%～30% 考虑。并建议 10kV 侧电容器组分组容量确定为 2000kvar、3000kvar、6000kvar。

（2）对于普通负荷的公用变的 0.4kV 低压补偿，可按配电变压器容量的 20%～30% 进行补偿。

（3）当三相电压不平衡时（如单相负荷较多），需考虑一定容量的分相补偿。

（4）对于企业专用变压器的 0.4kV 低压补偿，可按配电变压器容量的 30%～60% 进行补偿。

（5）当补偿点处有谐波时，还要考虑串联一定比率的电抗器，以构成调谐支路，滤除线路上的高次谐波。

（6）当采用固定补偿方式时，补偿总容量应选小些，避免线路轻载时出现过补，产生无功倒送。

（7）当采用自动补偿方式时，补偿总容量应选大些，避免高峰负荷时出现欠补，造成无功功率过低。

（8）当电容器额定电压与系统标称电压不相等时，补偿容量不等于安装容量，装机容量需进行修正。

2. 随机补偿装置电容器容量计算

（1）按电动机的空载电流选择。

高压电动机随机装置电容器容量计算

$$Q_C \leqslant \sqrt{3} U_n I_0$$

式中　Q_C——补偿电容器容量，kvar；

　　　U_n——电动机额定电压，kV；

　　　I_0——电动机的空载电流，A。

为防止产生自励磁过电压，单机补偿容量不宜过大，应该保证电动机在额定电压下断电时，电容器的放电电流不大于 I_0（一般情况下为 $\leqslant 0.9I_0$）。

电动机空载电流 I_0 的估算方法：

1）$I_0 = 2I_n(1 - \cos\varphi)$；

2）$I_0 = I_n\left(\sin\varphi - \dfrac{\cos\varphi}{2b}\right)$

式中，$b = \dfrac{最大转矩}{额定转矩}$，一般为 $1.8 \sim 2.2$，可以从电动机样本中查取。

3）经验方法，对于大容量电动机，约为额定电流的 $20\% \sim 35\%$；对于小容量电动机，约为额定电流的 $35\% \sim 50\%$（计算后，应该取最小值，带入计算）。

（2）按电动机补偿前后的功率因数

$$Q_C = P(\tan\varphi_1 - \tan\varphi_2) = P\left(\sqrt{\dfrac{1}{\cos^2\varphi_1} - 1} - \sqrt{\dfrac{1}{\cos^2\varphi_2} - 1}\right)$$

式中　P ——电动机额定功率，kW；

$\cos\varphi_1$ ——补偿前的功率因数；

$\cos\varphi_2$ ——补偿后的功率因数；

建议两种计算方法取得的 Q_C 值的结果可能并不一致，应采用较小的数值。

高压电动机采用进相机实施无功补偿，也是近年来应用比较多的一种随机补偿设备。

与电机定子侧并联电容器的补偿方式有着本质的区别。电容补偿只是在电机之外的电网上对电机的无功进行补偿，无法改善电机本身的运行状况；而进相机装置是串接在电机转子回路中，不仅可显著提高功率因数，使电机定子电流约减少 $15\% \sim 20\%$ 左右，而且电机温升明显降低，电机的效率和过载能力有一定提高。

3. 变压器随器补偿

变压器在轻载及空载时的无功负荷主要是变压器的空载励磁无功。

$$Q_0 = I_0\% S_N \times 10^{-2}$$

随器补偿只能补偿配电变压器的空载无功 Q_0。如果在补偿容量大于变压器的空载无功时，则在配电变压器接近空载时会造成过补偿，易产生铁磁谐振。因此推荐选用的补偿容量为

$$Q_C = (0.95 \sim 0.98)Q_0$$

五、补偿装置运行

1. 投切方式

（1）延时投切方式，又称作"静态"补偿方式。

这种投切方式依靠于专用的接触器的动作，具有抑制电容的涌流作用。延时投切的目的在于防止接触器过于频繁地动作，造成电容器损坏，而更重要的是防备电容不停地投切导致供电系统振荡，这是很危险的。

（2）瞬时投切方式，又称为"动态"补偿方式。

实际就是一套"快速随动系统"，控制器一般能在半个周波至 1 个周波内完成采样、计算，在 2 个周期到来时，控制器已经发出控制信号。

通过脉冲信号使晶闸管导通，投切电容器组大约 $20 \sim 30\text{ms}$ 内就完成一个全部动作，这种控制方式是机械动作的接触器类无法实现的。动态补偿方式作为新一代的补偿装置有着广泛的应用前景。

（3）混合投切方式，将"静态"与"动态"补偿的混合。

一部分电容器组使用接触器投切，而另一部分电容器组使用电力半导体器件。这种方式在一定程度上可做到优势互补，比单一的投切方式拓宽了应用范围，节能效果更好。

补偿装置选择非等容电容器组，这种方式补偿效果更加细致，更为理想。还可采用分相补偿方式，可以解决由于线路三相不平衡造成的损失。

2. 调节方式

以节能为主者，采用无功功率参数调节；当三相平衡时，也可采用功率因数参数调节；为改善电压偏差为主者，应按电压参数调节；无功功率随时间变化稳定者，可按时间参数调节。

（1）功率因数型控制器。

功率因数用 $\cos\varphi$ 表示，表示有功功率在线路中所占的比例。

当 $\cos\varphi = 1$ 时，线路中没有无功损耗。提高功率因数以减少无功损耗是这类控制器的最终目标。这种控制方式是比较传统的方式，采样、控制也都较容易实现。

（2）无功功率（无功电流）型控制器。

较完善地解决功率因数型的缺陷。智能化的设计，有很强的适应能力，能兼顾线路的稳定性及检测补偿效果，并能对补偿装置进行完善的保护及检测。由于是无功型的控制器，也就将补偿装置的效果发挥得淋漓尽致。

如果线路在重负荷时，如果 $\cos\varphi$ 已达到 0.99（滞后），只要再投一组电容器不发生过补，也还会再投入一组电容器，使补偿效果达到最佳的状态。

（3）动态补偿的控制器。

对于这种控制器要求更高，一般是与触发脉冲形成电路一并考虑，要求控制器抗干扰能力强，运算速度快，更重要的是有很好地完成动态补偿功能。

由于这类控制器基于无功型，所以具备静态无功型的特点。该类产品的稳定性还处于逐步完善中。

六、节能降耗

1. 无功补偿管理

首先，企业一般对变电站采取自动式补偿方法和集中补偿方式。这种方法有利于降低变电站主变压器的无功负荷，可以通过对补偿电容器的投切操作达到对补偿的调整，对于常见的分散电容器容量不足有较好的适应性和针对性。同时也存在补偿效果不如分散型补偿的缺点。

其次，应该将补偿电容器集中为 2～3 组，在电网负荷高峰时投入到变电站运行，起到补偿的效果，在电网负荷低谷时，可以有针对性地切除补偿电容器，减少电容器来了的电能损耗。

根据当地经济和电力发展实际及时调整变电所无功补偿容量，防止因电力设备不断增多而出现无功补偿装置不足的问题，控制线损的增加。

2. 配电线路无功补偿

首先，配电线路一般采取无功自动分散补偿的方式。即在配电线路上安装自动分散电容器组。其优点是：可以补偿配电网及变压器的无功损耗，显著降低压网线损，提高电压水平。其缺点是：分散安装维护不便，轻负荷时电压过高，及时投切不方便。

其次，确定好配电线路上电容器的数量和补偿方式，应按最大限度地降低无功损耗的原则来考虑，要根据无功负荷情况，采取分散补偿的方式进行补偿，如图 3-13 所示。

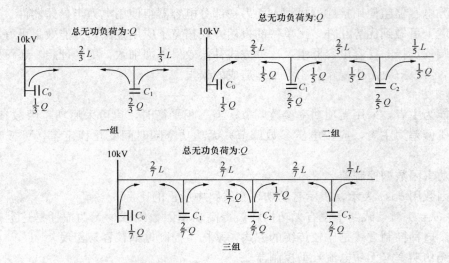

图 3-13　线路分散补偿

当线路上只装一组电容器时，安装点宜选定在距配电线路首端 2/3 处，设置补偿装置；当线路上装置两组电容器时，第一组安装点宜定在距线路始端 2/5，第二组为 4/5 处，各组补偿容量为线路分散补偿总容量的一半；当线路上安装三组电容器时，第一组安装点宜定在距线路始端 2/7，第二组为 4/7 处，第二组为 6/7 处，各组补偿容量为线路分散补偿总容量的 1/3。

应当说明，分散补偿的组数（或点数）多时的补偿效果比补偿组数（或点数）少时的补偿效果要好。但是，维护欠方便，且增加了线路的故障点。因此，要根据配电线路特点对分散补偿点的多少及其补偿电容器安装地点是否合理进行检验，对于特殊情况要酌情进行综合考虑，方便实现配电线路高效无功补偿。

3. 注意的问题

（1）运行及产品可靠性。

在产品选配时应慎重考虑。低压补偿装置的可靠性与电容器投切开关、电容器质量、运行工作条件有关，因此装置中投切开关选型和电容器额定电压选择是关键，必须高度重视。

（2）无功倒送。

无功倒送是电力系统不允许出现的现象，由于会造成主网系统调压困难，变压器的损耗和增加线路，加重线路的负担。在无功补偿装置中都有防止无功倒送的措施，但是实际情况并不乐观。

1）接触器控制的补偿柜，补偿量三相可调，如果产品中只取一相作为采样及无功补偿分析，在三相不平衡的时候，可能会发生无功返送。

2）采用固定补偿方式则可能在负荷低谷时造成无功返送。

3）无功补偿自动装置投入后，长期运行，不调试，装置失灵，会发生无功返送。无功倒送会增加线路和变压器的损耗，加重线路供电负担。

4）固定补偿部分容量过大，容易出现无功倒送。

为防止三相不平衡系统的无功倒送，应要求控制器检测、计算三相无功投切控制。

一般动态补偿能有效避免无功倒送。

（3）三相不平衡。

系统三相不平衡会增大线路和变压器的损耗。对三相不平衡较大的负荷，应考虑采用分相无功补偿装置，并不是所有厂家的控制器都具有分相控制功能，这是工程中必须考虑的问题。

（4）电容器保护。

谐波影响会使电容器过早损坏或造成控制失灵，谐波放大会使干扰更加严重。

工程中应掌握用户负荷性质，必要时应对补偿系统的谐波进行测试，存在谐波但不超标可选抗谐波无功补偿装置，而谐波超标则应治理谐波。

电容器耐压标准为 $1.1U_N$，补偿控制器过电压保护一般取 $1.2U_N$，超过必须跳闸。

（5）谐波影响。

电容器与其他设备相比有较大的不同，电容器具有不同于其他电气设备的容性阻抗特性，以及阻抗和频率成反比的特性。容性阻抗特性，使其能和电网中大部分感性阻抗的电气设备配合而构成谐波谐振或接近谐波谐振的条件。在系统谐振条件下，阻抗和频率成反比的特性，可显著改变系统的阻抗，起到吸收高次谐波电流而引起电流过载，增加电容器的负担，并且带来的发热和电压升高，也意味着电容器使用寿命的缩短。

因此在投入电容器组时，必须考虑系统谐振问题。只要把不带电抗器的电容器组连接母线，就会出现特定的并联或串联谐振频率。

对于谐波问题可采取加装滤波装置的办法解决，又可分为有源滤波、无源滤波、混合滤波（其实就是有源加无源）。

（6）投切开关的选型。

采用交流接触器投切电容器的冲击电流大，影响电容器和接触器的使用寿命。

用晶闸管投切电容器能解决接触器投切电容器存在的问题，但明显缺点是装置存在晶闸管功率损耗，需要安装风扇和散热器来通风与散热，而散热器会增大装置的体积，风扇则影响装置的可靠性，且能耗较大。

智能低压复合开关是继交流接触器、晶闸管控制器后第三代低压无功补偿电容器的投切器件，其工作原理是将晶闸管开关与磁保持继电器并接，实现电压过零导通和电流过零切断，使复合开关在接通和断开的瞬间具有晶闸管开关的优点，而在正常接通期间又具有接触器开关无功耗的优点，无涌流、触点不烧结、能耗小。

第五节　电能质量与谐波治理

一、电能质量体系

1. 定义

电能质量是指通过公用电网供给用户端的交流电能的品质。理想状态的公用电网应以恒定的频率、正弦波形和标准电压对用户供电。同时，在三相交流系统中，各相电压和电流的幅值应大小相等、相位对称且互差 $120°$。

2. 电压质量

（1）电压偏差是指电力系统各处的电压偏离其额定值的百分比。

（2）电压波动是指电压幅值在一定范围内有规则变动时，电压最大值与最小值之差相对额定电压的百分比，或电压幅值不超过 0.9p. u. ～1.1p. u. 的一系列随机变化。这种电压变化被称为闪变，以表达电压波动对照明灯的视觉影响。

（3）暂态过电压是指在给定安装点上持续时间较长的不衰减和弱衰减的（以工频或其一定的倍数、分数）振荡的过电压。

（4）瞬态过电压是指持续时间数毫秒或更短，通常带有强阻尼的振荡或非振荡的一种过电压。

（5）电压暂降是指由于系统故障或干扰造成用户持续时间 0.5 周波至 1min 内下降到额定电压或电流的 10%～90%，即幅值为 0.1p. u. ～0.9p. u. （标幺值）时系统频率仍为标称值，然后又恢复到正常水平。国际上普遍认为，电压幅值低于 0.1p. u. （标幺值）或大于 0.5 周波的供电中断对敏感用户和严格用户而言都属于断电故障。

（6）电压上升是指电压的有效值升至额定值的 110%以上，典型值为额定值的 110%～180%称为电压上升，即暂时性超过标称值 10%以上，系统频率仍为标称值，持续时间为 0.5 周波～1min，幅值为 1.1p. u. ～1.8p. u. 。

各种电压质量波形如图 3-14 所示。

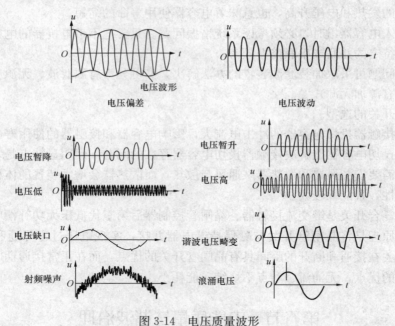

图 3-14　电压质量波形

3. 谐波

谐波即对周期性的变流量进行傅里叶级数分解，得到频率为大于 1 的整数倍基波频率的分量，主要是由电网中非线性负荷产生的。

间谐波是指不是工频频率整数倍的谐波。

谐波与间谐波合成波形如图 3-15 所示。

4. 三相电压不平衡度

指三相系统中三相电压的不平衡度程度，用电压或电流负序分量与正序分量的方均根百

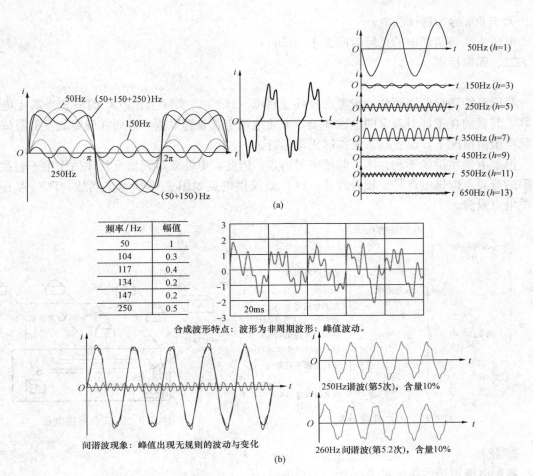

频率/Hz	幅值
50	1
104	0.3
117	0.4
134	0.2
147	0.2
250	0.5

合成波形特点：波形为非周期波形；峰值波动。

间谐波现象：峰值出现无规则的波动与变化

250Hz谐波(第5次)，含量10%

260Hz间谐波(第5.2次)，含量10%

(b)

图 3-15　谐波与间谐波合成波形
(a) 谐波合成；(b) 间谐波合成

分比表示，如图 3-16 所示。

5. 频率

以 50Hz 正弦波作为我国电力系统的标准频率（工频）。

6. 供电可靠性

供电可靠性是指供电系统持续供电的能力，是考核供电系统电能质量的重要指标，反映了电力工业对国民经济电能需求的满足程度，已经成为衡量一个国家经济发达程度的标准之一；供电可靠性可以用如下一系列指标加以衡量：供电可靠率、用户平均停电时间、用户平均停电次数、用户平均故障停电次数。

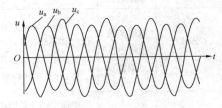

图 3-16　三相不平衡

停电指用户不能从供电系统获得所需电能的状态，包括与供电系统失去电的联系和未失去电的联系。停电性质分类如图 3-17 所示。

断电是指由于系统发生故障，造成用户在一定时间内一相或多相失去电压，低于 0.1p.u. 称为断电。断电按持续时间分为三类：0.5～3s 称为瞬态断电；3～60s 称为暂时断电；大于 60s 称为持续断电。

电压中断是指断电的持续时间大于 3min。

二、国家标准

1. PCC 点

我国电能质量监测评估一般考虑公共连接点（PCC）。实际上，PCC 的概念来源于电磁兼容，其目的在于针对确定的电磁环境，方便地规定其兼容限值，进而在确定的发射限值和抗扰度限值情况下，设备与系统能够正常运行。

但是电能质量属于利益体之间的考量因素，因此，电能质量限值及其评估作用于利益体之间的分界点即供电点是比较合理的，PCC 点及供电点如图 3-18 所示。当然，PCC 点有时与供电点重合。

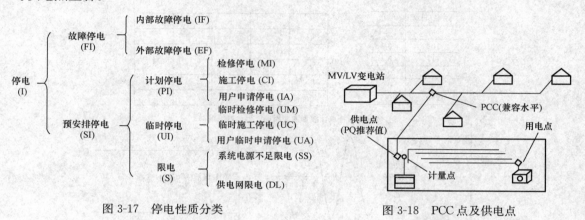

图 3-17　停电性质分类　　　　　　图 3-18　PCC 点及供电点

2. 指标

各种电能质量的指标见表 3-10。

表 3-10　　　　　　　　　　　　　各种电能质量的指标

标准编号	标准名称	允许限值	说　明
GB/T 12325—2008	电能质量 供电电压偏差	1. 35kV 及以上供电电压正、负偏差绝对值之和不超过 10% 2. 20kV 及以下三相供电为 ±7% 3. 220V 单相供电为 +7%，−10%	衡量点为供电产权分界处或电能计量点
GB/T 12326—2008	电能质量 电压波动和闪变	电压变动 d 的限值和变动频度 r 有关：当 $r \leqslant 1000/h$ 时，对于低压（LV）和中压（MV），$d = 1.25\% \sim 4\%$；对于高压（HV），$d = 1.0\% \sim 3\%$；对于随机不规则的变动，$d = 3\%$（LV，MV）和 $d = 2.5\%$（HV） <table><tr><td colspan="3">闪变限值</td></tr><tr><td>系统电压等级</td><td>≤110kV</td><td>>110kV</td></tr><tr><td>P_{lt}</td><td>1</td><td>0.8</td></tr></table> 注：P_{lt} 为长时间闪变值；P_{st} 为短时间闪变值	1. 衡量点为公共连接点 PCC 2. P_{st} 每次测量周期为 10min，取实测 95% 概率值；P_{lt} 基本记录周期为 2h，在系统公共连接点，系统正常运行的较小方式下，以一周（168h）为测量周期 3. 限值分三级处理原则 4. 提供预测计算方法，规定测量仪器并给出典型分析实测

续表

标准编号	标准名称	允许限值	说　明
GB/T 14549—1993	电能质量 公用电网 谐波	各级电网谐波电压限值（%） | 电压/kV	THD	奇次	偶次
0.38	5	4.0	2.0
6、10	4	3.2	1.6
35、66	3	2.4	1.2
110	2	1.6	0.8	 注：1. 220kV电网参照110kV执行 　　2. 表中THD为总谐波畸变率	1. 衡量点为PCC，取实测95%概率值 2. 对用户允许产生的谐波电流，提供计算方法 3. 对测量方法和测量仪器做出规定 4. 对同次谐波随机性合成提供算法
GB/T 15543—2008	电能质量 三相电压 不平衡	1. 正常允许2%，短时不超过4% 2. 每个用户一般不得超过1.3%，短时不超过2.6%	1. 各级电压要求一样 2. 衡量点为PCC，取实测95%概率值或日累计超标不许超过72min，且每30min中超标不许超过5min 3. 对测量方法和测量仪器做出基本规定 4. 提供不平衡度算法
GB/T 15945—2008	电能质量 电力系统 频率偏差	1. 正常允许±0.2Hz，根据系统容量可以放宽到±0.5Hz 2. 用户冲击引起的频率变动一般不得超过±0.2Hz	对测量仪器提出了基本要求
GB/T 18481—2001	电能质量 暂时过电压和瞬态过电压	1. 系统工频过电压限值 | 电压等级/kV	过电压限值（p.u.）
---	---
$U_m > 252$（Ⅰ）	1.3
$U_m > 252$（Ⅱ）	1.4
110 及 220	1.3
35～66	$\sqrt{3}$
3～10	$1.1\sqrt{3}$	 注：1. U_m指工频峰值电压 　　2. $U_m > 252$kV（Ⅰ）和$U_m > 252$kV（Ⅱ）分别指线路断路器变电所侧和线路侧 2. 操作过电压限值 空载线路合闸、单相重合闸、成功的三相重合闸、非对称故障分闸及振荡解列过电压限值 	电压等级/kV	过电压限值（p.u.）
---	---
500	2.0①
330	2.2①
3～220	3.0	 ①表示该过电压相对地统计操作过电压	1. 暂时过电压包括工频过电压和谐振过电压。瞬态过电压包括操作过电压和雷击过电压 2. 工频过电压1.0（p.u）. $= U_m/\sqrt{3}$。谐振过电压和操作过电压1.0（p.u.）$= \sqrt{2}U_m/\sqrt{3}$ 3. 除统计过电压（不小于该值的概率为0.02）外，凡未说明的操作过电压限值均为最大操作过电压（不小于该值的概率为0.0014） 4. 瞬态过电压还对空载线路分闸过电压、断路器开断并联补偿装置及变压器等过电压限值做出了规定

标准编号	标准名称	允许限值	说　明
GB/T 24337—2009	电能质量 公用电网 间谐波	1. 220kV 及以下电力系统公共连接点间谐波电压含有率不大于下表限值 **间谐波电压含有率限值(%)** | 电压等级/kV	频率/Hz	
	<100	100~800
1000V 及以下	0.2	0.5
1000V 以上	0.16	0.4 | 注：频率 800Hz 以上的间谐波电压限值还处于研究中 2. 接于公共连接点的单个用户引起的各次间谐波电压含有率一般不得超过下表限值，根据连接点的负荷状况，此限值可以做适当变动，但必须满足 1. 规定。 **单一用户间谐波电压含有率限值(%)** | 电压等级/kV	频率/Hz	
	<100	100~800
1000V 及以下	0.16	0.4
1000V 以上	0.13	0.32		同一节点上，多个间谐波源同次间谐波电压按下式合成 $$U_{ih}=\sqrt[3]{U_{ih1}^3+U_{ih2}^3+\cdots+U_{ihk}^3}$$ U_{ih1}——第 1 个间谐波源的第 ih 次间谐波电压 U_{ih2}——第 2 个间谐波源的第 ih 次间谐波电压 U_{ihk}——第 k 个间谐波源的第 ih 次间谐波电压 U_{ih}—— k 个间谐波源共同产生的第 ih 次间谐波
GB/T 30137—2013	电能质量 电压暂降 与短时 中断	系统平均方均根值变动频率指标(SARFI 指标)分别为利用事件影响用户数进行统计的 $SARFI_{X-C}$ 和仅利用事件发生次数进行统计的 $SARFI_{X-T}$ $$SARFI_{X-C}=\frac{\sum N_i}{N_T}$$ X——电压方均根阈值，X 可能取值为 90、80、70、50 或 10 等，用电压方均根值占标称电压的百分数，即为 $X\%$ N_i——当 $X<100$ 时，N_i 为第 i 次事件下承受残余电压小于 $X\%$ 的电压暂降(或短时中断)的用户数 N_T——所评估测点供电的用户总数 $$SARFI_{X-T}=\frac{N\times D}{D_T}$$ X——电压方均根阈值，X 可能取值为 90、80、70、50 或 10 等，用电压方均根值占标称电压的百分数，即为 $X\%$ N——当 $X<100$ 时，N 为监测时间段内残余电压小于 $X\%$ 的电压暂降(或短时中断)的发生次数 D_T——监测时间段内的总天数 D——指标计算周期天数，可取值 30 或 365，对应指标分别表示每月或每年残余电压小于 $X\%$ 的电压暂降(或短时中断)的平均发生次数，$D\leqslant D_T$	

3. 电能质量评估

电能质量评估需收集的资料：

（1）评估对象情况。

（2）评估对象项目概况。

（3）评估对象接入系统方案：

1）接入电网电压等级。

2）单回路还是双回路。

3）接入点（上级变电所名称）。

4）系统接入点的背景电能质量（谐波）数据，即变电所母线的电能质量（谐波）状况。

（4）电网情况。

1）电网供电变电站参数（主变压器容量、主变压器数量、接线方式、短路阻抗）。

2）电网和（或）用户接入点母线短路容量。

3）供电线电缆型号和长度。

（5）用户配变情况

1）用户一次系统图。

2）用户变压器所带负荷的分配、系统的单接线图。

3）用户主变数量、参数（容量、额定电压、额定电流、接线方式、短路阻抗、连接组标号）。

（6）用户设备情况。

1）用户主要负荷的额定电压、额定电流、容量（功率因数）、数量（按型号分别列出）。

2）用户除主要负荷外的其他负荷的额定电压、额定电流、容量（功率因数）、数量；（按类型和型号分别列出，如照明、空调等）。

3）用户主要设备的运行方式（工艺流程）、同时率（主要用电设备在同一时间或时间段内，同时在运行的主要用电设备负荷与总主要用电设备负荷之比）等。

4）用户整流或变频设备的整流方式（如6脉冲、12脉冲、24脉冲……）及已经采用的滤波措施；如已经采用了滤波措施，需提供滤波电容器、滤波电抗器设备的参数：容量、额定电压、额定电流、过电流或过电压倍数。

5）用户非线性设备（产生谐波、不平衡、冲击的设备）的运行参数：谐波发生量、负序发生量、无功冲击量或冲击曲线（主要负荷类型的《谐波电流测试报告》）。

6）用户负荷的三相平衡度、冲击无功功率参数。

三、电能质量治理措施

1. 电压偏差的治理

（1）负荷规划和合理布局，实现配网结构优化。

将中压配电网络深入到中心，扩大中压供电网络的覆盖面。合理缩小配电变压器的容量，增加配电变电器台数，缩短供电半径。调整线路，均衡线路负荷。合理调整设备负荷，防止用电设备长期过负荷运行。

（2）合理配置有载调压装置。

使用户电源点至少经过系统中一级有载调压装置和调压变压器。如果用户负荷变化大，电压结构复杂，制定用户供电方案至少应当使用户的供电电源经过系统中两级有载调压装置，同时适当的加大供电线路的线径。

（3）加强无功负荷管理，做到无功负荷分层分区就地平衡。加大执行功率因数调整电费电价的范围，鼓励用户合理投切无功补偿装置；在各个电压等级上合理配备无功补偿装置，减少无功在电网中的流动。对功率因数偏低的用户大功率设备要使无功补偿装置与设备同步投切，合理安排电网运行方式，做好无功功率分层分区平衡。

（4）加强需求侧管理，降低负荷峰谷差，提高系统的负荷率。应按照国家政策实行分时电价，适当加大峰谷电价差，从而达到削峰填谷的目的。

2. 谐波的治理

（1）采取措施限制用户谐波电流注入电网。

对具有谐波源负荷的用户应在业务扩充阶段审查其治理措施方案，在建设阶段严格监督其治理措施的实施情况；有谐波源的设备投入前后应对其相关联的送电变电站和受电变电站母线谐波背景值和增量值进行监测，应使其符合设计要求。

（2）要求具有谐波源的用户在其设备出口处安装谐波吸收装置。

（3）在变电站安装 APF 抑制非线形负荷产生的电流谐波，对电网谐波 13 次以上的应安装 AFT 和 L-C 联合消谐装置。

（4）对配电变压器的接线组别进行改进。

由于家用电器特别是电子产品进入家庭可能引起三次和三倍频率的谐波对 10kV 线路的干扰，如果三次谐波已经超过标准，并已经对电网造成危害的应将 10/0.4kV 高压配电变压器的高压侧星形接线改为三角形接线。

3. 电压波动和闪变的治理

（1）电源侧解决的技术措施在用户业务扩充和增容时，应当合理选择大容量设备的供电电压等级和相关的起动方案，如轧钢机、电弧炉等具有大的冲击负荷或波动负荷的设备经过计算选择高一级或高两级的电压供电。

同时选择在线路中配备大容量电抗器抑制冲击负荷和波动负荷。合理增加供电设备容量，增大导线的截面，缩短供电半径，构成合理的负荷矩，减少供电阻抗引起的电压损失。对敏感负荷应采取来自两个不同电源的供电方式。如果用户有特殊要求，应安装改善电能质量的装置。

（2）在用户侧解决的措施。对有特殊要求的用户，应要求其在敏感负荷点安装不间断供电电源（UPS），安装晶闸管控制补偿器（TSC）来平滑电压波形和维持电压水平在一个可控制的范围之内。

利用动态电压恢复装置（DVR）随时检测电源状况，根据设定的电压曲线进行动态调整，使电压维持在一个满足正常工作的合格水平。

对超敏感负荷利用固态电子转换开关（SSTS）进行电源间的快速切换。当一路电源发生波动时，可以在最短时间内将负荷切换到其他几路正常的电源上，保证设备继续正常工作。也可采用两路或三路大功率整流设备，利用来自大功率整流设备整流后并联工作，将敏感电力负荷经逆变电源供电。

4. 电压骤降的治理

（1）降低电压骤降发生的频率，减少电路故障排除的时间。

减少电路故障排除的时间也就是减少电压骤降持续的时间，减少电压骤降对机器设备造成的影响，以此减少造成的经济损失。为了减少排除故障的时间，一般电路使用的是静态断路器和限流熔断器。

（2）改变电路网络的系统设计，避免或降低电压扰动。

这种措施主要是改变布线；使用特种的变压器，比如 K 型的变压器；提高设备的性能；增大导线截面积；针对敏感设备采用灵敏的防干扰保护措施；采用独立回线配电；降低接地的电阻；对过电压器配置和参数进行改进等。

（3）提高电气设备的抵抗电压骤降的能力。

比如，使用电动机发电机组（MG），利用电动机的惯性当电压骤降发生时能够保持发电机的电压平稳；变压器使用磁谐振变压器（CVT），当线路电压骤降到正常电压的 70% 时，其仍能够提供平稳的电压，唯一缺点是体积比普通的变压器稍大。

（4）安装电压补偿的装置。

安装电压补偿装置最典型的就是动态电压恢复期 DVR 和不间断电源 UPS。电网电压经过 AC-DC 逆变器输出直流电压，供给 DC-AC 逆变器，输出稳定的交流电压供给负载，同时，电网电压对储能电池充电。当电网欠电压或突然断电时，UPS 电源开始工作，由储能电池供给负载所需电源，维持正常的生产。由于生产需要，当负载严重过载时，由电网电压经整流直接给负载供电。UPS 可以有效解决电压骤降及短时间供电中断等问题。另外，负荷的全部功率要通过 UPS 进行变换后提供，增加了系统损耗，降低了效率。

当 DVR 串联在敏感负荷上，发生电压骤降时，带脉冲宽度调制功能的 DC-AC 逆变器会合成一个幅值、频率和波形受控的电压，经过串联的升压变压器将这个电压加到线路电压上，可以在 1/4 周期内对电压骤降做出反应，即将输出的电压升高到系统需要的电压水平。逆变器的 PWM 调制波的基准电源为标准的正弦波，通过采集电压波形与标准波进行比较，能有效补偿电压谐波，提供电压提升的能量是由直流电容器供给的。

DVR 是目前国内外最受关注的解决电压骤降的装置。虽然 DVR 串联于线路中运行，但由于只需补偿电压骤降部分的能量，所以，其设计功率只有负荷全部容量的 1/5～1/3，价格优于同容量的 UPS，损耗也远远低于后者，具有显著的技术先进性。

5. 电网频率的治理

（1）合理调度。

电网频率的波动源于大负荷设备的投运，引发有功功率的冲击所致。可通过电力经济调度，优化电力负荷配置，来维持发电有功功率与用电消耗的稳定。

（2）增加电网供电装机容量。

增加电网供电装机容量，保证供电能力大于用电负荷。另外，电网应有合适水电厂作为调频的备用容量，以增强电网的调频能力，从而解决电网频率的波动。

第四章 建筑照明系统节能

第一节 照明系统能耗与节能措施

一、照明系统能耗

1. 分类

照明耗能分为两类：一类是"光源自身的耗能"，也称"硬能耗"；另一类是"应用耗能"，也称"软能耗"。

（1）光源能耗。

光源就是将电能转化为光能，同时也产生了热能，造成了能源的浪费，如图4-1所示。

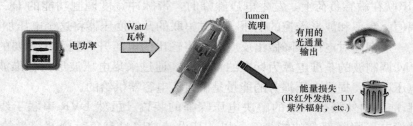

图 4-1 光源能耗

照明能耗主要由电光源能耗和配件能耗组成。

从光源相对供电电压的特性曲线可以看出，随着电压的升高，光源的功率、光通量和发光效率也相对增加，但是光效的增加幅度要小于功率和光通量。

（2）应用能耗。

照明用具（包括光源和电子整流器等）的耗能只是照明能耗的一个参量因素。而"无效使用"耗费的能源和"不合理使用"耗费的能源是照明能耗的另一个方面，这种照明用具使用上所消耗的能源，简称为"无效能耗"。

"无效能耗"的现象在现实生活中普遍存在，其生存的形态也比较复杂，主要表现有以下几个方面：

1）地下停车库、公共走廊这样的公共空间中，无论是有车无车，无论是白天黑夜，也无论是有人没人，照明灯"永远"是亮着的，"无效耗能"时时刻刻在发生。

2）对一些室内场所，如办公场地、公共走廊、洗手间、停车库、机房、仓库等做设计时，按照国家的照度标准，设计的实际照度往往总是超过国家标准。

3）白天，自然光对室内的辐射，其光强总是不均匀的，靠近窗户（采光面）的区域光线强些，而离窗户（采光面）越远光线越暗，为解决这一问题，一种最普通的方法就是在室内的顶上均匀地加装一定数量的照明灯。即在光强的区域往往也"开着灯"，因此也就产生了"无效能耗"。

4）现有的灯光控制系统大部分由于技术上的原因，不能对节能光源进行调光控制，因此在一些大量采用照明控制系统的场所，为创造各种特殊的光环境，仍然在采用高能耗的白炽灯，这就加大了无效耗能量。

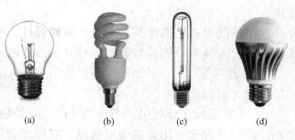

图 4-2　光源的发展

(a) 第一代光源白炽灯；(b) 第二代光源普通荧光灯；(c) 第三代光源高压气体放电灯；(d) 第四代光源场致发光

2. 电光源能耗

光源历经四个阶段的发展，光源的光效逐步提高，如图 4-2 所示。

不同光源的光效如图 4-3 所示。

图 4-3　光源的光效

3. 配件能耗

照明电器配件能耗主要为照明辅助器件的能耗，包括补偿电容、镇流器、启辉环节的能耗。

4. 技术能耗

常规的照明技术在管理维护、电压功率调整等方面缺乏智能和自动调整，在降低有功功率消耗和无功功率方面还不理想。

5. 设计能耗

主要体现在线路设计、控制开关和利用自然光、照明方式、选择照度值等方面不理想产生的能耗浪费。

6. 其他能耗

主要是线路损耗及变压损耗等产生的能耗。

二、节能措施

1. 技术节能

专业技术节能是为节能提供综合的解决方案，内容包含：

（1）提供有利于自然采光的建筑条件和有利于照明的室内环境。例如，有利于采光的窗地比，有利于照明的室内材料反射率，有利于采暖、空调节能的围护传热系数等。

（2）提供经济技术指标优秀的照明节能方案。如绿色照明要求的显色性、色温、照度，照明舒适性的同一眩光值 UGR、均匀度，节能的照明功率密度 LPD 折算值等。

（3）提供有利于节能的照明控制方案。例如：公用梯间采用节能自熄开关；房间每个开关所控灯具不宜太多；所控灯列与窗平行；报告厅等大空间场按靠近或远离讲台分组控灯等措施。

这里指的专业是指建筑、采光、装修设计、电气设计等与采光、照明有关的专业工程技术人员。专业技术节能是节能的基础,是节能的前提。

2. 应用节能

(1) 光源选择。

1) 自然光的充分利用。当自然光进入建筑物内部空间时,电光源便可以作为补充光源使用。这样合理地利用自然光便能减少对电光源的需要从而降低对照明能源的消耗。因此,在建筑设计时要尽可能地增加采光窗和注意开窗方向来增加采光面积。同时还可以利用光纤照明和太阳采光系统来将自然光引入室内。

2) 反射光的充分利用。充分利用环境的反射光就是充分利用室内受光面的反射性,能有效地增加室内的亮度从而提高光的利用率。

(2) 灯具的选择与安装。

1) 采用高效节能灯具。

2) 为了降低镇流器上的电力消耗,应该采用节电镇流器。

3) 安装反射罩,高效能的反射罩可以使电灯发出的光有效地投射到需要的区域。灯具反射罩表面,以铝镜面反射率最高,达到 84.2%;其次是白色喷涂面,反射率为83.2%;铝材料的反射率为 82.5%;铝研磨反射面的反射率为 79.7%;不锈钢的反射率为57.5%。

4) 安装高度。灯光照度与照射距离之间有极大的关系。当灯具安装的越高,受照面得到的照度就会越低。所以对于某个受照面,灯具安装的越高所需要的功率就会随之增大,从而造成了电能的浪费。因此,灯具距离工作面的高度应该合理,否则过高会造成光源的散失,过低会造成不安全的因素。

(3) 照明设计。

1) 根据国家规定的照度标准以及工作和活动场所决定合理的照度。

2) 合理运用局部照明。采用局部照明来满足小范围的高照度要求可以减少不必要的电能浪费,达到电能的合理利用。

3) 合理设计控制电路。室内照明的控制电路应该以区域为单位,按要求调整照明,分区分组控制。智能化照明技术可大幅度提高照明质量的前提下,使照明的时间更准确,并提高能效。

(4) 合理设计供配电线路。

影响照明线路损耗的主要因素是供电方式和导线截面积。我国照明供电一般采用 380/220V 三相四线中性点直接接地的交流电网供电。照明系统有单相二线、两相三线、三相四线三种方式供电,其中三相四线式供电比其他供电方式线路损耗小得多。在供配电系统图中保证三相均衡,以免由于无功补偿造成的电能浪费。而且在照明供配电线路的设计上尽量选择最短的线路,以便减少电能在线路由于传输造成的损耗。

3. 产品节能

选用的照明光源、镇流器的能效应符合相关能效标准的节能评价值。

到目前为止,我国已正式发布的照明产品能效标准见表 4-1。为推进照明节能,设计中应选用符合这些标准的"节能评价值"的产品。

表 4-1　　　　　　　　　　　我国已制定的照明产品能效标准

序号	标准号	名　　称	实施日期
1	GB 31276—2014	普通照明用卤钨灯能效限定值及节能评价值	2015-09-01
2	GB 30255—2013	普通照明用非定向自镇流 LED 灯能效限定值及能效等级	2014-09-01
3	GB 19044—2013	普通照明用自镇流荧光灯能效限定值及能效等级	2013-10-01
4	GB 19043—2013	普通照明用双端荧光灯能效限定值及能效等级	2013-10-01
5	GB 19043—2013	普通照明用双端荧光灯能效限定值及能效等级	2013-10-01
6	GB 29143—2012	单端无极荧光灯用交流电子镇流器能效限定值及能效等级	2013-06-01
7	GB 29142—2012	单端无极荧光灯能效限定值及能效等级	2013-06-01
8	GB 29144—2012	普通照明用自镇流无极荧光灯能效限定值及能效等级	2013-06-01
9	GB 17896—2012	管形荧光灯镇流器能效限定值及能效等级	2012-09-01
10	GB 20053—2015	金属卤化物灯用镇流器能效限定值及能效等级	2017-01-01
11	GB 20054—2015	金属卤化物灯能效限定值及能效等级	2017-01-01
12	GB 19573—2004	高压钠灯能效限定值及能效等级	2005-02-01
13	GB 19574—2004	高压钠灯用镇流器能效限定值及节能评价值	2005-02-01

第二节　电光源节能

一、光源应用

1. 性能对比

常用照明光源性能对比见表 4-2。

表 4-2　　　　　　　　　　　常用照明光源性能对比

参数	无极灯	高压钠灯	金卤灯	LED 灯	荧光灯 T8 (T5)	高压汞灯	白炽灯
启动稳定时间	60s	5～10min	5～10min	ns 级别	60s	5～10min	ms 级别
效率（%）	95	80～85	80～85	85～95	90～95	80～85	100
光源光效/（lm/W）	60～80	70～120	60～100	100～200	60～80	30～50	10～15
灯具效率（%）	60	60	60	＞80	60	60	60
调光能力	较差	较差	较差	很好	较差	较差	较好
光源寿命/h	10 000～25 000	5000～15 000	5000～15 000	30 000～50 000	3000～5000	2500～5000	1000～2000
显色指数	80～85	20～25	65～85	70～97	70～85	30～40	95～99
色温分布/K	2700～6500	2050	4000	2700～8000	2700～6000	3000	2500
耐震动性能	较好	较差	较差	很好	较差	较差	较差
有害物质	含汞	含汞	含汞	无汞	含汞	含汞	无汞
紫外线辐射危害	有	有	有	无	有	有	无
电磁辐射危害	较大	一般	一般	较小	一般	一般	无

2. 应用对比

不同光源应用对比如图 4-4 所示。

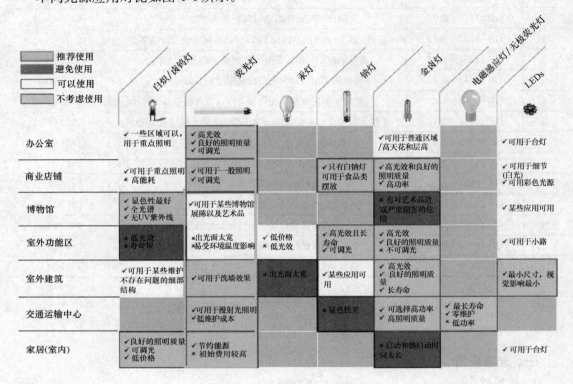

图 4-4　不同光源应用对比

二、荧光灯

1. 工作原理

荧光灯接通电源后，在电源电压的作用下，启辉器产生辉光放电，其动触片受热膨胀与静触点接触形成通路，电流通过并加热灯丝发射电子。但这时辉光放电停止，动触片冷却恢复原来形状，在使触点断开的瞬间，电路突然切断，镇流器产生较高的自感电动势，当接线正确时，电动势与电源电压叠加，在灯管两端形成高电压。在高电压作用下，灯丝通电、加热和发射电子流，电子撞击汞原子，使其电离而放电。放电过程中发射出的紫外线又激发灯管内壁的荧光粉，从而发出可见光。

2. 分类

荧光灯的分类如图 4-5 所示。

3. 应用

（1）直管形荧光灯。

适用于服装、百货、超级市场、食品、水果、图片、展示窗等色彩绚丽的场合使用。T8 色光、亮度、节能、寿命都较佳，适合宾馆、办公室、商店、医院、图书馆及家庭等色彩朴素但要求亮度高的场合使用。

（2）彩色直管型荧光灯。

常见标称功率有 20W，30W，40W。管径用 T4，T5，T8。彩色荧光灯的光通量较低，

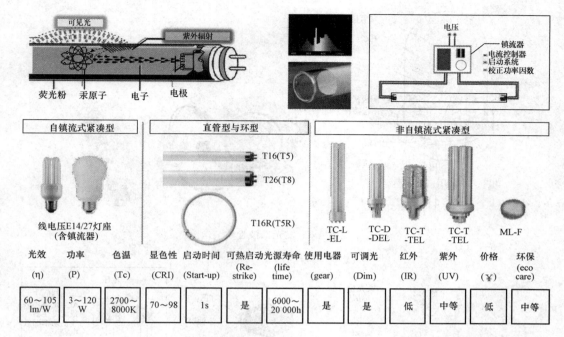

图 4-5　荧光灯分类

适用于商店橱窗、广告或类似场所的装饰和色彩显示。

（3）环形荧光灯。

除形状外，环形荧光灯与直管形荧光灯没有多大差别。常见标称功率有 22W，32W，40W。主要提供给吸顶灯、吊灯等作配套光源，供家庭、商场等照明用。

三、LED 灯

1. 工作原理

发光二极管简称为 LED，由含镓（GA）、砷（AS）、磷（P）、氮（N）等的化合物制成。

当电子与空穴复合时能辐射出可见光，因而可以用来制成发光二极管。在电路及仪器中作为指示灯，或者组成文字或数字显示。砷化镓二极管发红光，磷化镓二极管发绿光，碳化硅二极管发黄光，氮化镓二极管发蓝光。因化学性质又分为有机发光二极管 OLED 和无机发光二极管 LED，如图 4-6 所示。

2. 分类

发光二极管的分类如图 4-7 所示。

（1）按发光管发光颜色。可分为红色、橙色、绿色（又细分黄绿、标准绿和纯绿）、蓝光等。另外，有的发光二极管中包含两种或三种颜色的芯片。

根据发光二极管出光处掺或不掺散射剂、有色还是无色，上述各种颜色的发光二极管还可分成有色透明、无色透明、有色散射和无色散射四种类型。散射型发光二极管和适于做指示灯用。

（2）按发光管出光面特征。分为圆灯、方灯、矩形、面发光管、侧向管、表面安装用微型管等。圆形灯按直径分为 $\phi 2mm$、$\phi 4.4mm$、$\phi 5mm$、$\phi 8mm$、$\phi 10mm$ 及 $\phi 20mm$ 等。

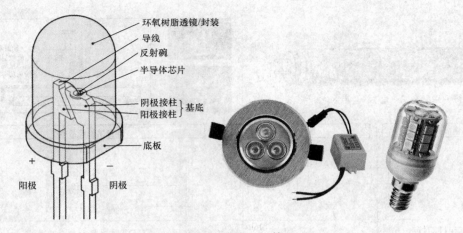

图 4-6　发光二极管

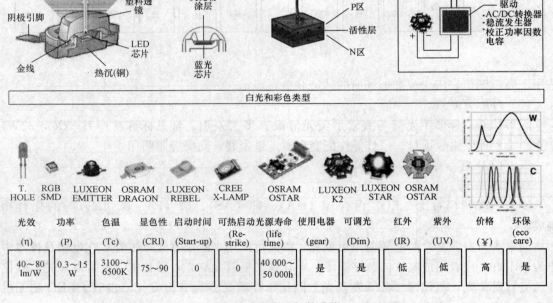

图 4-7　发光二极管分类

由半值角大小可以估计圆形发光强度角分布情况。从发光强度角分布图来分有三类：

1）高指向性。一般为尖头环氧封装，或是带金属反射腔封装，且不加散射剂。半值角为 5°～20°或更小，具有很高的指向性，可作为局部照明光源用，或与光检出器联用以组成自动检测系统。

2）标准型。通常作为指示灯用，其半值角为 20°～45°。

3）散射型。这是视角较大的指示灯，半值角为 45°～90°或更大，散射剂的量较大。

（3）按发光二极管的结构。按发光二极管的结构分有全环氧包封、金属底座环氧封装、陶瓷底座环氧封装及玻璃封装等结构。

（4）按发光强度和工作电流。按发光强度和工作电流分有普通亮度的 LED（发光强度小于 10mcd）、超高亮度的 LED（发光强度＞100mcd）。把发光强度在 10～100mcd 间的称为高亮度发光二极管。

一般 LED 的工作电流在十几毫安至几十毫安，而低电流 LED 的工作电流在 2mA 以下（亮度与普通发光管相同）。

除上述分类方法外，还有按芯片材料分类及按功能分类的方法。

3. 特点

（1）节能。同等光效的 LED 灯比白炽灯节能 80%以上，比节能灯节能 50%。

（2）寿命长。LED 光源使用寿命可达 5 万～10 万 h，比传统光源寿命长 10 倍以上，长寿命不但可节约大量资源，而且可减少废弃灯具对环境的影响。

（3）显色性好。LED 光源色彩鲜艳、纯正。白光 LED 的显色性也比高压钠灯好很多，高压钠灯的显色指数只有 20 左右，而白光 LED 可以达到 65～80，比很多传统灯具发出的光更加接近白光，在这种光线照射下，物体的颜色可以更加接近其本色。

（4）响应速度快。汽车信号灯是 LED 光源应用的一个重要领域，汽车信号灯的快速反应对于减少交通事故有重要意义。

（5）应用灵活。可在红、绿、蓝三基色基础上变化出各种颜色，可根据需要组合出各种形态和图案。LED 能实现平滑的连续调光功能，通过调节电压的占空比和工作频率，能够有效调节 LED 的发光强度。

（6）环保。无有害金属、无紫外线和红外线辐射。

（7）散热问题。LED 虽然节能，但与一般白炽灯具一样，一部分能量转化为光的过程中另外一部分能量转化成热量，尤其是 LED 为点状发光光源，其所产生的热量也集中在极小的区域，若产生的热量无法及时散发出去，PN 的结温将会升高，加速芯片和封装树脂的老化，还可能导致焊点融化，使芯片失效，进而直接影响 LED 的使用寿命与发光表现，尤其是大功率 LED，其发热量更大，对散热技术要求更高。

（8）光衰问题。虽然很多 LED 产品标明发光寿命为 10 万 h 以上，但在目前的实际应用中未见得有这么长的寿命，原因就是 LED 存在光衰问题，一旦 LED 发光亮度降到原来亮度的 30%以下，就可认为其已不可用。

引起 LED 光衰的原因有：

1）温度过高引起。LED 产品的工作温度基本控制在 65℃以下，当 LED 工作温度达到 85℃时，光通量将下降一半，超过 90℃时有烧毁的危险。

2）LED 芯片本身的光减和荧光粉引起的光衰。

3）封装中绝缘胶、荧光胶水引起的光衰。

4）LED 高温会引起绝缘胶和荧光胶水的性能降低，从而影响灯具输出的光通量。

5）LED 支架对光衰的影响，LED 支架有铜支架和铁支架，铜和铁的热导率不一样，铜导热性能好，能更快地给灯具降温，较少对光衰的影响。

（9）光色问题。LED 发出的光与自然光相比仍有一定的差距，自然光具有非常强的黄色光谱成分，给人一种暖暖的感觉。而 LED 发出的白光带有较多的蓝光成分，在这种光的照明下人们的视觉感受不是很自然，而且 LED 所发出的光比较眩目，容易引起眩光。

（10）价格过高。同等照度的 LED 灯具价格仍然是传统灯具价格的几倍。

4. 应用

LED 的应用领域已经从最初简单的电器指示灯、LED 显示屏、发展到 LED 背光、路灯照明、建筑景观照明、室内装饰灯、大屏幕显示、交通信号灯、指示灯、太阳能 LED 照明、汽车照明、特种照明及军用等领域，如图 4-8 所示。

图 4-8　LED 应用

（1）路灯照明。城市路灯是日常生活中常见的照明灯具，不但具有照明的功能，还有城市夜景装饰的功能。但路灯耗电量大，而且由于路灯的低压输电线路长，线缆本身的耗电量也很大，所以路灯节能是照明节能的一个重要领域。

目前道路灯具中普遍采用的光源是高压钠灯和金属卤化物灯，这两种传统灯具有两个不足：均匀度不好，灯具直接照射的方向照度很高，两灯交叉出照度仅为灯下照度的 20%～40%。灯具效率比较低，整体效率在 70% 左右。LED 路灯和传统路灯的光学设计不同，发光面是由许多个 LED 组成，通过设计每个 LED 的投射方向，使受照路面获得均匀照度。LED 的发光只存在于半个空间，在不使用灯具的情况下也能将光线 100% 投射到路面。

采用 LED 作为路灯有以下优点：比传统路灯节能 70%，光效高，灯具反射损失少；寿命长，维护成本低；安全可靠，绿色环保；管理方便，配合软件可控制亮度，能实现远程控制等。

（2）景观照明。由于 LED 光源具有节能环保、轻巧耐用、色彩丰富、简单易控、低压安全等一系列优点，在景观照明中具有广泛的应用市场，从建筑泛光照明和轮廓照明、广场照明、园林绿化照明、广告照明到道路桥梁照明等。

LED 光源小而薄，且灯光可聚可散，色彩丰富，组合灵活，在建筑泛光照明和轮廓照明领域被越来越多的灯光设计师青睐。在设计中可根据建筑的特点和形态，创造出变化的图案和色彩强化照明效果，轮廓灯可在夜间呈现建筑的造型，突出建筑物的主要特征。

在广场照明和园林照明中，LED 灯可将灯光艺术的冲击力和景观造型的创新融入具有地域特点的人文风景中，能真正体现出灯光与人互动的意境。广告照明的特点是明亮、色彩鲜艳多变，造型新奇富有创意，LED 灯所具有的特点和广告照明特点非常契合，其所营造出来的效果越来越多受到青睐。

（3）汽车照明。LED的结构坚固耐用，不易受振动影响、防爆、响应速度快、方向性强、易于控制等特点，非常适合在汽车这个比较特殊的环境中使用。

（4）LCD背光。LED作为LCD（液晶显示屏）的背光光源已得到广泛认可，应用领域也非常广泛，包括电脑、电视、手机、音响、手表、通信设备等，已成为LCD背光市场的主导产品。

LED背光光源与传统背光光源相比具有抗震性能好，色域广，表现力好，亮度调整范围大，可实施色彩管理、响应快、无干扰等优点。

四、金卤灯

1. 工作原理

金卤灯工作原理大致分为三阶段。首先是触发阶段，金卤灯内无灯丝，有两个电极，直接加上工作电压，高压由专用触发器产生。其次是着火阶段，灯泡触发后，电极电压进一步加热电极，形成辉光放电，为放电创造条件。最后在辉光放电作用下，电极温度逐渐升高，发射电子数量越来越多，随着温度升高，发光越来越强直到正常，全部金卤灯工作原理产生过程需要1min以上。

2. 分类

金卤灯的分类如图4-9所示。

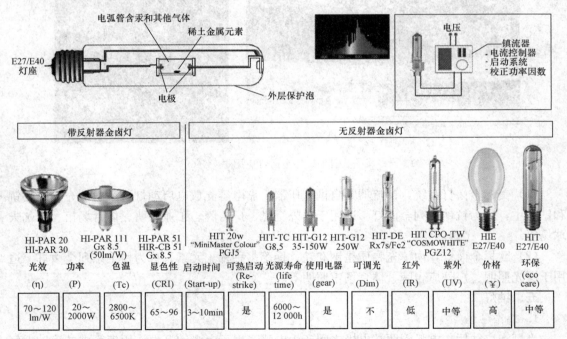

图4-9　金卤灯的分类

按灯的结构可分为3类：

（1）石英电弧管内装两个主电极和一个启动电极，外面套一个硬质玻壳（有直管形和椭球形两种）的金卤灯。这类灯主要用于体育场、道路、厂房等处的普通照明。

（2）直管形电弧管内装一对电极，不带外玻壳，可代替直管形金卤灯，用于体育场等地区泛光照明。

（3）不带外玻壳的短弧球形金卤灯、单端或双端椭球形的金卤灯。主要用于电影放映和电影、电视的拍摄照明。

3. 特点

金属卤化物灯的最大优点是发光效率特别高，光效高达 80～90lm/W，是一种热光源。由于金属卤化物灯的光谱是在连续光谱的基础上叠加了密集的线状光谱，故显色指数特别高，即彩色还原性特别好，可达 90%。另外，金属卤化物灯的色温高，可达 5000～6000K，专用投影机灯可达 7000～20 000K。此外，长寿命（5000～20 000h），显色性好（Ra65～95），结构紧凑，性能稳定等特点。兼有荧光灯、高压汞灯、高压钠灯的优点，克服了这些灯的缺陷，金卤灯汇集了气体放电光源的主要优点。尤其是光效高、寿命长、光色好三大优点。

其缺点是熄灭后无法再次开启（等 3～15min），耗电量大，需要配镇流器，寿命比 LED 短，燃点时产生高温，需带防护罩。

4. 应用

金卤灯有欧标与美标两大类，两者的主要区别是内胆填充物不一样，如图 4-10 所示。

图 4-10　金卤灯应用

（1）美标金卤灯系统，镇流器是自耦变压器，靠电容充放电启动灯泡。内填充物质是钪和钠为主，称为钪钠系列金卤灯。适用于户外泛光、广告牌、工业照明、体育场馆、高尔夫球场等。

（2）欧标金卤灯，内填充物质是钠和铊、铟等多种稀土元素，称为稀土系列金卤灯。适用于泛光照明、户外广告牌、体育场馆照明等。

五、钠灯

1. 工作原理

当灯泡启动后，电弧管两端电极之间产生电弧，由于电弧的高温作用使管内的液钠汞气受热蒸发成为汞蒸气和钠蒸气，阴极发射的电子在向阳极运动过程中，撞击放电物质的原子，使其获得能量产生电离或激发，然后由激发态回复到基态；或由电离态变为激发态，再回到基态无限循环，此时，多余的能量以光辐射的形式释放，便产生了光。

2. 分类

钠灯的分类如图 4-11 所示。

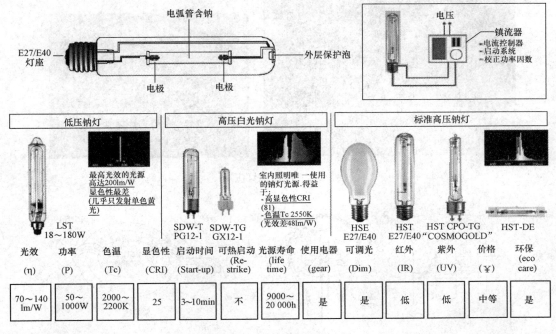

图 4-11　钠灯分类

3. 特点

（1）光通量维持性能好，可以在任意位置点燃。

（2）耐震性能好。

（3）受环境温度的影响小。

（4）是光源中光效最高的一种光源，寿命也最长。

高压钠灯使用时发出金白色光，具有发光效率高，耗电少，寿命长，透雾能力强和不诱蚀等优点。虽然使用高压钠灯虽然有许多优点，但是显色性差（$R_a<30$）。

高显色高压钠灯是在高压钠灯的基础上，采用提高钠蒸气压和增大电弧管管径，同时在电弧管两端裹上一层铌箔，提高冷端温度等措施来改善显色性。另外，提高充入电弧管内氙气压力，使电弧中心部分温度升高，而其余放电部分温度较低，通过改变电弧温度分布的途径来改善显色性，其显色指数已提高到 $R_a=70\sim80$，发光效率可达 80lm/W 以上。

4. 应用

广泛应用于道路、高速公路、机场、码头、船坞、车站、广场、街道交汇处、工矿企业、公园、庭院照明及植物栽培，高显色高压钠灯主要应用于体育馆、展览厅、娱乐场、百货商店和宾馆等场所照明，如图 4-12 所示。

六、无极灯

1. 工作原理

无极灯是一种磁能灯，由高频发生器、耦合器和灯泡三部分组成，如图 4-13 所示。

通过高频发生器的电磁场以感应的方式耦合到灯内，使灯泡内的气体雪崩电离，形成等离子体。等离子受激原子返回基态时辐射出紫外线。灯泡内壁的荧光粉受到紫外线激发产生

图 4-12 高压钠灯应用

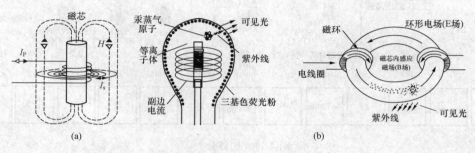

图 4-13 无极灯工作原理

(a) 电磁转换原理；(b) 发光原理

可见光。无极灯是综合应用光学、功率电子学、等离子体学、磁性材料学等领域最新科技成果研制开发出来的高新技术产品，是一种代表照明技术光效高、寿命长、显色性高未来发展方向的新型光源。

与传统光源相比，无极灯因其没有明显的电极而得名。

2. 分类

无极灯的分类如图 4-14 所示。

3. 特点

(1) 灯泡内无灯丝、无电极，产品使用寿命达 60 000h 以上。

(2) 发光效率高，高频无极灯 80lm/W，低频无极灯 85lm/W。

(3) 显色指数达 80 以上，采用优质三基色荧光粉，颜色不失真。

(4) 宽电压工作，电压在 185～255V 可正常工作。

(5) 高频工作频率为 2.65MHz，低频工作频率为 230kHz，安全没有频闪效应。

(6) 光衰小，20 000h 后光通维持率可达 80%。

(7) 瞬时启动再启动时间均小于 0.5s。

(8) 启动温度低，适应温度范围大，在 −25℃ 均可正常启动和工作。

(9) 功率因数可高达 0.95 以上。

(10) 安全可靠性，绿色环保，真正实现免维护、免更换。

高频无极灯体积小，灯泡外形变化较多，可配灯具多，同等功率下光效更高，灯泡内高速运动的粒子流形成了一个屏蔽罩，杜绝电磁辐射。但由于受灯泡体积的限制，功率不能做

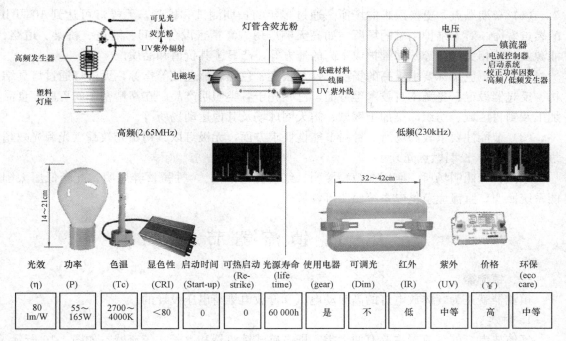

光效	功率	色温	显色性	启动时间	可热启动	光源寿命	使用电器	可调光	红外	紫外	价格	环保
(η)	(P)	(Tc)	(CRI)	(Start-up)	(Re-strike)	(life time)	(gear)	(Dim)	(IR)	(UV)	(¥)	(eco care)
80 lm/W	55~165W	2700~4000K	<80	0	0	60 000h	是	不	低	中等	高	中等

图 4-14　无极灯分类

得很大，通常功率只能做到 200W。

低频无极灯由于耦合器外置、灯管体积大，因此散热效果也非常好，因此功率可以做得较大。但是因为体积大造成的可配灯具也非常少，并造成一些流明损耗。另外，耦合器外置也使得解决电磁干扰的难度增大。

4. 应用

适用于工厂车间、学校教室、图书馆、温室蔬菜植物棚、礼堂大厅、会议室、大型商场天花板、高厂房、运动场、隧道、交通复杂地带（路灯、标志灯、桥梁灯）、地铁站、火车站危险地域或照明下水灯、城市亮化泛光照明、景观绿化照明等，特别适用于高危和换灯困难且维护费用昂贵的重要场所，如图 4-15 所示。

图 4-15　无极灯应用

（1）长期燃点，更换困难的场所。通过多年的长期测试和检验，无极灯可达到 10 万 h 的燃点寿命。对于维护困难的场所（如高天棚厂房、高精密设备车间、隧道、桥梁、道路、能源及化工相关产业等）和维护成本高的地方等，凸显了其价值和品质。

（2）光、色指标要求极高的场所。针对眩光、色温、显色性等指标，无极灯通过灯具结构、反光器设计、光源本身技术等方面，已领先于各类照明产品。在高精密车间厂房、食品加工及销售区域、纺织印染加工区域、露天网球场及其他运动场所等。

（3）节能性要求较高场所。针对节能性要求方面，无极灯以其初始光效高（光源光效超过 90lm/W），长期燃点光衰小。

（4）特殊照明场所。应用在植物照明（红蓝光谱照明）、牲畜蓄养照明、配套低压太阳能系统照明、直流应急供电系统照明等领域。

第三节 镇流器节能

一、镇流器
镇流器就是为气体放电灯的高启动电压和低放电维持电压设计的。

1. 种类

气体放电灯的镇流器主要有两大类，即电感式镇流器和电子式镇流器，如图 4-16 所示。

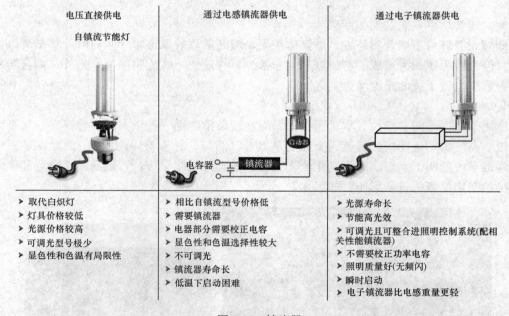

图 4-16 镇流器

电子镇流器分为荧光灯电子镇流器、高压钠灯电子镇流器、金属卤化物灯电子镇流器。两者的特点如图 4-17 所示。

2. 技术参数

（1）功率因数 PF：镇流器的有功输出功率与视在功率之比，电网要求功率因数大于 0.85。

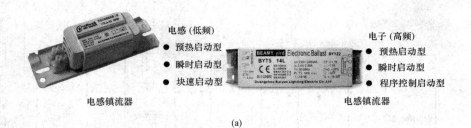

电感（低频）
- 预热启动型
- 瞬时启动型
- 块速启动型

电子（高频）
- 预热启动型
- 瞬时启动型
- 程序控制启动型

电感镇流器   电感镇流器

(a)

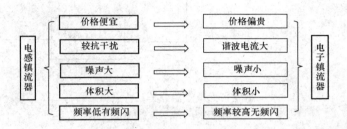

电感镇流器		电子镇流器
价格便宜	⇒	价格偏贵
较抗干扰	⇒	谐波电流大
噪声大	⇒	噪声小
体积大	⇒	体积小
频率低有频闪	⇒	频率较高无频闪

	电感镇流器	电子镇流器
工作原理	低频	高频
原材料	铜、硅钢等	电子元器件
能源消耗/功率因数	0.5左右	可达0.9以上
适用范围	AC120或AC220	AC120～277
保护装置	无	有各种异常保护功能

(b)

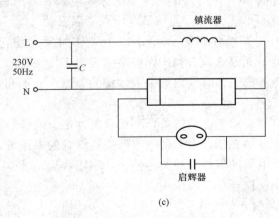

(c)

图 4-17 镇流器分类及特点（一）

（a）种类；（b）特点；（c）电感型镇流器电路

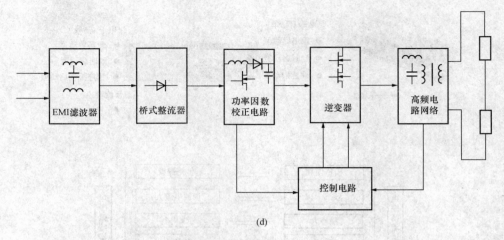

(d)

图 4-17　镇流器分类及特点（二）

(d) 电子型镇流器电路

（2）波峰系数 LCCF：光源电流的最大峰值与有效值之比。为避免操作阴极，标准规定 LCCF 不得超过 1.7。

（3）流明系数 BF：被测镇流器与基准灯配套点燃时的光输出/基准镇流器与基准配套点燃时光输出。标准规定电子镇流器的流明系数实测值应不低于厂商给出值的 95%。

（4）电磁干扰 EMI：电磁骚扰引起的设备、传输通道或系统性能的下降。

（5）浪涌电流 SC：开机时对滤波器电容充电产生的较大脉冲电流。

（6）电磁兼容性 EMC：设备或系统在其电磁环境中能正常工作且不对环境中任何事物构成不能承受的电磁骚扰的能力。

3. 电子镇流器的主要特性

（1）节能。自身功耗为电感镇流器 1/4，工作电流为 1/3，功率因数高，无功损耗低。发光效率较电感镇流器提高 15%，所以输入功率比标称功率下降 5% 左右，其照度不变。综合计算比电感镇流器节电不小于 25%，能够低电压或低温启动。

（2）无频闪。灯管内荧光粉在高频 20kHz 以上工作时发光稳定，光线柔和，消除了"频闪"，启动无需启辉器，无闪烁，有利于保护眼睛视力。

（3）无噪声。电感镇流器工作时发出的令人烦躁的轰鸣声，不利于人们在安静的环境中工作和学习。

（4）灯管寿命长。灯管启动无需启辉器，不被反复冲击、闪烁，不会使灯管两端过早发黑。一次启辉，延长灯管寿命 3 倍，大大减少维修更换灯管的工作量。

高性能电子镇流器对电网的阻抗表视为容性，功率因数高，减少无功率损耗，减少供电设备的增容和线路中的铜铁损。

4. 电子镇流器启动类型

（1）热启动。欧洲地区又叫作柔性启动、暖性启动，或者北美地区又叫程序化启动。此种设计方式在灯管启动时，先给灯丝预热或者加温，其最大特色为不受灯管开关点灭次数的影响，减轻灯管黑化现象，可以延长灯管的寿命，适合开关频率高的使用场所，或者维修困难的场所，如果配合使用调光电子镇流器，则必须使用含有预热式启动功能的电子镇流器。换而言之，预热启动式的电子镇流器对灯管的保护提供最佳的保证。

（2）快速启动。这是一类非常特别的启动方式，在美国市场上比较普遍，其特点是从启动至灯管点灯使用过程中，一直在灯丝上保留很低的电压，因此其耗电量比预热或者瞬时启动型多出 1.5～2W，一般以串联设计居多，这种启动方式较适合气候较冷的地区。

（3）瞬时启动。其特性是利用高压启动灯管（启动电压约介于 800～1200V 之间），启动灯非常容易，但易造成灯管黑化，灯丝断裂，灯管寿命降低，其最大竞争优势是价格较低，适合用在开关次数不频繁的场所（每天开关次数约小于 5 次者比较适用）。

二、管型荧光灯电子镇流器

1. 效率

电子镇流器效率计算

$$P_{\text{tot. ref}} = P_{\text{tot. meas.}} \times \frac{P_{\text{Lrated}}}{P_{\text{Lref. meas.}}} \times \frac{Light_{\text{ref.}}}{Light_{\text{test}}}$$

$$\eta_b = \frac{P_{\text{Lrated}}}{P_{\text{tot. ref}}} = \frac{P_{\text{Lref. meas.}}}{P_{\text{tot. meas.}}} \times \frac{Light_{\text{test}}}{Light_{\text{ref.}}}$$

式中　$P_{\text{tot. ref}}$ ——修正后的被测镇流器-灯输入总功率，W；

$P_{\text{tot. meas.}}$ ——实测到的被测镇流器-灯输入总功率，W；

P_{Lrated} ——高频工作时灯额定/典型功率，W，见表 4-3；

$P_{\text{Lref. meas.}}$ ——用基准镇流器实测的灯功率，W；

$Light_{\text{ref.}}$ ——由光电测试仪测量的基准镇流器-基准灯组合的光输出；

$Light_{\text{test}}$ ——由光电测试仪测量的被测镇流器-基准灯组合的光输出。

注：$Light_{\text{test}}$ 与 $Light_{\text{ref.}}$ 的比值应不小于 0.925。

2. 能效等级

各类电子镇流器能效等级分为 3 级，其中 1 级能效最高，损耗最低。

在规定测试条件下，非调光电子镇流器各能效等级应不小于表 4-3 规定值。

表 4-3　　　　　　　　　　非调光电子镇流器能效等级

与镇流器配套灯的类型、规格信息					镇流器效率（%）		
类别	示意图	标称功率/ W	额定功率/ W	1 级	2 级	3 级	
T8		15	13.5	87.8	84.4	75.0	
		18	16	87.7	84.4	76.2	
		30	24	82.1	84.2	72.7	
		36	32	91.4	77.4	84.2	
		38	32	87.7	88.9	80.0	
		58	50	93.0	84.2	84.7	
		70	60	90.9	90.9	83.3	

与镇流器配套灯的类型、规格信息				镇流器效率（%）		
类别	示意图	标称功率/W	额定功率/W	1级	2级	3级
TC-L		18	16	87.7	88.2	76.2
		24	22	90.7	84.2	81.5
		36	32	91.4	88.0	84.2
TCF		18	16	87.7	84.2	76.2
		24	22	90.7	88.0	81.5
		36	32	91.4	88.9	84.2
TC-D/DE		10	9.5	89.4	86.4	73.1
		13	12.5	91.7	89.3	78.1
		18	16.5	89.8	86.8	78.6
		26	24	91.4	88.9	82.8
TC-T/TE		13	12.5	91.7	89.3	78.1
		18	16.5	89.8	86.8	78.6
TC-T/TC-TE		26	24	91.4	88.9	82.8
TC-DD/DDE		10	9.5	86.4	82.6	70.4
		16	15	87.0	83.3	75.0
		21	19.5	89.7	86.7	78.0
		28	24.5	89.1	86.0	80.3
		38	34.5	92.0	89.6	85.2
TC		5	5	72.7	66.7	58.8
		7	6.5	77.6	72.2	65.0
		9	8	78.0	72.7	66.7
		11	11	83.0	78.6	73.3
T5		4	3.6	64.9	58.1	50.0
		6	5.4	71.3	65.1	58.1
		8	7.5	69.9	63.6	58.6
		13	12.8	84.2	80.0	75.3
T9-C		22	19	89.4	86.4	79.2
		32	30	88.9	85.7	81.1
		40	32	89.5	86.5	82.1
T2		6	5	72.7	66.7	58.8
		8	7.8	76.5	70.9	65.0
		11	10.8	81.8	77.1	72.0
		13	13.3	84.7	80.6	76.0

续表

与镇流器配套灯的类型、规格信息				镇流器效率（%）		
类别	示意图	标称功率/ W	额定功率/ W	1级	2级	3级
T5-E		14	13.7	84.7	80.6	72.1
		21	20.7	89.3	86.3	79.6
		24	22.5	89.6	86.5	80.4
		28	27.8	89.8	86.9	81.8
		35	34.7	91.5	89.0	82.6
		39	38	91.0	88.4	82.6
		49	49.3	91.6	89.2	84.6
		54	53.8	92.0	89.7	85.4
		80	80	93.0	90.9	87.0
T8		16	16	87.4	83.2	78.3
		23	23	89.2	85.6	80.4
		32	32	90.5	87.3	82.0
		45	45	91.5	88.7	83.4
T5-C		22	22.3	88.1	84.8	78.8
		40	39.9	91.4	88.9	83.3
		55	55	92.4	90.2	84.6
		60	60	93.0	90.9	85.7
TC-LE		40	40	91.4	88.9	83.3
		55	55	92.4	90.2	84.6
		80	80	93.0	90.9	87.0
TC-TE		32	32	91.4	88.9	82.1
		42	43	93.5	91.5	86.0
		57	56	91.4	88.9	83.6
		70	70	93.0	90.9	85.4
		60	63	92.3	90.0	84.0
		62	62	92.2	89.9	83.8
		82	82	92.4	90.1	83.7
		85	87	92.8	90.6	84.5
		120	122	92.6	90.4	84.7

注：多灯镇流器情况下，镇流器的能效要求等同于单灯镇流器，计算时灯的功率取连接该镇流器上灯的功率之和。

　　在规定测试条件下，调光电子镇流器在100%光输出时各能效等级应不小于表4-3的规定值，且在25%光输出时，其系统输入功率（P_{in}）应不大于表4-4的规定值。

表 4-4　　　　　　　　　　　非调光电子镇流器能效等级

调光镇流器能效等级	系统输入功率 P_{in}
1 级	$0.5\dfrac{P_{Lnom}}{\eta_{b1}}$
2 级	$0.5\dfrac{P_{Lnom}}{\eta_{b2}}$
3 级	$0.5\dfrac{P_{Lnom}}{\eta_{b3}}$

注：η_{b1} 为非调光电子镇流器 1 级能效值，η_{b2} 为非调光电子镇流器 2 级能效值，η_{b3} 为非调光电子镇流器 3 级能效值。

3. 能效限定值

非调光电子镇流器能效限定值为表 4-3 中 3 级的规定值。

在规定测试条件下，调光电子镇流器在 100％光输出时的能效限定值为表 4-3 中 3 级的规定值，且在 25％光输出时，其系统输入功率（P_{in}）应不大于表 4-4 中 3 级的规定值。

4. 节能评价值

在规定测试条件下，非调光电子镇流器的节能评价值为表 4-3 中 2 级的规定值。

调光电子镇流器在 100％光输出时应不小于表 4-3 中 2 级的规定值，且在 25％光输出时，其系统输入功率（P_{in}）应不大于表 4-4 中 2 级的规定值。

5. 待机功耗

电子镇流器的待机功耗应不大于 1W。

三、管型荧光灯电感镇流器

1. 效率

电感镇流器效率计算

$$P_{tot.ref} = P_{tot.mean.}\left(\frac{0.95 P_{Lref.mean.}}{P_{Lmeas}}\right) - (P_{Lref.mean.} - P_{Lrated})$$

$$\eta_b = 0.95\frac{P_{Lrated}}{P_{tot.ref}} = \frac{0.95 P_{Lrated}}{P_{tot.mean.}\left(0.95\dfrac{P_{Lref.mean.}}{P_{Lmean.}}\right) - (P_{Lref.mean.} - P_{Lrated})}$$

式中　P_{Lmeas}——用被测镇流器测得的灯功率，W；

　　　P_{Lrated}——灯额定功率，W，见表 4-5。

2. 能效限定值

电感镇流器的能效限定值为表 4-5 规定值。

表 4-5　　　　　　　　　　　非调光电感镇流器能效限定值

与镇流器配套灯的类型、规格信息				镇流器效率
类别	示意图	标称功率/W	额定功率/W	（％）
T8		15	15	62.0
		18	18	65.8
		30	30	75.0
		36	36	79.5
		38	38.5	80.4
		58	58	82.2
		70	69.5	83.1

与镇流器配套灯的类型、规格信息				镇流器效率（%）
类别	示意图	标称功率/W	额定功率/W	
TC-L		18	18	65.8
		24	24	71.3
		36	36	79.5
TCF		18	18	65.8
		24	24	71.3
		36	36	79.5
TC-D/DE		10	10	59.4
		13	13	65.0
		18	18	65.8
		26	26	72.6
TC-T/TE		13	13	65.0
		18	18	65.8
TC-T/TC-TE		26	26.5	73.0
TC-DD/DDE		10	10.5	60.5
		16	16	66.1
		21	21	68.8
		28	28	73.9
		38	38.5	80.4
TC		5	5.4	41.4
		7	7.1	47.8
		9	8.7	52.6
		11	11.8	59.6
T5		4	4.5	37.2
		6	6	43.8
		8	7.1	42.7
		13	13	65.0
T9-C		22	22	69.7
		32	32	76.0
		40	40	79.2

注：1. 灯额定功率为相应灯性能标准参数表中规定的灯功率。

2. 多灯镇流器情况下，镇流器的能效要求等同于单灯镇流器，计算时灯的功率取连接该镇流器上灯的功率之和。

四、金属卤化物灯用镇流器

金卤灯镇流器的应用如图 4-18 所示。

1. 能效等级

金属卤化物灯用镇流器能效等级分为 3 级，其中 1 级能效最高。各等级金属卤化物灯用镇流器效率值应不低于表 4-6 的规定。表 4-6 中未列出额定功率值的灯，其效率可用线性插值法确定。

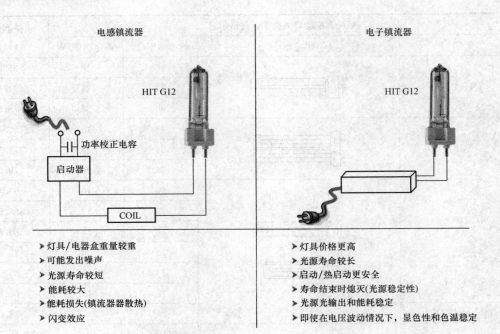

电感镇流器   电子镇流器

HIT G12   HIT G12

功率校正电容

启动器

COIL

➤ 灯具/电器盒重量较重
➤ 可能发出噪声
➤ 光源寿命较短
➤ 能耗较大
➤ 能耗损失(镇流器散热)
➤ 闪变效应

➤ 灯具价格更高
➤ 光源寿命较长
➤ 启动/热启动更安全
➤ 寿命结束时熄灭(光源稳定性)
➤ 光源光输出和能耗稳定
➤ 即使在电压波动情况下，显色性和色温稳定

图 4-18   金卤灯镇流器

表 4-6   金属卤化物灯用镇流器的能效等级   (%)

额定功率/W	1 级	2 级	3 级
20	86	79	72
35	88	80	74
50	89	81	76
70	90	83	78
100	90	84	80
150	91	86	82
175	92	88	84
250	93	89	86
320	93	90	87
400	94	91	88
1000	95	93	89
1500	96	94	89

2. 能效限定值

镇流器的能效限定值应不小于表 4-6 中 3 级的规定。顶峰超前式镇流器的限定值为表 4-6 中 3 级的 95%。

3. 节能评价值

镇流器的节能评价值应不小于表 4-6 中 2 级的规定。

4. 待机功耗

带有控制功能电子镇流器的待机功耗应不大于 1.5W。

五、选型

1. 类型

荧光灯应配用电子镇流器或节能型电感镇流器，高压钠灯、金卤灯应配节能型电感镇流器。不能再采用传统的功耗大的普通电感镇流器。

小功率气体放电光源（40W以下）应该坚持以电子镇流器为主，节能效果明显，一体化程度高；对于高强度气体放电光源（100W以上）以电感镇流器为主，其节能效果与电子镇流器相当，电路可靠度高。

2. 性能比较

镇流器主要分为电子镇流器与电感镇流器，主要性能比较如下：

(1) 电磁兼容。

1) 电子镇流器谐波总量略低于电感镇流器。

2) 电子镇流器比所配的光源功率大，实际安装使用时如果不注意灯具内各输入和输出的走线位置，容易因输入和输出线之间的寄生感应而造成EMI方面的超标现象。电感镇流器不存在这方面的问题。

3) 外部骚扰（EMS）方面，电子镇流器相较电感镇流器显得更脆弱。

(2) 抗电压变化能力。

电子镇流器比电感镇流器表现要好。

(3) 频闪效应。

电子镇流器由于输出给灯的电流基本为方波或梯形波，并且灯的工作频率都在35～55kHz范围，所以几乎不会产生频闪效应。

电感镇流器使其灯电流过零时间较长，所以其频闪情况也较欧标金卤灯明显，但普通的照明场合依然不宜被人的眼睛所察觉。

(4) 使用寿命。

电子镇流器由于受到元器件寿命及外界电磁感应脉冲干扰的影响，平均寿命基本在3年左右。

电感镇流器由于其结构简单，只要绕组未发生自身的匝间和层间短路以及对外表的击穿，一般寿命都大于10年，在耐高温及恶劣环境条件方面，电感镇流器的使用寿命也明显优于电子镇流器。

3. 直管荧光灯镇流器选用

直管荧光灯镇流器的选用符合国家标准能效等级的规定。

(1) 在连续紧张的视觉作业场所和视觉条件要求高的场所（如设计、绘图、打字等），在要求特别安静的场所（病房、诊室等）及青少年视看场所（教室、阅览室等）应优先采用电子镇流器。

(2) 在需要调光的场所，可以用三基色荧光灯配可调光数字式镇流器，能大大提高能效。

(3) 应选用高品质、低谐波的产品，应满足使用的技术要求，考虑运行维护效果，并作综合比较。

(4) 选用小于25W荧光灯时，应满足GB 17625.1《电磁兼容 限值 谐波电流发射限值（设备每相输入电流≤16A）》标准规定的谐波限值，如果在一个建筑物内大量应用，将导致多种不良后果，设计中应采取有效措施进行限制。

(5) 选用的产品不仅要考察其总输入功率，还应了解其输出光通量。按规定，使用镇流器的流明系数（μ）应不低于0.95。欧盟规定了镇流器的能效等级，也相应规定了流明系数$\mu \geq 0.96$。

流明系数是被测量镇流器与基准灯配套点燃时的光输出/基准镇流器与基准配套点燃时光输出，标准规定不低于制造商声称值的 95%。

4. 镇流器与灯的距离

电感镇流器只要导线截面积足够，镇流器与灯的距离一般可达 50m 左右，导线电阻约占镇流器等效阻抗的 0.5% 以下时，几乎不会影响灯的正常工作。

电子镇流器由于其输出的是高频，所以输出导线的高频感抗较大，当灯和镇流器的距离达到 5m 时，由于导线高频阻抗原因会使灯的输出功率明显下降约 3%～8%，并且电子镇流器输出导线的增长还会使对外干扰（EMI）明显上升并超过标准限值。

更重要的是，对于采用钢杆的路灯，如果电子镇流器安装在路灯钢杆的基座内，其输出到灯的导线相互之间，以及导线与接地的钢杆之间将产生明显的容性泄漏电流，这一容性泄漏电流不仅会产生对外干扰，还会加重电子镇流器的负载而可能使电子镇流器寿命缩短。

第四节 光导管技术

一、天然采光

白天尽可能地利用天然光源，直接或间接地将太阳光引至建筑物内部，这样既能大大节约照明能耗，也有助于提高室内温度，营造人工照明所无法比拟的照明环境；还可以将采光和照明有机地结合起来，使建筑物内获得稳定的光照条件。充分利用天然光源对于降低建筑能耗也具有重要的现实意义。

修建物尽量应用天然采光，接近室内部分的修建面积。应将门窗开大，采取透光率较好的玻璃门窗，以到达充分应用天然光的目标。在设计中电气设计人员应多与建筑师合作，做到充分合理地使用天然光，并使之与室内子工照明有机地联合，从而节约人工照明电能。

二、光导管

1. 工作原理

光导照明系统是通过采光罩高效采集自然光线导入系统内重新分配，再经过特殊制作的导光管传输和强化后由系统底部的漫射装置把自然光均匀高效地照射到任何需要光线的地方，得到由自然光带来的特殊照明效果，是真正节能、环保、绿色的照明方式，光导管工作原理如图 4-19 所示。

光导管是一种健康、节能、环保型照明产品。该产品无需用电，工作原理是通过室外的采光装置捕获室外的日光，并将其导入系统内部，然后经过导光装置强化并高效传输后，由漫射器将自然光均匀导入室内需要光线的任何地方。

2. 结构

光导管装置主要由采光装置、导光装置和漫射装置三部分组成。

建筑用光导管系统主要分三部分：一是采光部分；二是导光部分，一般由三段导光管组合而成，光导管内壁为高反射材料，反射率一般在 95% 以上，光导管可以旋转弯曲重叠来改变导光角度和长度；三是散光部分，为了使室内光线分布均匀，系统底部安装散光部件，可以避免眩光现象的发生。光导管结构如图 4-20 所示。

（1）采光装置。

又称采光罩，是导光管采光系统暴露在室外的部件，收集阳光，气密性能、水密性能、

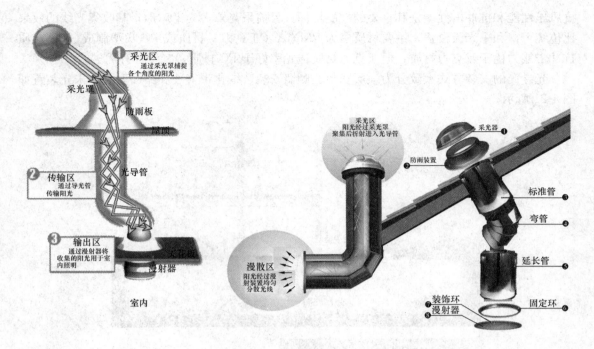

图 4-19　光导管工作原理

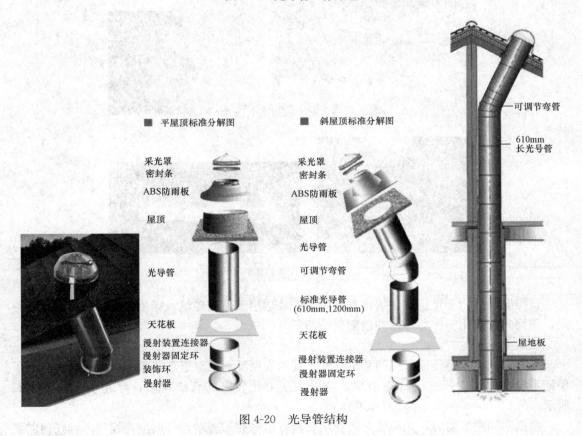

图 4-20　光导管结构

抗风压性能和抗冲击性能是其重要的性能指标。目前采光罩多为半球形，其收集光线的效果比传统天窗和采光天窗强，主要材质多为 PMMA（亚克力）材质或 PC 吹塑制成，PC 材质抗冲击能力优于亚克力材质，但亚克力材质透光率好于 PC 材质，二者各有优劣。

　　光导筒的安装方式大致分为顶层安装、侧墙安装、绿化带安装和路面安装，采光装置如图 4-21 所示。

图 4-21　采光装置

　　顶层安装适用于单层或顶层建筑，侧墙安装适用于高层建筑，绿化带安装适用于地下空间，路面安装适用于中心广场和地面活动场所。

　　（2）导光装置。

　　又称导光管，是传输光线的关键部件，其内表面反射比对于系统效率有很大影响。为了保证系统整体具有较高的传输效率，应采用反射比较高的管壁材料，导光装置如图 4-22 所示。

　　根据不同建筑需要，光导管与弯管结合能自由弯曲和转动，可以把光线导入到任何需要

图 4-22　导光装置

光线的地方；每增加一个弯管，光强将会减小 6％ 以上，目前弯管主要有 30°弯管、45°弯管、60°弯管、90°弯管。

（3）漫射器。

主要作用是将采集的室外天然光尽量多且均匀地分布到室内，除保证合理的光分布外，还应具有较高的透射比，提高整个系统的效率，如图 4-23 所示。

图 4-23　漫射器

（4）调光器。

调光器是导光管采光系统的附加装置，用于调节光输出的部件。

3. 类型

从采光的方式上分为主动式和被动式两种。

（1）主动式光导管。

主动式是通过一个能够跟踪太阳的聚光器来采集太阳光，这种类型的光导管采集太阳光的效果很好，但是聚光器的造价相当昂贵，目前很少在建筑中采用。

（2）被动式光导管。

目前用得最多的是被动式采光光导管、聚光罩和光导管本身连接在一起固定不动，聚光罩多由 PC 或有机玻璃注塑而成，表面有三角形全反射聚光棱。这种类型的光导管主要由聚光罩、防雨板、可调光导管、延伸光导管、密封环、支撑环和散光板等组成。

此外，光导管按传输光的方式还可以分为有缝光导管和棱光镜光导管。有缝光导管是在管壁上留一条很长的出光缝，以使光线能够照射到工作面上，这种光导管光在传输过程中容易造成泄露，因此效率不高，实际中很少用到。

4. 技术参数

自然光光导照明的照明效果不会因光线入射角的变化而改变，且照射面积大，出射光线均匀，无眩光，不会产生局部聚光现象。

光导照明系统的发光效率除了与光导管的发射率有关，还与光导管的直径与长短有关。直径越大，长度越短，系统发光效率越高。另外，光导管的放置方式与弯转次数对发光效率也有影响。

每增加一个弯头，其光效率降低10%～15%，弯头不宜超过2个。导光管长度为3m，采光罩透光率为88%，室内漫射器透光率为86%，光导管发射率为95%，水平管道不宜超过3.0m。导光管直径为0.53m，采光罩透光率为88%，室内漫射器透光率为86%，光导管反射率为95%。

在光线传输方面，250mm小孔径自然光光导照明传输距离可达6m左右，530mm、740mm的大孔径自然光光导照明传输距离可达15m以上。

三、光导管技术应用

1. 系统构成

垂直系统和水平系统如图4-24所示。

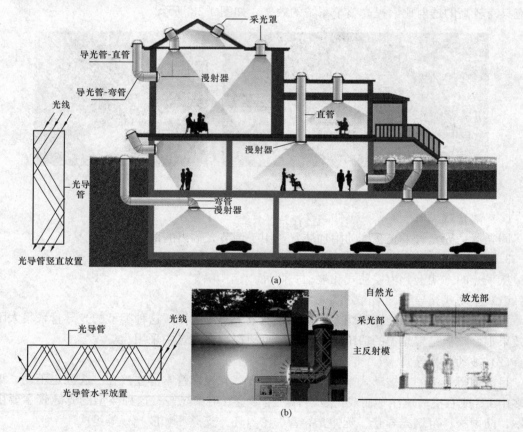

图4-24　系统设计
（a）垂直系统；（b）水平系统

光导管垂直放置时，光线折损率比水平放置时低。光线在水平光导管内反射次数增加，光损加大，系统发光效率降低。所以水平管道传输不宜超过3.0m。

要想照明效果达到最大化，垂直采光是最好的。

2. 型号选型

常用光导管规格见表 4-7。

表 4-7　　　　　　　　　　　　　　　　常用光导管规格

管道直径/mm	开孔尺寸/mm	照射面积/m²	标准管长度/mm	有效管道长度/m
250	320	8～16		8
350	420	12～25		10
450	520	20～50	610	16
530	600	50～100		20
750	820	100～150		25

尽量不采用异型导光管，常规型号直径为 350mm、450mm、530mm 和 750mm 的导光管是主流产品，各厂家都有较完善对应的产品匹配，以上各个型号的安装洞口可分别按照 350mm（预留 420mm）、450mm（520mm）、530mm（600mm）、750mm（820mm）处理。750mm、530mm 型号多用于大空间，如地下车库、车间厂房、体育场馆、写字楼等；350mm、450mm 型号多用于相对较小的空间，如走廊、过道、小房间等。

3. 布置

设计布置导光管时，应集中分布，不易过度分散，应尽量布置成规则形式，注意美观，同时要注意与电气控制相结合，做到白天导光管采光区域和电气照明可以单独控制，做到真正意义的节能。地面为道路及广场可采用平板型采光罩的导光管，屋顶及绿化区域宜采用半球型采光罩的导光管。

4. 管道长度

虽然导光管传输效率非常高，但管道长度会增加造价，同时也会在一定程度上降低系统的采光效率，所以设计中应尽量避免长距离管道传输、多弯头转换等。

5. 间距配置

导光管的间距配置，须经过专业的厂家进行电脑模拟测试，并给出合理的设计建议，专业的厂家都可以提供电脑配光与照度模拟分析。

以空间高度 5m，使用 530mm 型号导光管采光系统为例：地下车库设计间距一般在 8～9m 为宜，办公场所设计间距一般在 5～6m 为宜。按照这个间距设计，即使在较差天气条件下，照度输出亦可达到国标照度要求。

6. 存在的问题

（1）光导管系统使用太阳光作为光源，因此其采集的光能量直接受气候的影响，同时也存在地区性要求。有的地区日照时间比较长，适宜采用光导管照明；而有的地区常年光比较少，应用光导管照明效果就不是很好。

（2）光导管由于其本身的采光方式，对采光的时段性也有要求。对于屋顶采光系统，正午时太阳接近直射，其采光率最高，采光效果最好。而在早晚太阳升降时，其光能量通常不能满足照明要求。对于屋外墙侧采光系统，可能早晨（或傍晚）的采光量最高，而在其他时段则不能保证。

（3）光导管的适用问题。在建筑设计的同时需要考虑给光导管预留安装位置，而有的建筑形式不一定能给光导管预留出合适的安装位置。对于已经建好的建筑再考虑安装光导管，就会对原有建筑结构造成破坏。另一方面，由于光导管在传导光线时，如果管路过长，则光度的衰减也会很大，即使是性能很好的光导管，在通过很长的传输距离后也会造成大量光通量的削减，因此，低层用户的采光率就会大打折扣，这也限制了光导管的使用范围。

7. 适用范围

结合光导管系统的优越型及其固有缺陷，光导管照明技术广泛适用于地下空间、厂房、体育场馆、商场超市、展览馆、动物园、物流中心、港口、火车站、移动房、别墅等建筑楼层单一的场所，同时对于一些特殊的建筑，光导管照明技术是最安全可行的采光方式，为易燃易爆、高温高湿、有电磁辐射危险及有毒害物质场所的照明提供了新的解决方案。

四、采光搁板

1. 原理

采光额搁板的设计，是为大进深的房间提供的。入射的口子有汇聚光源的作用，通常由反射板或者棱镜构成，安装在窗的上面；与其连接的管道的截面是矩形或者是梯形，内壁拥有高反射的膜，常常安装在室内吊顶的里面，具体的大小可以与管线、结构等相配合。实验证明，配合侧窗采光，采光搁板能在一年中大多数时间提供充足（大于100lx）均匀的光照。

2. 应用

采光搁板是在侧窗上部安装一个或一组反射装置，使窗口附近的直射阳光经过一次或多次反射进入室内，以提高房间内部照度的采光系统，如图 4-25 所示。

房间进深不大时，采光搁板的结构可以十分简单，仅是在窗户上部安装一个或一组反射面，使窗口附近的直射阳光，经过一次反射，到达房间内部的天花板，利用天花板的漫反射作用，使整个房间的照度和照度均匀度均有所提高。当房间进深较大时，采光搁板的结构就会变得复杂。

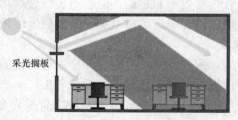

图 4-25 采光搁板

　　在侧窗上部增加由反射板或棱镜组成的光收集装置，反射装置可做成内表面具有高反射比反射膜的传输管道。这一部分通常设在房间吊顶的内部，尺寸大小可与建筑结构、设备管线等相配合。为了提高房间内的照度均匀度，在靠近窗口的一段距离内，向下不设出口，而光的出口设在房间内部，这样就不会使窗附近的照度进一步增加。

　　配合侧窗，这种采光搁板能在一年中的大多数时间为进深小于 9m 的房间提供充足均匀的光照。

五、导光棱镜窗

1. 原理

　　棱镜窗就是将玻璃的窗户做成是棱镜，一面是平整的，而另一面有棱镜，使用棱镜的具有折射的作用变化入射光的角度，让太阳光可以照到室内的更深面。

2. 应用

导光棱镜窗应用如图 4-26 所示。

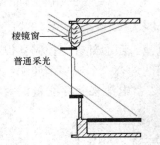
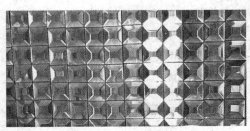
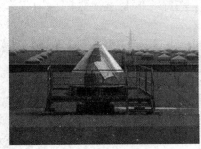

图 4-26　导光棱镜窗应用

　　因为棱镜窗具有折射的作用，能够在建筑之间的距离比较小的时候，得到更多光源的照射。棱镜窗有一个问题，就是人在透过窗看外面的事物时，所看到影像很模糊，要么就是变形了，会对人的心理面形成一种不好的影响。所以在使用棱镜窗的时候，一般是安装在窗户的上面，人一般看不到。

六、其他采光技术及新型材料

1. 导光玻璃

　　导光玻璃是将光纤维夹在两块玻璃之间进行导光。带跟踪阳光的镜面格栅窗，能自动控制射进室内的光通量和热辐射，如图 4-27 所示。

　　用导光材料制成的导光遮光窗帘，遮挡阳光直射室内的同时又将光线导向房间深处。

2. 太阳能电池

　　新型的采光材料，如太阳能薄膜电池、光（电）致变色玻璃、聚碳酸酯玻璃、光触媒技术薄膜涂层和纳米材料的应用等推进了采光方式的突破和发展，如图 4-28 所示。

图 4-27　导光玻璃　　　　　　　　　图 4-28　太阳能电池

第五节　太阳能照明技术

一、照明系统

1. 系统构成

使用的太阳能光伏照明是将太阳能电池组件、蓄电池、照明部件、控制器以及机械结构等部件组合在一起，以太阳能为能源，在室外独立使用的含有一个或多个照明组件的照明装置。需要配用较大的太阳能电池（3～5 倍的光源功率）、蓄电池来储存能量，太阳能光伏照明系统如图4-29 所示。

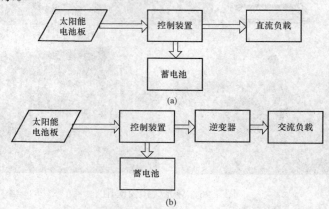

图 4-29　太阳能光伏照明系统
（a）直流负载；（b）交流负载

并网系统较独立系统增加逆变器和并网计量仪表，如图 4-30 所示。

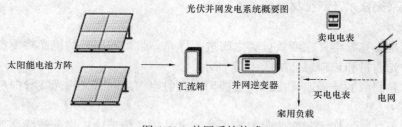

图 4-30　并网系统构成

2. 控制方式

照明控制方式有手动、光控、定时、光控＋定时、调光、分时段等控制方式，如图 4-31 所示。

3. 应用

独立系统在建筑照明中的应用如图 4-32 所示。

并网系统在建筑照明中的应用如图 4-33 所示。

独立系统在路灯照明中的应用如图 4-34 所示。

二、风光互补系统

1. 系统构成

风光互补系统构成主要由风力发电机、太阳能电池方阵、智能控制器、蓄电池组、多功能逆变器、电缆及支撑和辅助件等组成的发电系统。

夜间和阴雨天无阳光时由风能发电，晴天由太阳能发电，在既有风又有太阳的情况下两者可以同时发挥作用，实现了全天候的发电功能，比单用风机和太阳能更经济、科学和实用风光互补系统构成如图 4-35 所示。

2. 应用

风光互补照明系统广泛应用于城乡道路、高速公路、水利堤防、桥梁、海岛、公园景区、工业区、城市广场、居民小区等场所的照明，适用于路灯、庭院灯、广大无电地区、别墅生

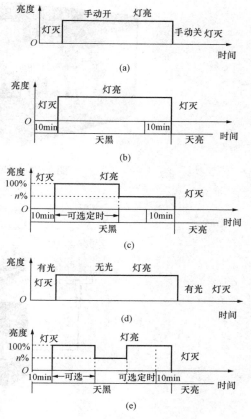

图 4-31　照明控制方式

（a）手动控制模式；（b）纯光控模式；（c）光控＋
定时控制模式；（d）调光控制模式；
（e）双时段输出

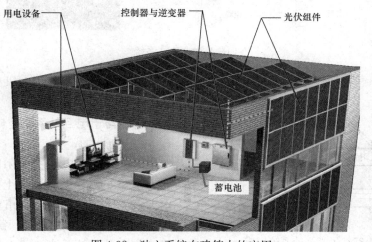

图 4-32　独立系统在建筑中的应用

图 4-33 并网系统在建筑中的应用

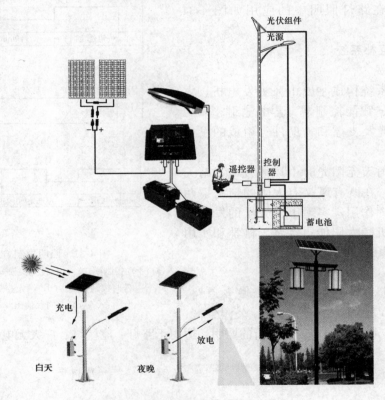

图 4-34 独立系统

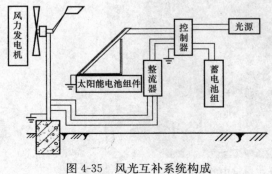

图 4-35 风光互补系统构成

活用电和家庭后备电源，风光互补照明系统如图 4-36 所示。

三、与市电互补系统

1. 系统构成

太阳能与市电互补太阳能照明是以太阳能为主要能源，供当天晚上照明用电，当阴雨天电池储能不足时，由市电供电的照明装置，可减小太阳能电池、蓄电池的装机容量，与市电互补系统如图 4-37 所示。

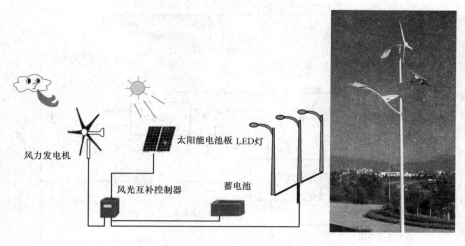

图 4-36　风光互补照明系统

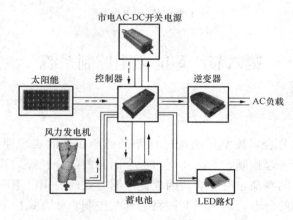

图 4-37　与市电互补系统

2．切换电路

光伏电源与市电切换方式如图 4-38 所示。

3．应用

在太阳能光伏电力与市电互补照明系统中，只有在太阳电池所提供的能量不足以驱动光源的情况下才能够让市电切入。

检验蓄电池的端电压应该是最简单有效的方法。由于光源的功率是不变的，蓄电池的放电电流基本恒定，太阳能光伏系统的状态，尤其是其存储能量的大小，都可以反映在蓄电池的端电压上，所以可以通过检验蓄电池的端电压来控制市电的切入。

太阳能光伏电力与市电互补形式的特点是当连续阴雨天太阳能光伏电力不足时，由市电直接给蓄电池充电，蓄电池每天始终可以保持在电力充足的状态下，蓄电池的寿命可以得到很大的延长。

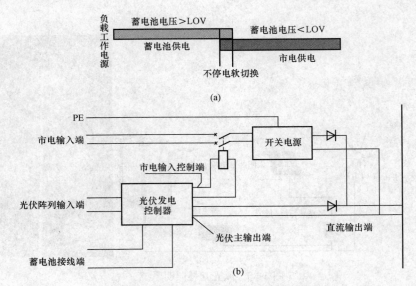

图 4-38　光伏电源与市电切换方式
(a) 控制逻辑；(b) 电路图

第六节　智能照明控制系统

一、照明控制方式

1. 手动控制

（1）利用断路器的分合，控制照明配电回路的通断，从而实现照明控制。此控制方式中，一个配电回路只能一起控制，无法实现对一个回路内部分光源的开关控制，而且频繁的操作断路器，对断路器的寿命也有影响，因此此控制方式的应用已不广泛。

（2）利用翘板开关的分合，实现照明回路的开关控制，此方式控制简单，施工方便，投资少，应用广泛。

（3）利用照明配电回路中的手动旋钮（调光控制柜和灯光控制台等）调节供电回路的电气参数，实现调光控制。

2. 自动控制

在照明配电回路中设置通断元件（接触器），通过二次回路来控制一次回路的分合，从而实现对光源的控制。

二次回路的控制可以通过按钮手动控制，也可以通过 PLC 控制或者其他系统的远程信号来控制，可以完成时间控制、照度控制以及简单的程序控制。实现集中控制、集中监视、集中管理，相对于传统的控制方式而言，其自动化程度有了较大的提高，但是如果项目投入运行后，需要调整灯光场景等预设置，需要对其配电回路进行改造，其灵活性仍然有很大限制。

二、智能照明控制系统

1. 定义

利用计算机、网络技术、无线通信数据传输、电力载波通信技术、计算机智能化信息处理技术、传感技术及节能型电器控制等技术组成的分布式无线或有线控制系统，通过预设程序的运行，根据某一区域的功能、每天不同的时间、室外光亮度或该区域的用途来自动控制照明。

智能照明控制系统与其他控制方式的比较如图 4-39 所示。

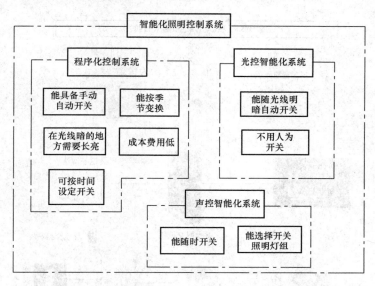

图 4-39　智能照明控制系统与其他控制方式的比较

2. 系统构成

智能照明控制系统通常由调光模块、开关模块、输入模块、控制面板、液晶显示触摸屏、智能传感器、PC 接口、时间管理模块、手持式编程器、监控计算机（大型网络需网桥连接）等部件组成，如图 4-40 所示。

调光模块以微处理器（CPU）为核心，由其控制晶闸管的开启角来调节输出电压平均幅值的大小，从而实现对光源亮度的调节。

输入模块接受无源节点信号，并通过总线将该信号发送给 CPU。

开关模块主要由继电器构成，其作为控制电源的开关实现对光源的控制。

控制面板给使用者提供直观的操作界面，供其直观操作控制灯光场景，并且可以通过在控制面板上进行编程而完成各种不同的控制功能，控制面板将不同的输入键符信号发送给微处理器，处理器在识别输入键符后经过处理再发出控制信号，对调光模块或开关模块实施控制，从而达到控制光源状态的目的。

智能传感器主要分为照度探测、存在探测和移动探测传感器等，主要用于对光源所处环境或条件变化的监测。

时间管理模块与控制系统总线上的设备互相协调配合，完成各种自动化任务和时间控制任务。

三、系统控制功能

智能照明控制系统的控制功能主要有中央控制、开关控制、调光控制、定时时钟控制、天文时钟控制、场景控制、遥控功能、存在或移动控制、远程控制等。

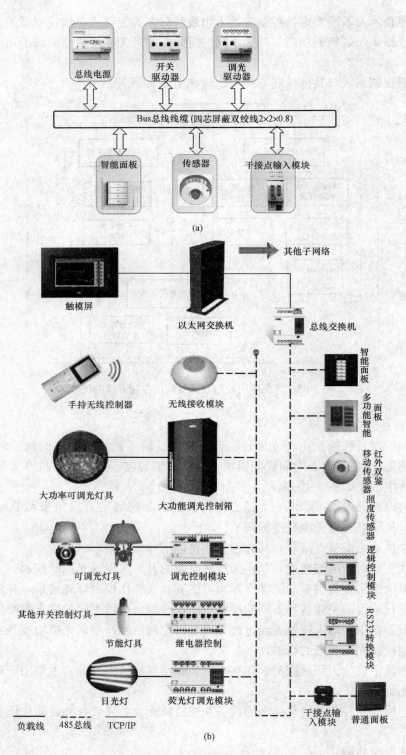

图 4-40　智能照明控制系统（一）

（a）系统结构；（b）系统组成

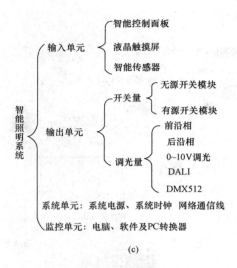

图 4-40 智能照明控制系统（二）

（c）设备

1. 中央控制

中央控制则是利用中央处理器及系统软件实现对系统中所有开关、调光、灯光状态的监测与控制管理，中央控制构成如图 4-41 所示。

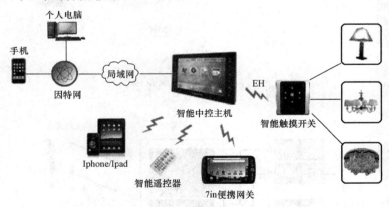

图 4-41 中央控制构成

2. 开关控制

开关控制实现了在中央站和就地控制两种方式下对灯光的开启和关闭的控制，如图 4-42 所示。

3. 调光控制

调光控制即对灯光照度从零至最大的控制，如图 4-43 所示。控制方式上同样有中央站和就地控制两种方式。

4. 定时控制

定时控制顾名思义就是按照预先设定的时间对灯光的开启与关闭的控制，如图 4-44 所示。

191

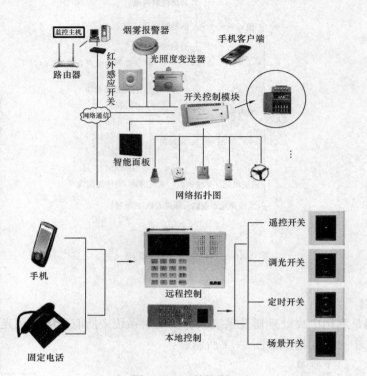

图 4-42　开关控制

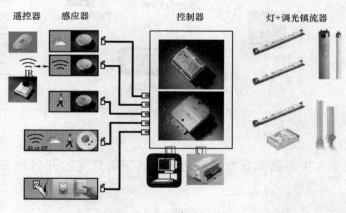

图 4-43　调光控制

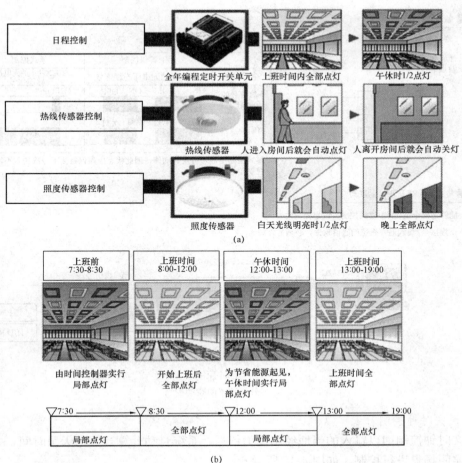

(a)

(b)

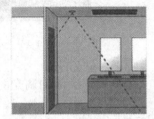

一旦有人进入房间，灯具自动打开

当没有人在房间时，灯具自动关闭

★ 完全自动化的照明控制方式：
- 可以控制所有开关量的设备，如：灯具、排气扇
- 进入时设备打开，离开时关闭，依据使用情况可以设置延迟功能。

★ 最有效地降低照明成本

★ 便利、节能

- 热感开关也可以控制排气扇等其他设备
- 热感开关具有延迟功能

(c)

图 4-44 定时控制（一）
(a) 分时控制；(b) 日程控制；(c) 热线传感器控制

■ 触点

通过外部装置的触点信号，能够进进全2线式遥控控制。

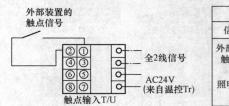

	个期·群组控制	模式控制
信号条析	1s以上的无电压连续信号	0.2s以上的无电压脉冲信号
外部信号的触点状态	ON　OFF　ON　OFF	ON OFF
照明的点灯状态	点灯　关灯　点灯　关灯	

★ 模式控制不能进行反转动作，因此状态应该保持到下一次传入不同的控制信号为止。

■ 与通信（RS232C）的联动

能够进行个别·群组·模式控制，设定控制内容。

※连接全2线式遥控系统的通信软件，必须另外编制。

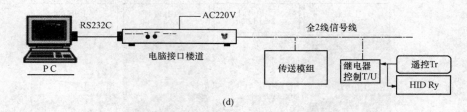

(d)

图 4-44　定时控制（二）

（d）与外部装置的联动控制

5. 天文时钟控制

天文时钟控制即以输入的当地经纬度为依据，系统自动计算当天的天黑时间，并以此为依据对照明场景进行控制，如图 4-45 所示。

图 4-45　天文时钟控制

6. 场景控制

场景控制是对灯光的开启、关闭和调光的联合控制，如图 4-46 所示。

7. 遥控功能

遥控功能是通过手持遥控器对设置有红外控制面板的光源进行相关控制，如图 4-47 所示。

8. 存在或移动控制

存在或移动控制是通过存在探测传感器或移动探测传感器返回的探测数据，按照预先设

大堂欢迎模式　　　　　　　大堂宁静模式　　　　　　　大堂傍晚模式

电梯间的场景变化：结合定时与手动控制

会议室全开模式与现场效果

会议室投影模式与现场效果

图 4-46　场景控制（一）

图 4-46　场景控制（二）

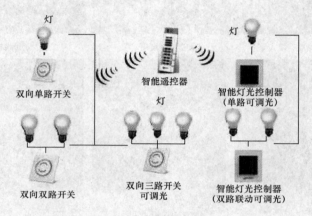

图 4-47　遥控功能

定的参数对光源实施相应控制，如图 4-48 所示。

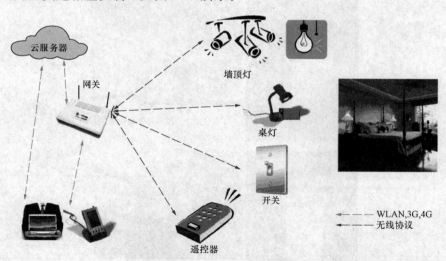

图 4-48　存在或移动控制

9. 远程控制

远程控制是通过 Internet 对系统实施远程监控，监控内容包括对系统中照明参数的设置与修改，对系统场景照明状态的建设和对系统场景照明状态的控制等，如图 4-49 所示。

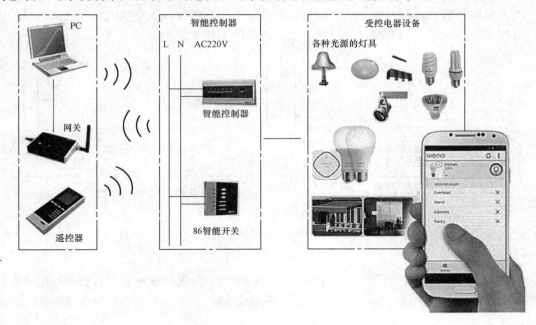

图 4-49　远程控制

四、数据传输方式

在国际上照明设施控制系统数据的传输网络无统一的标准，目前主要有双绞线传输方式、电力载波传输方式和无线射频传输方式三种类型。这三种传输方式的数据传输速率、传输的可靠程度有较大区别。

1. 双绞线传输方式

双绞线传输方式以双绞线为信息传输网，需单独敷设线路，适用于新建、扩建的工程，如图 4-50 所示。

图 4-50　双绞线传输方式

此方式主要有以下优点：

（1）软硬件协议完全开放、完善，通用性好。

（2）线路两端变压器隔离，抗干扰性强，防雷性能好。

（3）传输速度快。

（4）系统容量几乎不受限制，不会因系统增大而出现不可预料的故障。

（5）作为信息传输介质，有大量成熟的通用设备可以选用。

2. 电力载波传输方式

电力载波传输方式利用电力线为信息传输网，不用单独敷设线路就可实现数据信号的传输，适用于新建、扩建的工程，且特别适用于改造的工程，如图 4-51 所示。

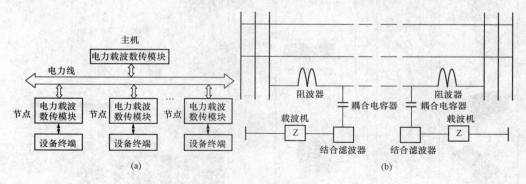

图 4-51　电力载波传输
(a) 结构；(b) 组成

电力载波传输方式由于受电力线中电流波动的影响，数据传输速率及数据传输的可靠性受到较大影响，效率降低。当监控设备多时，数据传输的不可靠可能会导致系统瘫痪，如图 4-52 所示。

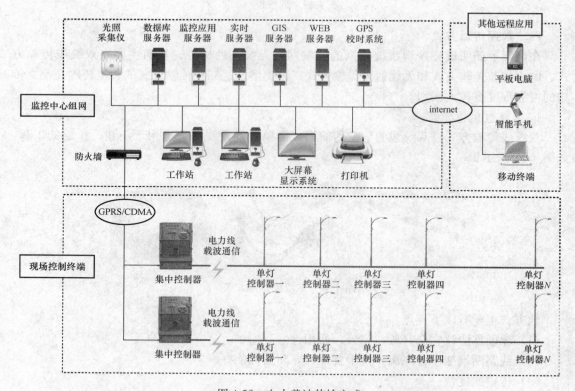

图 4-52　电力载波传输方式

3. 无线射频传输方式

无线射频传输方式利用无线射频作为信息传输网，该系统不仅在功能上能完全满足要求，室内无须布线，施工简单，可以节省施工的投资，适用于新建、扩建的工程，且特别适用于改造的工程，如图 4-53 所示。

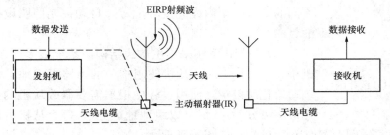

图 4-53　无线射频传输方式

无线射频的工作频率符合 IEEE802.11b 标准要求。

五、总线

1. DALI 总线

（1）DALI（Digital Addressable Lighting Interface）协议是用于照明系统控制的开放式异步串行数字通信协议。

数字可寻址照明接口 DALI 作为 IEC 60929 标准的一部分为照明元件提供通信规则。最初问世于 20 世纪 90 年代中期。商业化的应用开始于 1998 年，在欧洲 DALI 作为一个新的标准已经被镇流器厂商所接受。这些厂商包括 Osram，Philips，Tridonic.Atco 等厂商。

（2）智能照明控制系统采用三层次结构，包括上位机（顶层）、主控系统（中间层）、从控系统与调光镇流器（底层），如图 4-54 所示。上位机通过无线模块与主控系统进行通信，主控系统接收上位机发来的无线命令数据，完成模式设置并给出相应的响应，主控系统与各个照明设备之间采用 DALI（数字可寻址照明接口）总线进行连接，照明设备在 DALI 命令作用下，实现荧光灯的开关控制和调光控制。

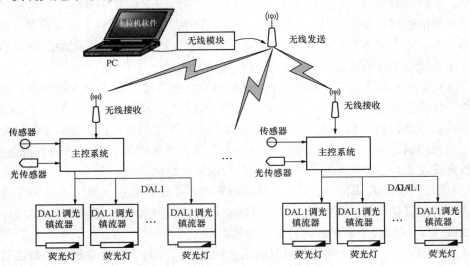

图 4-54　智能照明控制系统组成

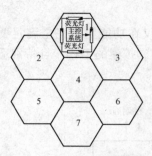

图 4-55 照明分区控制

将需要照明的区域分成多个照明小区，照明分区控制如图 4-55 所示，每个照明小区安装一个主控系统和多个照明设备（荧光灯等），设备之间以及与主控系统之间采用 DALI 总线连接。

在每个照明小区中，智能照明控制系统可以根据功能、每天不同的时段、室内光亮度环境等，自动控制照明设备，达到节能的目的。

（3）DALI 系统采用主从式结构，系统最多可以连接 64 个从机单元，每个 DALI 从机使用唯一的个体标识地址，该地址在系统初始化时设定，使用过程中根据需要修改从机的地址；从机单元最多可分为 16 组（以组地址区分），每个从机可以属于几个不同的组，每组设备可以设定 16 个场景，如图 4-56 所示。

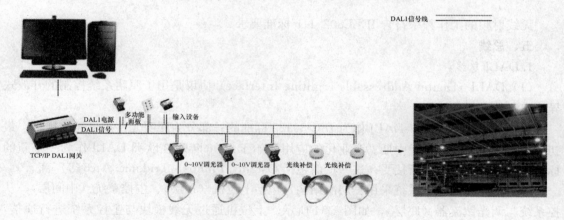

图 4-56 DALI 系统

主机与从机之间使用两条信号线通信，数据采用曼彻斯特编码方式编码，信号的上升沿表示 "1"，下降沿表示 "0"，通信速率为 1.2kbaud/s（baud 是波特率单位，指每秒一个信道的信号改变的数目，即电信号被送到通信线上的频率。波特率是一个电气测量的单位，并不一定是一个线路上的数据传输率单位）。通信过程中主机使用两种不同的数据帧格式，即发送帧（主机发送到从机）和接收帧（从机发送到主机）。

（4）DALI 协议定义了用于实现系统功能的双字节指令集，指令分为标准指令和专用指令两大类。标准指令的第一字节为地址字节，用于对 DALI 从机的寻址；第二字节为命令字节，用来控制寻址得到的 DALI 从机。使用标准指令，主控制器可以实现对 DALI 从机的分组控制、调光控制、场景设定等功能。专用命令不包含地址字节，两字节内容都是命令码，使用广播方式发送，主要用来对 DALI 系统进行地址初始化。

DALI 系统与 BMS、EIB 或 LON 总线系统不同，不是将其扩展成具有各种复杂控制功能的系统，而仅仅是作为一个灯光控制子系统应用，通过网关接口集成于 BMS 中，可接受 BMS 控制命令，或回收子系统的运行状态参数。

DALI 技术的最大特点是单个灯具具有独立地址，可通过 DALI 系统对单灯或灯组进行精确的调光控制。DALI 系统软件可对同一强电回路或不同回路上的单个或多个灯具进行独立寻址，从而实现单独控制和任意分组。

2. C-Bus 总线

C-BUS 系统是一个分布式、二线制、专业的智能照明控制系统。所有的控制单元均内置微处理器和存储单元，由一对信号线（UTP5）连接成网络。通过软件对所有单元进行编程，实现相应的控制功能。

C-BUS 系统遵从国际通信协议标准，IEEE STANDARD 802.3 "CSMA/CD"、"CSMA/CD" 即为 Carrier Sense-Multiple Access-Collision Detection（多主机载波监听-冲突检测）。

（1）系统接线。

采用两线制双绞线，即一对线上既提供总线设备工作电源（15VDC～36VDC），又传输总线设备信息，总线设备之间直接通信，无须通过中央控制器，C-Bus 系统如图 4-57 所示。

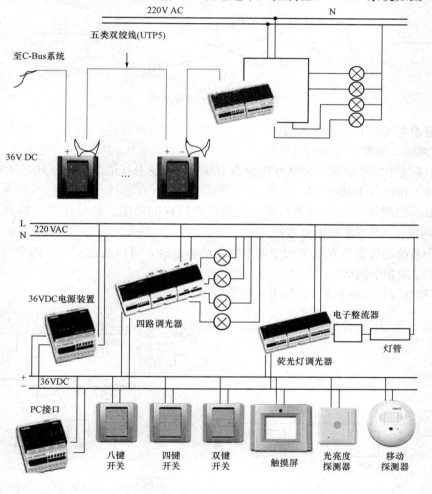

图 4-57　C-Bus 系统

（2）组织结构。

C-Bus 的传输协议为 CSMA/CD，通信速率为 916kbit/s。C-Bus 网络采用自由拓扑结构、星形方式、菊花链方式以及 T 形方式，禁止采用环网形成闭环，其总线结构如图 4-58

所示。

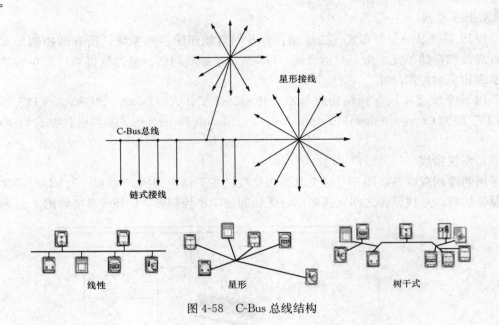

图 4-58 C-Bus 总线结构

以施耐德电气 C-Bus 为例说明。

1) 单网络，如图 4-59 所示。

C-Bus 系统中每个单网络元器件数量为 100 个。系统总线的总长度不超过 1000m。每个网络的系统工作电流不超过 2A。

在 C-Bus 的网络中，IP 网关与串口网关实现同样的功能。如果使用电脑来连接 C-Bus 系统，IP 网关比 RS-232 网关更方便。

当一个系统的设备需求远远大于单个网络的容量时，可以通过 C-Bus 的 IP 网关或者 C-Bus 网桥来连接多个网络。

2) 多网络（以太网拓展），如图 4-60 所示。

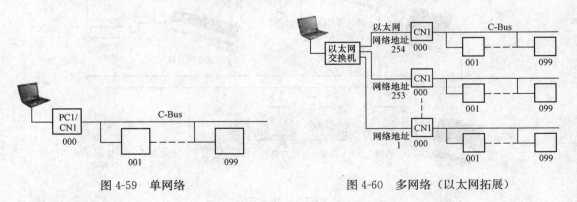

图 4-59 单网络   图 4-60 多网络（以太网拓展）

C-Bus 网关支持 10MB 带宽，可以直接连接到以太网中。

一个 C-Bus 系统最多支持 255 个网络，网络地址可以是 0～254 中的任意一个。

如果是在一个需要具备实时监控反馈以及中央控制的大型网络中，推荐采用 IP 网关来进行各网络的连接。

3) 多网络（网桥拓展），如图 4-61 所示。

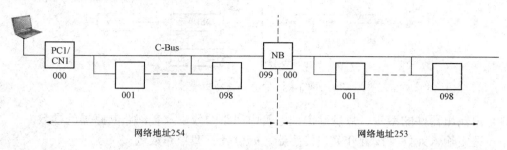

图 4-61　多网络（网桥拓展）

当 C-Bus 单网络系统中的元器件数、电流数或者总线长度超出限定值，则必须使用网桥（NB-Network Bridge）。

网桥的作用是用来分隔网络，使各个网络相互隔离。

最多使用 6 个网桥进行横向顺序拓展。

拓展后的网络可由程序自由设定通信方式、双向通信、单相通信或者是不通信。

（3）系统布线。

C-Bus 系统布线示意如图 4-62 所示。

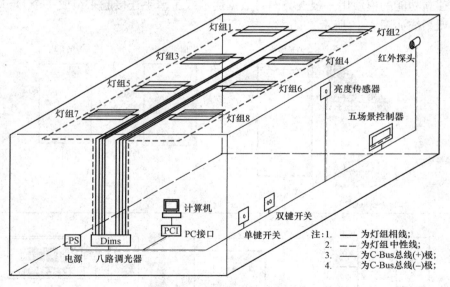

图 4-62　C-Bus 系统布线示意

（4）系统设计。

C-Bus 系统是由系统单元、输出单元、输入单元三部分组成，如图 4-63 所示。

1）首先根据建筑平面图，业主对照明系统的功能要求及 C-Bus 系统的特点确定最佳的照明系统的控制方案。

2）根据控制方案及照明负荷的总容量划分合理的照明回路。

3）由照明回路的数量和控制要求，选择输出器件的型号、数量并确定其位置。

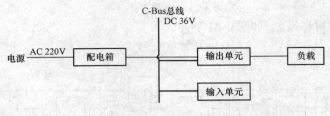

图 4-63　C-Bus 系统组成

4）由输出器件的型号、数量确定配电箱内回路的数量及各回路断路器的参数。

5）选定输入元件（按键开关、传感器）的位置、型号和数量。

3. Dynet 总线

（1）Dynet 总线。

Dynet 协议是澳大利亚邦奇电子工程公司在 Dynalite 智能灯光控制系统中使用的协议。Dynalite 系统是一个真正的分布式控制系统。Dynet 网络上的所有设备都是智能化的，并以"点到点"方式进行通信。

（2）组成。

分布式智能照明控制系统，通常可以由调光模块、开关模块、控制面板、液晶显示触摸屏、智能传感器、编程插口、时钟管理器、手持式编程器和 PC 监控机等部件组成，将上述各种具备独立功能的模块用一根五类四对数据通信线手牵手连接起来组成一个 Dynet 控制网络，其典型系统如图 4-64 所示。

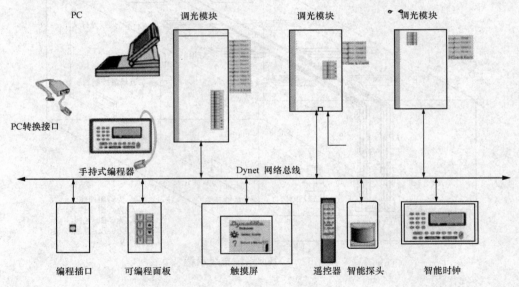

图 4-64　Dynet 总线

1）调光模块。为控制系统中的主要部件，用于对灯具进行调光或开关控制，能记忆预设置灯光场景，不因停电而被破坏，调光模块按型号不同其输入电源有三相，也有单相等不同组合供用户选用。

2）开关模块。除了调光模块以外，还有一种用继电器开关输出的控制模块。这种模块主要用于实现对照明的智能开关管理，适用于所有对照明智能化开关管理的场所，如办公区域、大型购物中心、道路景观、体育场馆、建筑物外墙照明等。

3）场景切换控制面板。由各照明回路不同的亮暗搭配组成的某种灯光效果，称之为场景。使用者可以通过选择面板上不同的按键来切换不同的场景。

4）智能传感器。智能传感器兼有动静探测，用于识别有无人进入房间；照度动态检测，用于日照自动补偿和适用于遥控的远红外遥控接收功能。

5）时钟管理器。用于提供一周内各种复杂的照明控制事件和任务的动作定时，可通过按键设置，改变各种控制参数，一台时钟可管理若干个区域。

6）液晶显示触摸屏。采用点阵，可图文同时显示，根据用户需要产生模拟各种控制要求和调光区域灯位亮暗的图像，用以在屏幕上实现形象直观的多功能面板控制。这种面板既可用于就地控制，也可用作多个控制区域的监控。

7）手持式编程器。管理人员只要将手持编程器插头插入编程插口即能与Dynet网络连接，便可对楼宇的任何一个楼层、任何一个调光区域的灯光场景进行预设置、修改或读取并显示各调光回路现行预置值。

8）PC。对于大型照明控制网络，当用户需要实现系统实时监控时，可配置PC通过PC接口接入Dynet网络，便可在中央监控室实现对整个照明控制系统的管理。

9）Dynet网络。智能照明控制系统避免了中央集中控制的缺点，各模块只响应网络对该模块的随机"呼叫"，这就意味着在各种状态下，每个模块互不影响，保证系统具有高可靠性。

（3）网络结构。

Dynet网络是一种"事件驱动式"网络系统。通常控制模块安装于配电间位置既可挂墙明装，也可机柜内安装；控制面板及其他控制器件安装在便于操作的地方，该系统可在任何时候进行扩展，不必进行重新配置或更改原有线路，只需将增加模块用数据线接入原有网络系统便可。

Dynet网络由主干网和子网构成。每个子网都可以通过一台网桥（Net Bridges）与主干网相连，主干网最多可连接64个子网，每个子网可连接64个模块，系统最多可连接4096个模块。数据在子网的传输速率为916kbit/s，主干网的传输速率可根据网络的大小设定，最高可以达到5716kbit/s。由于Dynet网络能通过对网桥编程和设置，有效地控制各子网和主干网之间的信息流通、信号整形、信号增强和调节传输速率，大大提高了大型照明控制网络工作的可靠性，如图4-65所示。

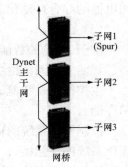

图4-65 Dynet
网络结构

（4）Dynet接线。

网络通信线采用带屏蔽层的五类四对双绞线（一对备用）电缆。部件间的连接采用菊花形连接方式，即每个部件上只有一进一出两根电缆的引线端头（第一个部件和最后一个部件除外，只有一根引线端头），依次将三对不同颜色的双绞线分别接到＋12V、D-、D＋和GND的端子排上，如此就连成了一个调光控制网络，见表4-8和如图4-66所示。

表 4-8   Dynet 网络接线

接 线 端	功　能	双绞线颜色
+12V	12VDC	桔红/白，双绞线
D—	RS485 Data—端	蓝/白双绞线中的白线
D+	RS485 Data+端	蓝/白双绞线中的蓝线
GND	Ground	绿/白，双绞线

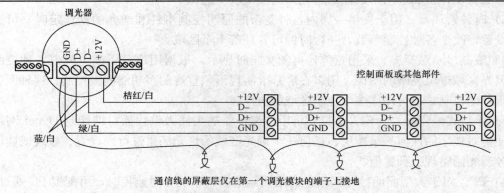

图 4-66　Dnnet 网络接线

（5）Dlight 软件。

Dynalite 系统可以通过 Dlight 软件来进行设定和调整。Dlight 软件还可以对系统的运行总线情况进行监控，包括自动检测坏灯及报告灯具寿命、工作运行状态等，从而管理整个系统。

4. HBS 总线

（1）HBS 总线。

HBS 的全称是家庭总线系统（Home Bus System），由日本一些企业，包括日立（Hitachi）、松下（Mutsushita）、三菱（Mitsubishi）、东芝（Toshiba）等联合提出的。HBS 协议规定了如何通过双绞线或同轴电缆实现家用电器、电话、音频、视频装置的互联，着眼于家用电器的综合自动化。同时，HBS 协议也考虑了如何在家庭内获得远程服务。

（2）组成。

基于 HBS 的智能家居系统如图 4-67 所示。

智能家居系统由主控模块、控制器、执行器和辅助模块四个部分组成。

主控模块是智能家居系统的核心，每套设备必备，负责总线供电、信号仲裁和组态信息的存储。

控制器是系统的输入通道，控制指令由用户或传感器经控制器发出，红外/无线接收器提供系统的遥控接口。

执行器是系统的输出通道，根据控制指令驱动具体的对象。

辅助模块扩展系统的功能（电话模块实现异地遥控功能；耦合器将系统的通信距离从600m 扩到 1200m；设置开关使用户无须手持设置器就可以通过面板操作对系统组态）。输入类和输出类模块均能通过手持红外设置器/设置开关设置地址，通过地址，灵活组合出各种控制功能而无需变更系统布线。

5. X-10 总线

（1）X-10 总线。

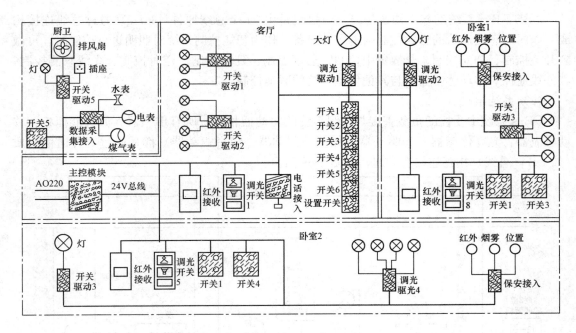

图 4-67　HBS 智能家居系统

X-10 采用电力线载波技术，根据电力线信号正负过零点处 120kHz 脉冲信号出现与否来进行传输。信号帧头标识符为 1110，该标识符仅以真值形式传送，其余每个信号分别以真值和补码两种形式在交流电的零相位开始传送，为了和三相交流电的过零点相一致，这些数据帧必须连续传送三次。

具有代表性的电力线载波智能照明控制系统实际上是基于 X-10 协议的智能照明控制系统。X-10 协议是以电力线为连接介质对电子设备进行远程控制的通信协议。

（2）系统结构。

常见的 X-10 智能系统结构图如图 4-68 所示。

电力线载波实际上就是电力线通信（Power Line Communication，

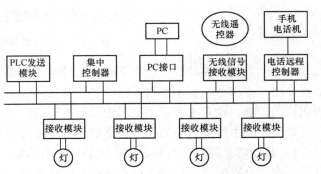

图 4-68　X-10 智能系统结构

PLC），是指用电力线传输数据和语音信号的一种通信方式。

按照电压水平分，电力线载波可以分为高压电力线载波通信、中压电力线载波通信和低压电力线载波通信三类。作为智能照明系统，主要是使用低压类。在使用过程中，通过电力线将传感器、执行器和网关等设备联系在一起。

6. I-Bus 总线

（1）I-Bus 总线。

I-Bus 总线是基于 EIB（欧洲安装总线）标准的两线网络。EIB（European Installing Bus）在欧洲的楼宇/家庭自动化标准中占主导地位。

ABB I-Bus 系统的基本构成是线，一根线是由 64 个总线原件（PTC）通过总线连接构成。以弱电总线通信的方式控制强电末端设备，作为智能控制系统对照明进行控制时，可做到开关控制、调光控制、分散集中控制、远程控制、延时控制、定时控制、光线感测控制、红外线遥控、移动感测控制与其他设备系统的联动控制等。

（2）系统组成。

I-Bus 系统中受控的负载直接与控制系统的驱动器相连，所有传感器（如智能面板、移动感应器、光亮传感器）和驱动器（如开关驱动器、窗帘驱动器）都是通过一种通信介质（如 I-Bus 总线）相互连接在一起，如图 4-69 所示。

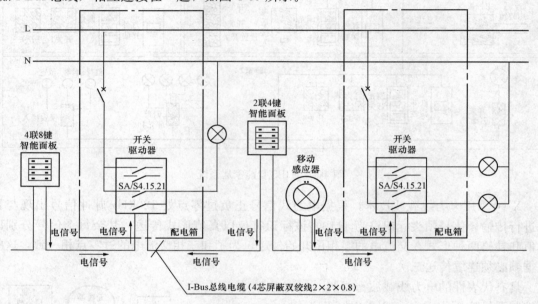

图 4-69　I-Bus 系统组成

当一个智能面板的按钮被按下时，通过通信介质 I-Bus 总线向设定的驱动器以电信号的形式发出一个指令，驱动器收到电信号后经过内置 CPU 进行信息处理然后再驱动负载，实现相应的功能。这意味着在系统不做任何改动的情况下通过编程实现功能的灵活多变。

总线元件主要分为驱动器、传感器和系统元件三大类。

1）驱动器。负责接收和处理传感器传送的信号，并执行相应的操作，如开/关灯、调节灯的亮度、升降窗帘、启停风机盘管或地加热调节温度等。

2）传感器。负责根据现场手动操作，或探测光线、温度等的变化，向驱动器发出相应的控制信号。

3）系统元件。为系统运行提供必要的基础条件，如电源供应器和各类接口。

（3）系统结构。

1）系统最小的结构单元称为支线，如图 4-70 所示。

最多 64 个总线元件在同一支线上运行，每条支线实际所能连接的设备数取决于所选电源的容量和支线元件的总耗电量。

2）最多 15 条支线通过线路耦合器（LK/S 4.1）连接在一条干线上。由支线、干线组成的系统结构称为区域，如图 4-71 所示。

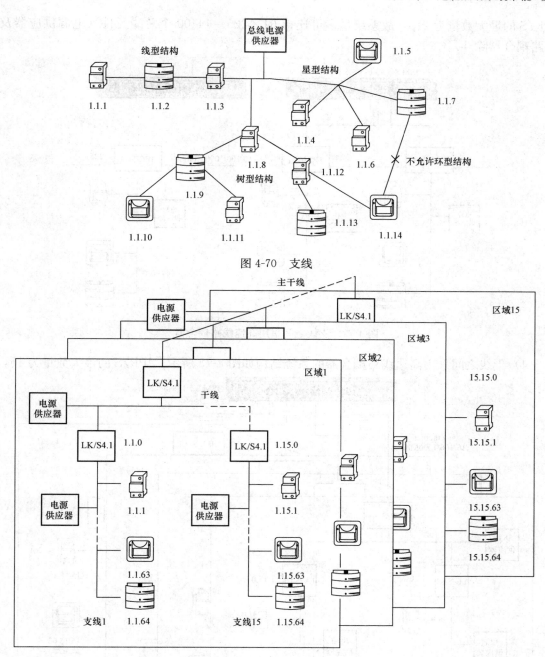

图 4-70　支线

图 4-71　区域

一个区域中最多可连接 15×64 个总线元件。系统可通过主干线进行扩展，使用线路耦合器（LK/S 4.1）将每个区域连接到主干线上。主干线上可连接 15 个区域，故整个系统最多可连接 14400 个总线元件（电源供应器及线路耦合器除外）。支线、干线、主干线数据传输速率均为 9600bit/s。

3）对于大型项目，为提高通信速率，在干线之间或支线之间采用 IP 路由器 IPR/S 作为高速线路耦合器使用。支线之间采用高速线路耦合器的系统结构如图 4-72 所示。此时

209

IPR/S 的最大数量为 225，故系统最多可连接 64×225＝14400 个总线元件（电源供应器及线路耦合器除外）。

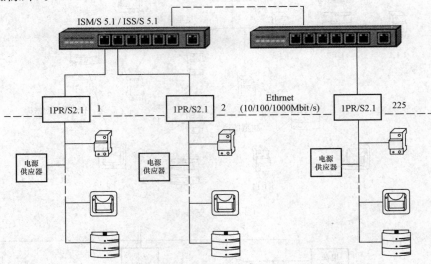

图 4-72 支线之间采用高速线路耦合器

4）干线之间采用高速线路耦合器的系统结构如图 4-73 所示。IPR/S 的最大数量为 15，

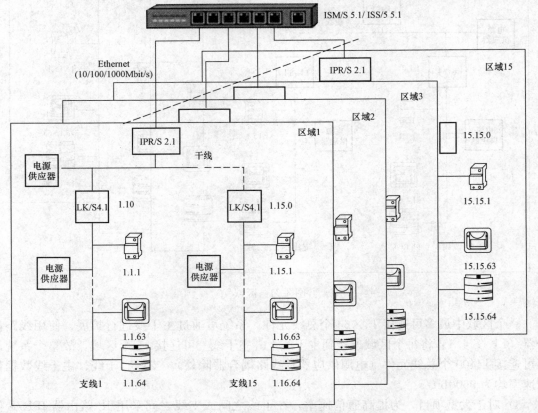

图 4-73 干线之间采用高速线路耦合器

故系统最多可连接 $64 \times 15 \times 15 = 14400$ 个总线元件（电源供应器及线路耦合器除外）。

（4）布线。

在同一条支线中，所有 I-Bus 总线电缆总和不超过 1000m；任何两个元件之间的 I-Bus 总线电缆长度均不超过 700m；电源到任何元件的 I-Bus 总线电缆长度均不超过 350m；若有两个电源供应器，电源之间的 I-Bus 总线电缆长度不得小于 200m。

系统布线如图 4-74 所示。

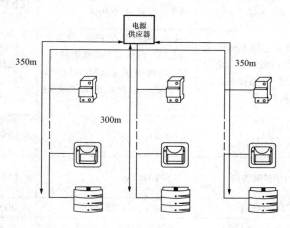

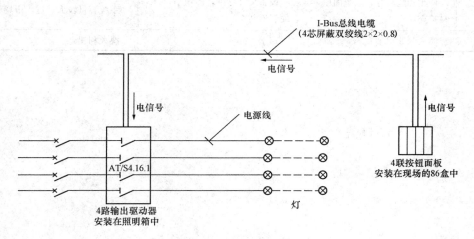

图 4-74　系统布线

7. 各种总线比较

从智能照明控制系统的组成方式看，主要有总线型、电力线载波型、无线网络型等。几家公司的产品比较见表 4-9。

表 4-9　　　　　　　　基于现场总线的智能照明系统比较

内容	邦奇电子 Dynet	ABB 公司 I-Bus	奇胜科技 C-Bus
系统形式	分布式	分布式	分布式
拓扑结构	总线型	总线型	总线型、星型、混合型

内容	邦奇电子 Dynet	ABB 公司 I-Bus	奇胜科技 C-Bus
系统形式	分布式	分布式	分布式
总线容量	主网可连接 64 个子网，每个子网可连接 64 个模块；主网最多可连接 4096 个模块；调光模块中可存放 96 个场景	主网可连接 64 个子网，每个子网可连接 64 个模块；主网最多可连接 4096 个模块；调光模块中可存放 96 个场景	每个子网最多有 100 个单元，255 个回路；采用网桥、集线器和交换机，可灵活连接网断
网络	Dynet 网络是使用 RS485 通信协议的四线网络；总线电源电压为直流 12V；总线长度没有严格的限制	I-Bus 系统是在 EIB（欧洲安装总线）的标准上的两线网络；总线电源电压为直流 24V（最大 29V）；总线长度有严格的限制	C-Bus 系统是两线网络；总线电源电压为直流 36V（15～36V 均可）；子网的传输距离最大为 1000m
传输速率	子网：916kbit/s 主网：最大 5716kbit/s	9.6kbit/s	9.6kbit/s
通信协议	DMX512 照明控制协议	CSMAPCA	CSMAPCD
操作系统	Windows，Dlight 软件	Windows，ETS2 软件	WINDOWS，C2LUTION 软件
传输介质	屏蔽五类双绞线（STP5）	屏蔽五类双绞线（STP5）	非屏蔽五类双绞线（UTP5）
其他	调光功能较好，系统简单，易扩充	设备尺寸标准，体积小，便于安装	系统容量较大，进入市场早
产地	澳大利亚	瑞士	澳大利亚

第五章　建筑动力设备节能

第一节　电动机能耗

一、电动机分类

电动机是一种旋转式电动机器，将电能转变为机械能，包括定子绕组和转子绕组等。

1. 按工作电源种类分

按工作电源种类分为

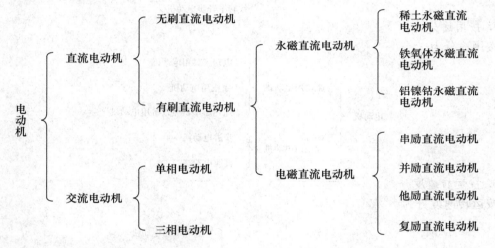

2. 按结构和工作原理分

按结构和工作原理分为

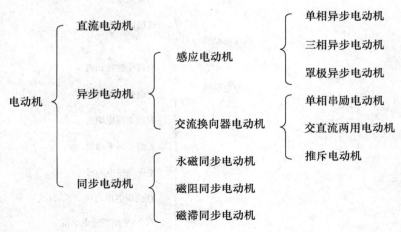

3. 按起动与运行方式分

按起动与运行方式分为

电容起动式单相异步电动机

电容运转式单相异步电动机

电动机 {

电容起动运转式单相异步电动机

分相式单相异步电动机

4. 按转子结构分
按转子结构分为

笼型异步电动机

电动机 {

绕线转子异步电动机

5. 按用途分
按用途分为

电动工具用电动机

驱动用电动机 { 家电用电动机

通用小型机械设备用电动机

电动机 {

控制用电动机 { 步进电动机

伺服电动机

6. 按运转速度分
按运转速度分为

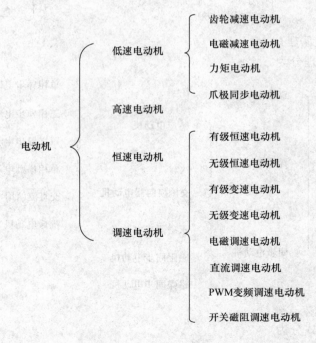

齿轮减速电动机

电磁减速电动机

低速电动机 { 力矩电动机

爪极同步电动机

高速电动机

电动机 {

有级恒速电动机

恒速电动机 { 无级恒速电动机

有级变速电动机

无级变速电动机

调速电动机 { 电磁调速电动机

直流调速电动机

PWM变频调速电动机

开关磁阻调速电动机

二、损耗

1. 构成

电动机在将电能转换为机械能的同时，本身也损耗一部分能量，典型交流电动机损耗一般可分为固定损耗、可变损耗和杂散损耗三部分。

可变损耗是随负荷变化的，包括定子电阻损耗（铜损）、转子电阻损耗和电刷电阻损耗。

固定损耗与负荷无关，包括铁心损耗和机械损耗。铁损又由磁滞损耗和涡流损耗所组成，与电压的二次方成正比，其中磁滞损耗还与频率成反比。

其他杂散损耗是机械损耗和其他损耗，包括轴承的摩擦损耗和风扇、转子等由于旋转引起的风阻损耗。

电动机损耗如图 5-1 所示。

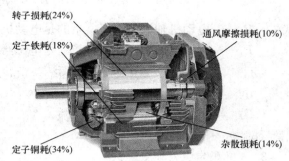

图 5-1 电动机损耗

2. 铁心损耗

铁心损耗（含空载杂散损耗），简称铁耗，是恒定损耗的一种，由主磁场在电动机铁心中交变所引起的涡流损耗和磁滞损耗组成。

铁心损耗大小取决于铁心材料、频率及磁通密度。磁通密度 B 与输入电压 U 成正比，对某一台电动机而言，其铁耗近似于与电压的二次方成正比。铁耗一般占电动机总损耗的 20%～25%。

3. 风摩损耗

风摩损耗也称机械损耗，是另一种恒定损耗，通常包括轴承摩擦损耗及通风系统损耗，对绕线转子还存在电刷摩擦损耗。

机械损耗一般占总损耗的 10%～50%，电动机容量越大，由于通风损耗变大，在总损耗中所占比重也增大。

4. 负载损耗

负载损耗主要是指电动机运行时，定子、转子绕组通过电流而引起的损耗，亦称铜耗。包括定子铜耗和转子铜耗，其大小取决于负载电流及绕组电阻值。铜耗约占总损耗的 20%～70%。

5. 杂散损耗

杂散损耗（附加损耗），主要由定子漏磁通和定子、转子的各种高次谐波在导线、铁心及其他金属部件内所引起的损耗。这些损耗约占总损耗的 10%～15%。

三、能效等级

1. 能量损耗

电动机内部功率损耗的大小是用效率来衡量的，输出功率与输入功率的比值称为电动机的效率，其代表符号为 η。电动机在实现电功率至轴功率的转变过程中，其能量流失损耗如图 5-2 所示。

2. 电动机的效率

三相交流异步电动机的效率

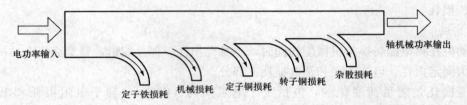

图 5-2   电动机轴功率输出过程中能量流失损耗示意图

$$\eta = \frac{P_2}{P_1} = \frac{P_2}{\sqrt{3}UI\cos\varphi}$$

式中 P_2——电动机轴输出功率，指的是电动机轴输出的机械功率，kW；

P_1——电动机的输入功率，指的是电源给电动机输入的有功功率，kW；

$$P_1 = \sqrt{3}UI\cos\varphi$$

U——电动机电源输入的线电压，kV；

I——电动机电源输入的线电流，A；

$\cos\varphi$——电动机的功率因数。

3. 能效限定值及能效等级

（1）适用范围。

GB 18613—2012《中小型三相异步电动机能效限定值及能效等级》适用于 1000V 及以下的电压，50Hz 三相交流电源供电，额定功率在 0.75～375kW 范围内，极数为 2 极、4 极和 6 极，单速封闭自扇冷式、N 设计、连续工作制的一般用途电动机或一般用途防爆电动机。

（2）能效等级。

电动机能效等级见表 5-1。

表 5-1   电动机能效等级

额定功率/ kW	效率（%）								
	1级			2级			3级		
	2极	4极	6极	2极	4极	6极	2极	4极	6极
0.75	84.9	85.6	83.1	80.7	82.5	78.9	77.4	79.5	75.9
1.1	86.7	87.4	84.1	82.7	84.1	81.0	79.6	81.4	78.1
1.5	87.5	88.1	86.2	84.2	85.3	82.5	81.3	82.8	79.8
2.2	89.1	89.7	87.1	85.9	86.7	84.3	83.2	84.3	81.8
3	89.7	90.3	88.7	87.1	87.7	85.6	84.6	85.5	83.3
4	90.3	90.9	89.7	88.1	88.6	86.8	85.8	86.6	84.6
5.5	91.5	92.1	89.5	89.2	89.6	88.0	87.0	87.7	86.0
7.5	92.1	92.6	90.2	90.1	90.4	89.1	88.1	88.7	87.2
11	93.0	93.6	91.5	91.2	91.4	90.3	89.4	89.8	88.7
15	93.4	94.0	92.5	91.9	92.1	91.2	90.3	90.6	89.7
18.5	93.8	94.3	93.1	92.4	92.6	91.7	90.9	91.2	90.4

额定功率/W	效率（%）								
	1级			2级			3级		
	2极	4极	6极	2极	4极	6极	2极	4极	6极
22	94.4	94.7	93.9	92.7	93.0	92.2	91.3	91.6	90.9
30	94.5	95.0	94.3	93.3	93.6	92.9	92.0	92.3	91.7
37	94.8	95.3	94.6	93.7	93.9	93.3	92.5	92.7	92.2
45	95.1	95.6	94.9	94.0	94.2	93.7	92.9	93.1	92.7
55	95.4	95.8	95.2	94.3	94.6	94.1	93.2	93.5	93.1
75	95.6	96.0	95.4	94.7	95.0	94.6	93.8	94.0	93.7
90	95.8	96.2	95.6	95.0	95.2	94.9	94.1	94.2	94.0
110	96.0	96.4	95.6	95.2	95.4	95.1	94.3	94.5	94.3
132	96.0	96.5	95.8	95.4	95.6	95.4	94.6	94.7	94.6
160	96.2	96.5	96.0	95.6	95.8	95.6	94.8	94.9	94.8
200	96.3	96.6	96.1	95.8	96.0	95.7	95.0	95.1	95.0
250	96.4	96.7	96.1	95.8	96.0	95.7	95.0	95.1	95.0
315	96.5	96.8	96.1	95.8	96.0	95.7	95.0	95.1	95.0
355~375	96.6	96.8	96.1	95.8	96.0	95.8	95.0	95.1	95.0

（3）能效比较。

2016 年 9 月 1 日，中小型异步电动机实施新标国家二级（IE3 超高效能电动机）。电动机能效等级比较见表 5-2。

表 5-2　　　　　　　　　　　电动机能效等级比较

能效等级	IEC	欧洲	中国	美国	能效限定值	年限
超超高效	IEC4		1级			
超高效	IEC3		2级	NEMA Premium	YE3	2016.9.1
高效	IEC2	欧洲 EFF1	3级	EPAct	YX3	2011.7.1
标准效率	IEC1	欧洲 EFF2			Y	2007.7.1
低效率		欧洲 EFF3				

四、运行损耗

1. 端电压变动时电动机的损耗

电动机铭牌上电压值是电动机设计时的依据，实际运行时电网上电压是波动的，我国规定低压系统中电压允许变化±10%，有时电压变动往往超过这一范围。

电压变化在负载不同时对电机效率影响是不同的。在重载时提高电压在一定范围（从 342V 提到 380V）可以提高效率，高于 420V 则效率反而下降。但轻载时，电压从 342V 上升，则效率越来越低，如何调整线路电压及个别调整电动机端电压力可以达到节能的效果。

2. 三相电压不平衡时异步电动机运行损耗

由于三相负载不对称，常常引起供电电压不平衡。这不平衡电压在异步电动机中产生三相不平衡电流。

用对称分量法可以分成正序、负序及零序电流。当定子绕组 Y 联结时，则零序电流为零。其中正序电流产生转矩，使电动机转运；负序电流产生一反转矩，使输出转矩有所减少，当电压不平衡值小于 10% 时，负转矩不大，一般可以不计。但对于负序磁场在转子中产生损耗以及定子电流由于不平衡而使损耗增加。

一般电压不平衡时，其三相相位差不能保持 120°，而相位变动后，产生的负序损耗及定子铜耗增加随电压不平衡度的增大而达到不允许的结果。因而保持供电压平衡，可以节约电能。

3. 电源频率变化对电动机损耗的影响

我国电网允许频率偏差超过 ±0.2Hz。在电力系统网络化的今天，公共电源频率的稳定是有保证的。这里只需要考虑专用电源（比如变频电源）频率变化对电动机损耗的影响。

对于风机泵类负载，由于轴转矩与转速的二次方成正比变化，频率降低后，转速下降，转矩也下降，使定子及转子电流下降，因而电动机效率有所提高，再加上轴功率有大幅度下降，电动机输入功率同样大幅度下降，所以风机泵类负载采用变频调速，在低速时可获得好的节能效果。

4. 非正弦波形电源下的异步电动机损耗

大多数静止变频器的输出电压波形是非正弦的，通过傅里叶级数分析其中除基波分量外尚有大量谐波分量。这在异步电动机中产生谐波电流及谐波磁动势。

与分析三相电动机磁动势空间谐波一样，可以对此分析，例如，相电流中有 5 次谐波分量，则 L1、L2 及 L3 相 5 次谐波产生的旋转磁动势，其转速为 5 倍基波同步转速，方向与基波旋转方向相反。同样可以证明 7 次谐波磁动势转速为 7 倍基波同步转速，方向与基波旋转方向相同。

5. 电动机起停损耗

有些负载要求断续运行，停止部分时间比运行时间长得多，采用起一运一停循环运行方式（ON—OFF）有可能比负载运行一空转一负载运行节约大量能耗（即电动机空载损耗乘停运时间）。

起一运一停方式，需多次起动电动机，使定子绕组频繁受到冲击力，鼠笼转子也会因发热不均匀，产生热应力，多次疲劳会使转子导条断裂。起动时电动机发热增多而散热条件较稳态运行差，多次起动也会使电动机过热。因此对电动机起动次数都有规定。

采用高转子电阻电动机，可以减少定转子起动电流，所以可减少能耗及电流冲击影响。当然高转子电阻运行时转差和损耗增加，应综合比较。

对于大中型电动机而言，起停损耗需要考虑的因素还要多，比如电动机直接起动方式时，考虑到起动困难、对相邻设备可能造成影响等因素，管理人员往往会让电动机长时间的空转而减少电动机的起动次数，从而造成大量的能源浪费。

另一方面，感应电动机的全压直接起动对电力系统短路容量的要求较高，为此电力系统必须提供更高的供电能力，用户也因此必须支付更多的费用。

第三方面是电力系统长时间的运行在相对较低的负荷率，系统供电效率较低。因此对于大中型电动机来说，起停损耗问题要从系统角度来周全考虑，通过改变起动方式来节约电力是一种选择。

第二节　电动机的选型与优化设计

一、电动机选型要求

1. 原则

电动机类型的选择一般应遵循以下原则：

（1）依据电动机的工作是否处于易燃、易爆、粉尘污染、腐蚀性气体、高温、高海拔、高湿度、水淋和潜水工作环境，选择相应的防护类型、外壳防护等级和电动机的绝缘等级。

（2）电动机的额定电压应根据其额定功率和所在系统的配电电压或供电电源的输出电压选定。必要时，应通过技术经济的比较确定。

（3）负载对起动、制动、调速有特殊要求时，应更换为与负载特性相匹配的专用电动机，所选电动机应能与调速方式合理匹配。

（4）电动机的起动转矩、最大转矩、最小转矩、转速及其调节范围等，应满足电动机所拖动的负载在各种运行方式下的要求。

（5）在有频繁起动、高起动转矩和冲击负载等特殊要求时，选用相应的专用电动机并进行转矩校验。

（6）对于有规律变化的负载，应根据其工作制类型和定额，按 GB 755—2008《旋转电机定额和性能》的规定选择相应的工作制类型和定额的电动机。

（7）年运行时间大于 3000h、负载率大于 60％的、恒速运行的中小型三相异步电动机，应选用能效指标符合 GB 18613—2012《中小型三相异步电动机能效限定值及能效等级》节能评价值的电动机。

2. 步骤

选用电动机的主要步骤如下：

（1）根据生产机械性的要求，选择电动机种类。

（2）根据电源情况，选择电动机额定电压。

（3）根据生产机械所要求的转数及传动设备的情况，选择电动机的转数。

（4）根据电动机和生产机械安装的位置和场所环境，选择电动机的结构和防护形式。

（5）根据生产机械所需要的功率和电动机的运行方式，选择电动机的额定功率。

二、电动机额定功率选择要求

1. 额定功率

电动机额定功率的选择一般应遵循以下原则：

（1）选择额定功率时，应使电动机的平均负载率不低于 60％。电动机的平均负载率低于 50％时，应更换成较小额定功率的电动机。

（2）拖动连续运行、稳定负载的电动机，其额定功率应大于负载轴功率；对于三相异步电动机，应使电动机长期运行在 75％负载率时，按 GB/T 12497—2006《三相异步电动机经济运行》计算的综合效率最高。

（3）对于运行工况变化、但连续工作的电动机，应根据负载变化情况求出平均等效功率，电动机的额定功率应大于等效功率，并应对电动机的起动性能和过载能力进行校核。

（4）对于短时或断续工作的电动机，宜选用相应工作制的电动机，并使电动机额定功率略大于负载的功率；也可选用连续工作制电动机来替代，此时，应采用等效法求出工作时间内的等效功率，电动机的额定功率应略大于等效功率，并应对电动机的起动和过载能力进行校核。

2. 应用

（1）电动机的机械特性、起动、制动、调速及其他控制性能应满足机械特性和生产工艺过程的要求，电动机工作过程中对电源供电质量的影响（如电压波动、谐波干扰等），应在容许的范围内。

（2）按预定的工作制、冷却方法确定的电动机功率，电动机的温升应在限定的范围内。

（3）根据环境条件、运行条件、安装方式、传动方式，选定电动机的结构、安装、防护形式，保证电动机可靠工作。

（4）综合考虑一次投资运行费用，并考虑整个驱动系统经济、节能、合理、可靠和安全。

三、优化设计

电动机的节能是一项系统工程，涉及电动机的全寿命周期，从电动机的设计、制造到电动机的选型、运行、调节、检修、报废，要从电动机的整个寿命周期考虑其节能措施的效果。

节能电动机的设计是指运用优化设计技术、新材料技术、控制技术、集成技术、试验检测技术等现代设计手段，减小电动机的功率损耗，提高电动机的效率，设计出高效的电动机。

1. 降低定子损耗

（1）增加定子槽截面积，在同样定子外径的情况下，增加定子槽截面积会减少磁路面积，增加齿部磁通密度。

（2）增加定子槽的满槽率，这对低压小电动机效果较好，应用最佳绕线和绝缘尺寸、大导线截面积可增加定子的满槽率。

（3）尽量缩短定子绕组端部长度，定子绕组端部损耗占绕组总损耗的 1/4～1/2，减少绕组端部长度，可提高电动机效率。实验表明，端部长度减少 20%，损耗下降 10%。

2. 降低转子损耗

（1）减小转子电流，这可从提高电压和电动机功率因素两方面考虑。

（2）增加转子槽截面积。

（3）减小转子绕组的电阻，例如，采用粗的导线和电阻低的材料，这对小电动机较有意义，因为小电动机一般采用铸铝转子，若采用铸铜转子，电动机总损失可减少 10%～15%。但现今的铸铜转子所需制造温度高且技术尚未普及，其成本高于铸铝转子 15%～20%，因而应用较少。

3. 降低铁心损耗

（1）减小磁通密度。增加铁心的长度可以降低磁通密度，但电动机用铁量随之增加。

（2）减少铁心片的厚度可以减少感应电流的损失，如用冷轧硅钢片代替热轧硅钢片可减小硅钢片的厚度，但薄铁心片会增加铁心片数目和电动机制造成本。

（3）采用导磁性能良好的冷轧硅钢片降低磁滞损耗。

（4）采用高性能铁心片绝缘涂层。

（5）热处理及制造技术，铁心片加工后的剩余应力会严重影响电动机的损耗，硅钢片加工时，裁剪方向、冲剪应力对铁心损耗的影响较大。顺着硅钢片的碾轧方向裁剪，并对硅钢冲片进行热处理，可降低 10％～20％ 的损耗等方法来实现。

4. 降低杂散损耗

（1）采用热处理及精加工降低转子表面短路。

（2）转子槽内表面绝缘处理。

（3）通过改进定子绕组设计减少谐波。

（4）改进转子槽配合设计和配合减少谐波，增加定、转子齿槽，把转子槽形设计成斜槽，采用串接的正弦绕组，散布绕组和短距绕组可大大降低高次谐波。采用磁性槽泥或磁性槽楔替代传统的绝缘槽楔，用磁性槽泥填平电动机定子铁心槽口，都是减少附加杂散损耗的有效方法。

5. 降低风摩耗

摩擦损失主要有轴承和密封引起。

（1）尽量减小轴的尺寸，但需满足输出扭矩和转子动力学的要求。

（2）使用高效轴承。

（3）使用高效润滑系统及润滑剂。

（4）采用先进的密封技术。

第三节　电动机调速方式

一、变频调速控制

1. 三相异步电动机变频变压控制

已知同步转速 $n_1 = \dfrac{60 f_1}{p}$，当电动机的极对数 p 选定后（最少为一对极，即 $p=1$），运行时，改变供电电源频率 f_1，就可以改变其同步转速 n_1。当 n_1 的大小改变了，电动机转轴的转速 n 随之而变。一般情况下，n 接近 n_1 的大小。

普通系列三相异步电动机的额定频率称为基频，是一个标准数值。我国国家标准规定额定频率为 50Hz。电动机变频调速时，可以从基频向上调，也可以从基频往下调。

三相异步电动机每相电压 U_1 为

$$U_1 \approx E_1 = 4.44 f_1 N_1 \phi_m$$

式中　U_1——三相异步电动机每相电压，V；

　　　E_1——电动机定子绕组一相的电动势，V；

　　　N_1——电动机定子绕组一相串联的有效匝数；

　　　ϕ_m——电动机气隙每极磁通量，Wb。

调速时，如果降低电源频率 f_1，同时保持电源电压 U_1 为额定值，则随着 f_1 的下降，电动机气隙每极磁通量 ϕ_m 增加。设计电动机磁路时，为了节约铁磁材料，在额定电压下，电动机的铁心磁路已进入磁饱和状态，若 ϕ_m 再增加，引起电动机的励磁电流急剧增加，这是不允许的，电动机也无法运行。为此，在降低电源频率 f_1 时，应同时降低电源电压 U_1，

保持 $\dfrac{U_1}{f_1}$＝常数，即压频比为常数。这时，气隙每极磁通量 ϕ_m 才能保持为常数（额定值）。电动机能在正常变速情况下运行。

图 5-3 是三相异步电动机频率变化时的一族机械特性。与风机、泵负载特性（图 5-3 中曲线 1）的交点，就是在不同频率时电动机的运行转速。可见，改变频率就能改变电动机的转速。

电动机机械特性对应某一频率时，具有的最大转矩 T_m 为

$$T_m = C\left(\frac{U_1}{f_1}\right)^2 \frac{f_1}{R_1 + \sqrt{R_1^2 + (X_1 + X'_2)^2}}$$

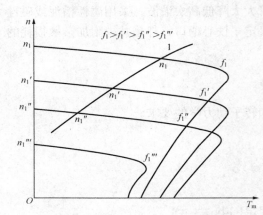

图 5-3　三相异步电动机频率变化时的机械特性

式中　T_m——最大转矩，N·m；

f_1——频率，Hz；

C——常数；

R_1——定子一相绕组的电阻，Ω；

X_1——定子一相的漏电抗，Ω；

X'_2——转子一相漏电抗的折合值，Ω。

由上式看出，虽然保持 $\dfrac{U_1}{f_1}$＝常数，当 f_1 减小时，最大转矩 T_m 不能保持为常数。已知电动机定子漏电抗 X_1 和转子漏电抗折合值 X'_2 与频率 f_1 成正比变化，而定子电阻 R_1 却与频率 f_1 无关。因此，在 f_1 接近额定频率时，$R_1 <<$ $(X_1 + X'_2)$，随着 f_1 的减小，T_m 减小得不多。但是，当 f_1 减小很多时，$(X_1 + X'_2)$ 也减小了，这时 R_1 的值相对变大了。随着 f_1 减小，T_m 也减小了（实际上气隙每极磁通量减小了）。随着 T_m 的减小，异步电动机在低频下运行起动转矩减小了，不利于起动。

增加电动机定子电压 U_1，可以增大气隙每极磁通势 ϕ_m。在起动三相笼型异步电动机时，采用大的压频比起动电动机，称为转矩提升。根据电动机起动时负载的不同，所选压频比值也不同。

综上所述，三相笼型异步电动机采用变额调速有以下特点：

（1）从基频向低调速。

（2）调速范围大。

（3）电动机转速稳定性好。

（4）运行时，电动机转速接近其同步转速，运行效率高。

（5）频率 f_1 可以连续调节，因此为无级调速方式。

异步电动机采用变压变频调速，可以得到较好的调速性能。以上仅以压频比保持恒定控制的变频调速方式，通常称为变压变频调速。

2.三相同步电动机矢量控制

当直流电动机的电刷放在几何中性线时，电枢电流 i_a 产生的磁动势幅值 F_a 位于电刷位置处，如图 5-4 所示。励磁电流 i_f 产生的磁

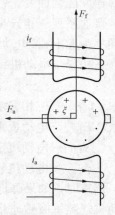

图 5-4　直流电动机示意图

动势 F_f 也画在同一图里。

假设磁动势 F_a 和 F_f 在空间都为正弦分布，可以理解为空间矢量（这里用 F_a 和 F_f 表示空间矢量）。

空间相对静止的两个磁动势会产生电动力 f，力的大小与两个磁动势的叉积成正比，即

$$f = F_a \times F_f$$

图 5-4 中两个磁动势在空间相距 $\xi=90°$ 空间电角度时，产生的力为最大。如果电刷偏离几何中线，$\xi<90°$，力随之减小。

从直流电机调速原理知道，改变 F_f（即励磁电流 i_f）或 F_a（即电枢电流 i_a）的大小，都能调节电机的转速 n。当 $\xi=90°$ 时，忽略电枢反应对磁路饱和的影响，单独改变 F_a 或 F_f，可以做到互不影响，这样就可以通过改变其中一个磁动势独立调节转速，使电机具有较理想的调速特性。这种互不影响特性，称为 F_a 和 F_f 之间具有解耦控制。这种调速的方法称为矢量控制方法。

交流电机本身具有多变量、强耦合与非线性的特点，与直流电机特性不一样。要实现高性能控制，有一定的难度。随着科技的进步，可将交流电机从基本原理上等效为直流电机，用直流电机矢量控制方法，同样可以控制交流电机。

图 5-5 是三相同步电动机定、转子绕组示意图。定子上安装了三相对称绕组，转子上安装了励磁绕组。已知三相对称基波电流流经三相对称绕组，会产生以同步转速 n_1 旋转的基波磁动势 F_a。对同步电动机，其转子也应为以同步转速 n_1 逆时针方向旋转。励磁磁动势 F_f 随转子一起旋转。可见，磁动势 F_a 和 F_f 二者之间没有相对运动。比较图 5-4 与图 5-5 两个磁动势 F_a，相对于 F_f 都是静止的。图 5-5 电机转子虽然以转速 n_1 旋转，定子绕组流的是三相对称交流电流，在转子上看，二者的磁动势关系完全一样，无本质区别。

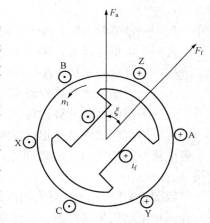

图 5-5 三相同步电动机定、转子绕组示意图

图 5-5 中，两个磁动势 F_a 和 F_f 之间夹角 ξ 的大小，与电机运行工况有关。产生励磁磁动势 F_f 的励磁电流 i_f 是直流电流。若在电机转子上安装了另一个绕组，流过的电流是产生电枢磁动势 F_a 的电流 i_a，显然，i_a 也应是直流电流。

对同步电机只要站在转子上来观察和处理 F_a 和 F_f，即完全可以把矢量控制用到交流电机上。

矢量控制中，不用磁动势来进行分析，而用产生的电流或者电动势、电压进行分析。为此，把对应的电压、电动势以及电流等，都称为空间矢量，分别用 u、e 及 i 表示。

将矢量控制用于交流电机中，会遇到坐标变换以及磁场定向问题。

在图 5-5 转子磁极中线上坐标称为 d 轴，与 d 轴正交处为 q 轴坐标，如图 5-6 所示。励磁磁动势 F_f 和励磁电流 i_f 矢量都落在 d 轴上。

同步电动机负载运行的磁动势平衡关系为

$$F_f + F_a = F_\delta$$

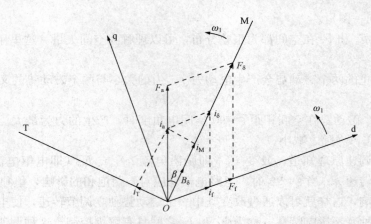

图 5-6 同步电动机矢量图

$$i_f + i_a = i_\delta$$

式中 F_f——励磁磁动势，A·T（安匝）；

　　　F_a——电枢磁动势，A·T（安匝）；

　　　F_δ——合成磁动势，A·T（安匝），合成磁动势 F_δ 产生气隙磁密度 B_δ；

　　　i_f——与励磁磁动势相对应的励磁电流，A；

　　　i_a——与电枢磁动势相对应的电枢电流，A；

　　　i_δ——与合成磁动势相对应的合成定子电流，A。

各电流分别产生相应的磁动势，并与其产生的磁动势同方向，因此，具有空间矢量的性质。

比较图 5-4 与图 5-6，最大的区别是 F_f 与 F_a 之间实现不了解耦控制。

在同步电动机矢量控制中，常令 M 坐标轴与气隙磁密 B_δ（或合成定子电流 i_δ）重合，即所谓气隙磁场定向（还有其他磁场定向方法）。并将电流 i_a 分别在 M、T 坐标轴上投影。

$$i_M = i_a \cos\beta$$
$$i_T = i_a \sin\beta$$

式中 i_M——磁场电流，A；

　　　i_T——转矩电流，A。

同步电动机电磁转矩为

$$T \propto F_\delta F_a \sin\beta \propto \phi_\delta i_a \sin\beta \propto \phi_\delta i_T$$

式中 T——同步电动机电磁转矩，N·m；

　　　ϕ_δ——气隙磁通密度 B_δ 产生的每极气隙磁链，Wb；

　　　β——F_δ 和 F_a 之间的空间角度，(°)。

在控制上，如能维持气隙磁链 ϕ_δ 为恒定（包括幅值及位置角度），即所谓气隙磁链定向时，调控转矩电流 i_T，就能获得像控制直流电机电枢电流 i_a 一样的效果。

3. 三相异步电动机矢量控制

图 5-7（a）是三相异步电动机转子边的相量图。

图 5-7 中 $\dot\phi_\delta$ 是气隙磁链，在转子绕组中感应电动势 $\dot E_2$，$\dot\phi_{s2}$ 是转子漏磁链，感应的漏电动

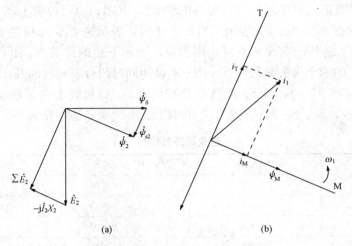

图 5-7 异步电动机转子边的相量图

势为$-j\dot{I}_2X_2$，$\dot{I}_2$是转子相电流。已知转子磁链$\dot{\phi}_2=\dot{\phi}_\delta+\dot{\phi}_{s2}$，产生的合成电动势为

$$\Sigma\dot{E}_2 = \dot{E}_2+(-j\dot{I}_2X_2)$$

把 M、T 坐标系的 M 轴放在转子磁链$\dot{\phi}_2$上，即$\phi_M=\phi_2$，$\phi_T\approx0$。定子电流i_1在 M、T 轴的投影分别为i_M和i_T，如图 5-7（b）所示。

电磁转矩 T 为

$$T = C'\phi_M i_T$$

式中　T——电磁转矩，N·m；

　　C'——系数；

　　ϕ_M——转子磁链（M 轴），Wb；

　　i_T——定子转矩电流，A。

从上式看出，若能维持转子磁链ϕ_M为恒值，则电磁转矩 T 将与转矩电流i_T成正比，控制定子转矩电流i_T，就控制了电磁转矩。如果能实现转子磁场定向矢量控制，笼型异步电动机的控制特性将和他励直流电动机相似。

4. 三相异步电动机直接转矩控制

（1）电压开关模式的选择。

图 5-8 是由电压型逆变器供电的三相异步电动机调速系统的主电路。

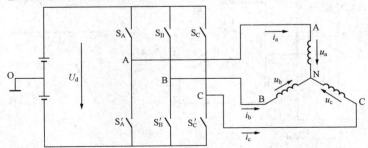

图 5-8　电压型逆变器供电的三相异步电动机调速单位主电路示意图

图 5-8 中逆变器是由自关断器件（如 MOSFET，IGBT，GTO 等）构成的，可以用三个单刀双投开关状态 S_A、S_B、S_C 表示。当 $S_A=1$ 时，表示逆变器 A 桥臂上边的开关 S_A 闭合，下边的开关 S'_A 断开。当 $S_A=0$ 时，则相反，表示下边的开关 S'_A 闭合，上边的 S_A 断开。在同一桥臂上的两个自关断器件 S_A、S'_A 不可能同时闭合或同时断开，即其工作状态是互补的。同样，S_B 与 S'_B、S_C 与 S'_C 的两态分别代表 B、C 桥臂上自关断器件的工作情况。这样一来，根据 S_A、S_B、S_C 为 0 或为 1，可以组合出 2^3 个状态，见表 5-3。

表 5-3　　　　　　　　　　　　　　逆变器开关状态

状　态	$S_A S_B S_C$	F_i $(S_A S_B S_C)$	u_i $(S_A S_B S_C)$
0	0 0 0	F_0 (0 0 0)	u_0 (0 0 0)
1	0 0 1	F_1 (0 0 1)	u_1 (0 0 1)
2	0 1 0	F_2 (0 1 0)	u_2 (0 1 0)
3	0 1 1	F_3 (0 1 1)	u_3 (0 1 1)
4	1 0 0	F_4 (1 0 0)	u_4 (1 0 0)
5	1 0 1	F_5 (1 0 1)	u_5 (1 0 1)
6	1 1 0	F_6 (1 1 0)	u_6 (1 1 0)
7	1 1 1	F_7 (1 1 1)	u_7 (1 1 1)

如三相异步电动机在 180° 导电的电压型逆变器供电时，图 5-8 中的逆变器，$S_A S_B S_C$ 为 (0 0 0) 及 (1 1 1) 表示三个桥臂下面的开关全闭合，或是上面的开关全闭合两种状态。电动机定子三相绕组都被短路，不会产生任何磁场。状态 1 即 $S_A S_B S_C=$ (0 0 1)，A、B 桥臂下边的开关 S'_A、S'_B 闭合，C 桥臂上边的开关 S_C 闭合，直流电压 U_d 在定子三相绕组中产生电流 i_a、i_b、i_c，其电流瞬时实际方向如图 5-9 (a) 所示。三相定子电流产生的合成磁动势用空间矢量 F_1 (0 0 1) 表示，其作用方向如图 5-9 (b) 所示，距 +A 轴 240° 空间电角度，产生三相电流和磁动势的电压，用 u_1 (0 0 1) 来表示。把其余状态 2 至状态 6，定子电流产生的合成磁动势 F_2 (0 1 0) 至 F_6 (1 1 0) 都画在图 5-9 (b) 里。各磁动势矢量的幅值彼此相等，产生的磁链大小也相等，仅在空间相位不同。两个矢量 F_0 (0 0 0) 和 F_7 (1 1 1) 为零矢量，其余 6 个磁动势都是非零矢量。与这些状态相应的电压 u_i $(S_A S_B S_C)$，$i=0$，1，

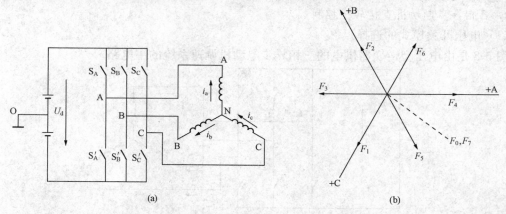

图 5-9　直接转矩控制等效主电路及磁动势矢量

2，…，7，称为电压空间矢量。

从图 5-9（b）可以看出，如果能控制图 5-9（a）中逆变器的开关状态，使其按状态 1，3，2，6，4，5，1 顺序变化，则在电动机气隙空间上作用的磁动势及磁链变化的轨迹为正六边形，旋转方向为顺时针，改变逆变器各状态切换的次序，如按状态 1，5，4，6，2，3，1 顺序，则气隙磁动势及磁链变化的轨迹仍为正六边形，旋转方向则为逆时针。

令 ϕ_{si}、i_{si} 分别代表逆变器工作在第 i 状态时定子绕组的全磁链及电流，则电压 u_i（$S_A S_B S_C$）的关系式为

$$u_i(S_A S_B S_C) = \frac{\mathrm{d}\phi_{si}}{\mathrm{d}t} + i_{si}R_s$$

式中　R_s——定子绕组两并一串的总电阻，Ω。

在忽略电阻 R_s 的情况下

$$\begin{cases} u_i(S_A S_B S_C) = \dfrac{\mathrm{d}\phi_{si}}{\mathrm{d}t} \\ \qquad\qquad 或 \\ u_i(S_A S_B S_C) = \dfrac{\Delta\phi_{si}}{\Delta t} \end{cases}$$

施加在电动机定子绕组上的电压 u_i（$S_A S_B S_C$）持续 Δt 时间内，所产生的磁链为 $\Delta\phi_{si} = u_i$（$S_A S_B S_C$）Δt。

用定子电压 u_i（$S_A S_B S_C$）来表达图 5-9（b）各空间磁动势矢量，并可将电压 u_i（$S_A S_B S_C$）写成如下的矢量形式

$$u_i(S_A S_B S_C) = U_d(S_A + S_B e^{j120°} + S_C e^{j240°}) \quad i = 0,1,2,\cdots,7$$

逆变器工作在第 i 状态时，施加在电动机定子绕组上的电压空间矢量 u_i（$S_A S_B S_C$），在复平面上的位置与产生的磁动势的空间位置一致。

把各电压空间矢量画在图 5-10（a）的复数坐标里，其中 a 为实轴，也是 A 相绕组的轴线，$j\beta$ 是虚轴。电压空间矢量 u_1 至 u_6 都为非零电压矢量，其模为 U_d。与图 5-10（b）比较时，F_i（$S_A S_B S_C$）的大小及位置和 u_i（$S_A S_B S_C$）完全对应。如果把图 5-10（a）中的电压空间矢量画成图 5-10（b）的样子，则为正六边形。

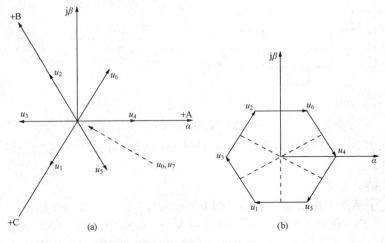

图 5-10　电压空间矢量

（2）电动机定子绕组相电压波形。

如果用图 5-10（b）中构成正六边形的电压空间矢量进行控制，则 6 种非零电压空间矢量将依次加在电动机的定子绕组上，每一电压空间矢量持续 60°（电角度）。

以 A 相为例，令电动机定子绕组端点 A、B、C 对电源中点 O 之间的电压分别为 u_{AO}、u_{BO}、u_{CO}，绕组中点 N 对 O 之间的电压为 u_{NO}，则在逆变器处于（１０ ０）状态时，根据图 5-9 可知

$$u_{AO} = \frac{1}{2}U_d, \quad u_{BO} = -\frac{1}{2}U_d, \quad u_{CO} = -\frac{1}{2}U_d$$

此外
$$u_b = u_c = -\frac{1}{2}u_a$$

即
$$u_a + u_b + u_c = 0$$

由于
$$u_{NO} = u_{AO} - u_a = u_{BO} - u_b = u_{CO} - u_c$$

因此
$$3u_{NO} = u_{AO} + u_{BO} + u_{CO}$$

于是有
$$u_{NO} = \frac{1}{3}(u_{AO} + u_{BO} + u_{CO})$$

A 相相电压 u_a 为

$$u_a = u_{AO} - u_{NO} = \frac{2}{3}U_d$$

当逆变器切换为（１１０）状态时，从图 5-9 中可看出

$$u_{AO} = u_{BO} = \frac{1}{2}U_d$$

$$u_{CO} = -\frac{1}{2}U_d$$

$$u_{NO} = \frac{1}{6}U_d, \quad u_a = \frac{1}{3}U_d$$

逆变器切换为（０１０）、（０１１）、（００１）及（１０１）等状态，用上述的方法可分别求出 A 相电压 u_a 以及中点对地电压 u_{NO}，将各状态下的 u_a、u_{NO} 画成曲线，如图 5-11 所示。相当于180°导电型方波输出逆变器的波形。由于电压 u_{NO} 在 $\pm\left(\frac{1}{6}U_d\right)$ 间摆动，使相电压的幅值达 $\frac{2}{3}U_d$，高于普通 PWM 逆变器输出的幅值。

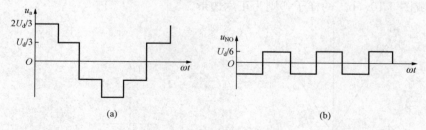

图 5-11 u_a 及 u_{NO} 的波形

同样，可求出 B、C 相的相电压 u_b、u_c 的波形，与 A 相的波形完全一样，只是在相位上彼此互差 120°。

（3）定子磁链 ϕ_{si} 轨迹。

当电动机定子绕组上施加电压空间矢量 $u_i(S_A S_B S_C)$ 后，在 Δt 的时间内，在电机气隙中将产生与 $u_i(S_A S_B S_C)$ 相同方向的磁链 $|\Delta\phi_{si}| = u_i(S_A S_B S_C)\Delta t$，即 $|\Delta\phi_{si}|$ 的大小与 $|u_i|$ 的大小和作用的时间 Δt 有关。但其方向则可能与该电压作用前已存在的磁链 ϕ_s 的方向不同，其

总磁链 ϕ_{si} 应为二者的矢量和，即

$$\phi_{si} = \Delta\phi_{si} + \phi_s$$

由于直接转矩控制是控制逆变器按一定规律变化的开关状态，因此，如果合理地选择各电压空间矢量，就有可能获得幅值不变而又匀速旋转的定子磁链，即所谓的圆形轨迹定子磁链。在工程应用中只要接近圆形就足够了。为此，在选择逆变器的开关状态时，允许定子磁链的瞬时转速及幅值有一定的误差。

为了能准确地确定某瞬时定子磁链的空间位置，把图 5-10（a）均匀地分成六个区域，每个区域占 $\pi/3$ 电角度，分别标以 $\theta(1)$，$\theta(2)$，…，$\theta(6)$，如图 5-12 所示。

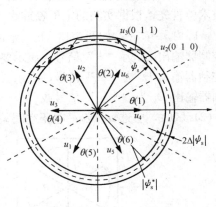

图 5-12 中，虚线圆表示定子磁链幅值的给定值，用 $|\phi_s^*|$ 表示，两个实线圆表示定子磁链幅值的实际值，用 $|\phi_s|$ 表示，半径之差 $2\Delta|\phi_s|$ 为允许误差。在运行中，要求定子磁链 $|\phi_s|$ 能满足如下的关系

$$|\phi_s^*| - \Delta|\phi_s| \leqslant |\phi_s| \leqslant |\phi_s^*| + \Delta|\phi_s|$$

如设定子原有磁链 $|\phi_s|$ 位于 $\theta(2)$ 区域内，并有的 $|\phi_s^*| - \Delta|\phi_s|$ 值。如果要求定子磁链逆时针方向旋转时，则分别选择电压空间矢量 u_2（0 1 0）和 u_3（0

图 5-12　电压空间矢量分区图

1 1），就能满足上式关系。当 u_2（0 1 0）电压空间矢量的作用使定子磁链 $|\phi_s|$ 达到上限值 $|\phi_s^*| + \Delta|\phi_s|$ 后，如果采用滞环控制把逆变器切换为 u_3（0 1 1）状态时，定子磁链 $|\phi_s|$ 将沿电压空间矢量 u_3 的方向移动，直到幅值达到下限值 $|\phi_s^*| - \Delta|\phi_s|$ 为止。之后，再进行逆变器工作状态的切换，只要定子磁链 $|\phi_s|$ 不出 $\theta(2)$ 区，则反复施加 u_2 和 u_3 电压空间矢量。但是，当定子磁链 $|\phi_s|$ 进入 $\theta(3)$ 区后，则需让逆变器反复工作在 u_3 和 u_1 状态，才能满足上式的要求。其他各区的情况依此类推，见表 5-4。

表 5-4　　　　　　　　　　　　　　　　　逆变器开关状态表

D_ϕ	D_T	$\theta(N)$ 1	2	3	4	5	6
++	+	u_6	u_2	u_3	u_1	u_5	u_4
	0	u_4	u_6	u_2	u_3	u_1	u_5
	−	u_5	u_4	u_6	u_2	u_3	u_1
+	+	u_6	u_2	u_3	u_1	u_5	u_4
	0	u_7	u_0	u_7	u_0	u_7	u_0
	−	u_5	u_4	u_6	u_2	u_3	u_1
−	+	u_2	u_3	u_1	u_5	u_4	u_6
	0	u_0	u_7	u_0	u_7	u_0	u_7
	−	u_1	u_5	u_4	u_6	u_2	u_3
− −	+	u_2	u_3	u_1	u_5	u_4	u_6
	0	u_3	u_1	u_5	u_4	u_6	u_2
	−	u_1	u_5	u_4	u_6	u_2	u_3

如果要求定子磁链顺时针方向旋转，还是以定子磁链 $|\phi_s|$ 位于 θ (2) 区为例，则应选择电压空间矢量 u_4 和 u_5。其他区域的工作情况，依此类推。

在运行中，由于某种原因出现了定子磁链 $|\phi_s| < |\phi_s^*| - \Delta|\phi_s|$，且当 $|\phi_s|$ 处于 θ (2) 区时，应选电压空间矢量 u_6。使 $|\phi_s|$ 迅速增大；同样，若 $|\phi_s| > |\phi_s^*| + \Delta|\phi_s|$，选 u_1 即可使 $|\phi_s|$ 迅速减小。

为了实现对上述定子磁链的控制，需采用图 5-13 (a) 及 (b) 的磁链位置检测和滞环控制技术。首先，根据实测的定子磁链 ϕ_s，经图 5-13 (a) 后，得该磁链所处的 θ (N) 区域，其中 N=1，2，…，6，如图 5-13 (b) 所示，定子磁链给定值 $|\phi_s^*|$ 与反馈值 $|\phi_s|$ 进行比较，若滞环控制器输出 D_ϕ 为"+"信号，表示要求增加定子磁链，如在 θ (2) 区时，则选 u_2。如果滞环控制器输出 D_ϕ 为"-"信号，表示要求减小定子磁链，如在 θ (2) 区时，选 u_3。如果滞环控制器输出 D_ϕ 为"++"信号或"--"信号，分别表示要求迅速增大或减小定子磁链，如在 θ (2) 区时，应选 u_6 或 u_1 电压空间矢量。其他各区域的情况，都列在表 5-4 中。

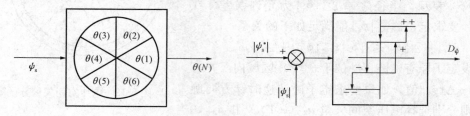

图 5-13 磁链位置检测及滞环控制

根据上述对定子磁链的限幅控制，就能获得近似于圆形旋转的定子磁链。

定子磁链向哪个方向旋转，由所选择的电压空间矢量确定。例如，处于 θ (2) 区的定子磁链，当选择 u_2 时，则逆时针方向旋转；选择 u_4 时，则顺时针方向旋转。如果选择零电压空间矢量，则定子磁链的速度为零，即在原地不动。根据以上定子磁链三种特定的速度，在直接转矩控制时，按一定比例进行调制，或者叫混合。从宏观上看，就能获得任意的定子磁链平均旋转速度。这种调制的频率越高，所得平均旋转速度越均匀，同时，电机的电磁转矩脉动也较小。

(4) 电磁转矩控制。

当定子磁链 ϕ_s 位于 θ (2) 区域内，并要求逆时针方向旋转，应分别选择电压空间矢量 u_2 和 u_3，如图 5-12 所示。但是，不管逆变器切换为 u_2 状态，还是 u_3 状态，两种情况都会产生电磁转矩。不同的是 u_2、u_3 状态仅仅是定子磁链分别在增大、减小情况下产生的电磁转矩。电压空间矢量 u_2 或 u_3 将在气隙中产生与其相同方向的磁链 $\Delta\phi_{s2}$ 或 $\Delta\phi_{s3}$ 并与其作用前已存在的磁链 ϕ_s 方向不同。同样，当定子磁链位于 θ (2) 区时，分别选择电压空间矢量 u_4 或 u_5，在这两种状态下，也是在定子磁链增大、减小情况下分别产生电磁转矩。但如果要求定子磁链为逆时针方向旋转，使电机转子也为逆时针方向旋转，则这两种状态下的电磁转矩对电机来说，表现为制动性转矩。

当定子磁链位于 θ (2) 区中间位置，逆变器工作在 u_6 或 u_1 状态时，由于只产生相同方向的磁链，因而不产生电磁转矩。

不管定子磁链位于哪个区域，施加零电压空间矢量 u_0 或 u_7 时，因不产生新磁链，所以也不产生电磁转矩。

可用滞环控制来控制电动机的电磁转矩，如图 5-14（a）所示，图 5-14（b）是电磁转矩的波形。当电磁转矩给定值 T^* 与反馈值 T 进行比较时，若图 5-14（a）中的滞环控制器输出 D_T 为"＋"信号，表示要求增大电磁转矩。若定子磁链位于 θ（2）区，则应选择 u_2 或 u_3 电压空间矢量。无论是选择 u_2 或 u_3 电压空间矢量，产生的电磁转矩都要增大，如图 5-14（b）中的曲线 1。这是由于定子磁链瞬时旋转角速度比转子角速度高引起的。当电磁转矩增大到与给定值 T^* 相等时，滞环控制器输出 D_T 为"0"信号，这时逆变器处于零电压空间矢量 u_0 或 u_7 状态。至于选 u_0 或 u_7，要根据逆变器开关器件切换次数最少的原则而定，其目的是为了减少器件的开关损耗。零电压空间矢量作用期间，电磁转矩衰减，直至电磁转矩减小到使滞环控制器输出 D_T 为"＋"信号时，切换非零电压空目矢量 u_2 或 u_3 电磁转矩又回升，如图 5-14（b）所示。

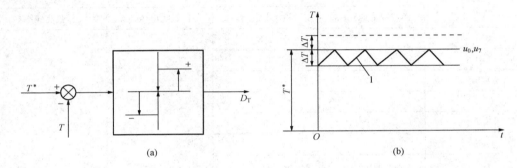

图 5-14 电磁转矩滞环控制及其波形

若由于某种原因，电磁转矩 T 大于给定值 T^*，则滞环控制器输出 D_T 为"－"信号，当定子磁链在 θ（2）区时，选电压空间矢量 u_4 或 u_5。不管选 u_4 或 u_5，产生的都是制动性电磁转矩，使 T 值减小。

表 5-4 列出了 6 个区域里可供选择的电压空间矢量。根据定子磁链位置检测信号 θ（N）、滞环控制信号 D_ϕ 和 D_T 来选择合适的电压空间矢量进行控制。

二、变频装置的种类

1. 两电平交直交低压变频器

图 5-15 是低压两电平变频器主电路拓扑图，简称低压变频器，由整流桥与逆变桥组成，

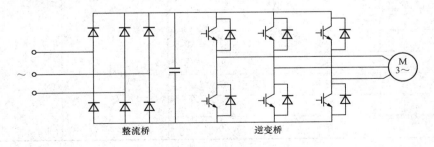

图 5-15 低压两电平变频主电路拓扑

231

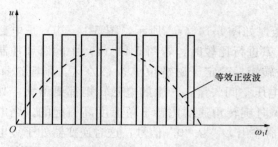

图 5-16 低压两电平变频器输出电压波形

属于电压型变频器。如果桥臂上器件用 3300V IGBT，这种电路拓扑可以实现输出电压为 1140V，功率可达 400kW。

逆变桥每个桥臂上由一个自关断器件 IGBT 组成。采用脉宽调制（PWM）控制，逆变器输出电压波形如图 5-16 所示，除基波外，尚有一系列谐波。

低压变频器与电动机功率匹配见表 5-5。

表 5-5 低压变频器与电动机功率匹配表

最大适用电动机容量 /kW	输出			
	额定容量/kV·A	额定电流/A	最大电压	最高频率
0.4	1.4	1.8		
0.75	2.6	3.4		
1.5	3.7	4.8		
2.2	4.7	6.2		
3.7	6.9	9		
5.5	11	15		
7.5	16	21		
11	21	27		
15	26	34		
18.5	32	42		
22	40	52		
30	50	65	三相 380V/400V/	参数设定可对应
37	61	80	415V/440V/480V	至 400Hz
45	74	97	（对应输入电压）	
55	98	128		
75	130	165		
90	150	195		
110	180	240		
132	210	270		
160	230	302		
185	280	370		
220	340	450		
300	460	605		

2. 二极管钳位式三电平逆变器

图 5-17 是二极管钳位式三电平逆变器。逆变桥每个桥臂上有两个 IGBT 组成，也属于

电压型逆变器。同样采用 PWM 控制，其输出波形如图 5-18 所示，可见输出电压波形为三电平，如果加装滤波器，输出电压接近正弦波。

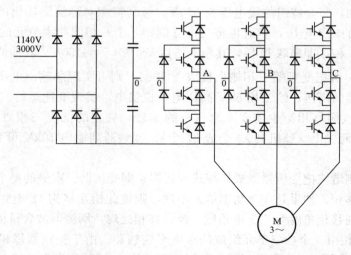

图 5-17　二极管钳位式三电平逆变器

图 5-18　二极管钳位式三电平逆变器的输出波形

这种变频器与两电平逆变器相比较，其优点为：

（1）输出波形更近于正弦，谐波较小。

（2）$\dfrac{dv}{dt}$ 也较小。

（3）与两电平变频器相比，在同样条件下，开关频率降低一半，器件开关损耗小。

桥臂上的器件若采用 3300V IGBT，输出电压可选 3000V，输出功率达上千千瓦。

3. 高压串联 H 桥变频器

图 5-19 是低电压交直交电压型单相输出的变频器，例如，输入交流 50Hz、690V 电压，

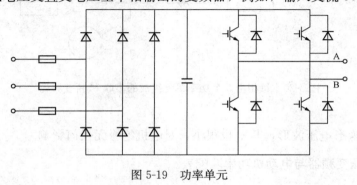

图 5-19　功率单元

则输出 690V 左右电压、频率可调的单相电源，称为功率单元。这种电路拓扑也称为 H 桥。

采用一台移相变压器，其一次绕组额定电压可以为 6kV 或 10kV，二次侧有多套三相对称低压绕组，例如，每套绕组的线电压为 690V。每套三相对称绕组输出的 690V 电压作为图 5-19 功率单元的输入电压，然后再将几个（例如 5 个）相同功率单元的输出单相电压彼此串联起来组成一相，即串联 H 桥，其相电压达 690V×5＝3450V。其他两相也都用 5 个功率单元彼此串联，再把变频器三相输出接成 Y 联结，则可实现总输出电压为 $\sqrt{3}×3450V≈$ 6000V 可变压变频的高压，给三相 6kV 高压电动机供电，实现变速运行。如果网侧电压为 10kV，变压器二次侧每相至少需要 8 套（有的 9 套）独立的低压三相对称绕组，给 8 个（或 9 个）功率单元供电（整机共 24 个或 27 个）。变频器则输出 10kV 可变压变频给 10kV 电动机供电。

为了减小网侧谐波把变压器做成移相式变压器，即变压器二次侧的每个三相对称绕组输出线电压彼此要移相。如果是 5 个功率单元串联，则彼此相互移相 12°电角度；如果是 8 个功率单元串联，则移相角度为 7.5°电角度。经过移相处理，网侧谐波含量极小。

图 5-20 为每相由 5 个功率单元组成的多电平变频器。由于变频器每相采用功率单元串联技术，其输出电压为 11 电平阶梯波，如图 5-21 所示。这种波形更接近正弦波，不会增加电动机的损耗。

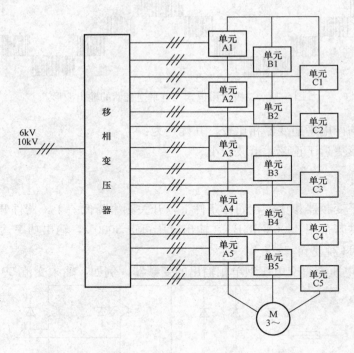

图 5-20　每相由 5 个功率单元组成的串联 H 桥变频器

由于输出阶梯形电压波形，其 $\dfrac{\mathrm{d}v}{\mathrm{d}t}$ 也很小，对电机绝缘无任何影响。

表 5-6 是高压变频器与电动机功率匹配表。

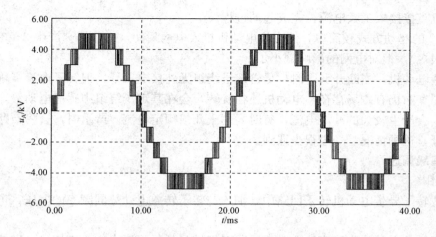

图 5-21　输出电压波形

表 5-6 　　　　　　　　　　　　　　　高压变频器与电动机功率匹配

额定电压/kV	变频器额定容量/kV·A	适配电动机功率/kW
6	400	315
6	500	400
6，10	625	500
6，10	800	630
6，10	1000	800
6，10	1250	1000
6，10	1600	1250
6，10	1800	1400
6，10	2000	1600
6，10	2250	1800
6，10	2500	2000

4. 变频器起动

（1）起动电流。

异步电动机在工频直接起动过程中，起动电流高达 5～7 倍额定电流，持续时间为数秒乃至数十秒。起动电流大，导致电网电压瞬间下降，有可能使继电保护误动作，或干扰同一母线上其他用电设备正常运行。

变频起动异步电动机是较好的起动方式，具有起动转矩大、起动电流小的优点。

（2）起动接线图。

图 5-22 是最简单的异步电动机变频起动接线图。闭合断路器 KL₁、KL₂，断开 KL₃（KL₂ 与 KL₃ 应互锁），用变频器将电动机由低速起动到略高于同步转速，然后断开 KL₂，同时变频器停止运行，电动机自由滑行，闭合 KL₃，

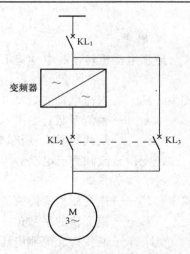

图 5-22　变频软起动接线图

235

即把电动机直接接入工频电源,完成起动过程。

图 5-22 的起动方式较简单,但在将电动机投入电网瞬间,一般仍会产生 2～3 倍额定电流(时间很短),但对电网的影响减小了。

对有些电动机,当断开 KL₂ 时,尽管定子绕组无外接电压了,但转子电流衰减需要一定的时间,即气隙仍有磁场存在,电动机还在旋转,会在其定子绕组中感应电动势,当 KL₃ 闭合的瞬间,会产生较大的冲击电流,有时高达十几倍额定电流。严重时,会将断路器触点焊死,打不开。这种情况,一般很少遇到。

三、串级调速

1. 框图

在绕线转子异步电动机转子回路中,加入与转子转差电动势同频率的电压,可以调节其转速。

如果把转差电动势变为直流电动势,同时把转子外加电压也变为直流量(即频率为零),同样能满足同频率的要求,这就是串级调速的基本思路。

图 5-23 是绕线转子异步电动机串级调速框图。整流桥把电动机转子的转差电动势、电流变成直流,逆变器的作用是给电动机转子回路提供直流电动势,同时给转子电流提供通路,并把转差功率(扣除转子绕组铜损耗)大部分反送回交流电源。

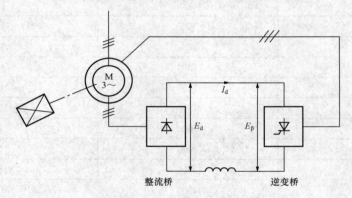

图 5-23 绕线转子异步电动机串级调速框图

2. 原理

异步电动机转子相电动势 $E_{2s}=sE_2$。E_{2s} 经三相整流桥后变为直流电动势 E_d

$$E_d = k_1 E_{2s}$$

式中　E_d——直流电动势,V;

　　　k_1——整流系数;

　　　E_{2s}——绕线转子电动机转子转差电动势,V。

逆变桥直流侧直流电动势为

$$E_\beta = k_2 U_2 \cos\beta$$

式中　E_β——逆变桥直流侧直流电动势,V;

　　　k_2——逆变桥的系数;

　　　U_2——逆变桥交流侧电压,V;

　　　β——逆变角,(°)。

直流回路电流为

$$I_d = \frac{E_d - E_\beta}{R}$$

式中 R——直流回路等效电阻，Ω

$$E_d = E_\beta + I_d R$$

因 R 较小，可忽略不计

$$E_d = E_\beta = k_1 s E_2 = k_2 U_2 \cos\beta$$

当整流桥、逆变桥都为三相桥式电路时，$k_1 = k_2$，得转差率为

$$s = \frac{U_2}{E_2} \cos\beta$$

改变逆变角 β 的大小，就能改变电动机的转差率 s。β 增大，s 减小，它们之间的关系符合余弦规律。

这种调速方法适合于高电压、大容量绕线转子异步电动机拖动风机、泵类负载等对调速要求不高的场合。

绕线转子异步电动机运行时输入的有功功率为 P_1，减去定子铜损耗 p_{Cu1} 和铁损耗 p_{Fe} 后，为电磁功率 P_M。在 P_M 中，一部分转换为机械功率 $P_m =（1-s）P_M$；另一部分为转差功率 $P_s = s P_M$。转差功率 P_s 中，一部分消耗在转子电阻中，即 p_{Cu2}；另一部分功率为（$P_s - p_{Cu2}$）送入整流桥。再减去整流桥、逆变桥、电抗器等的损耗 p_B，就是回馈给交流电网的功率 P_B，即 $P_B = P_s - p_{Cu2} - p_B$。

电网送给异步电动机的功率为 P，$P = P_1 - P_B$；电动机输出的功率为 P_2。因此，$P_2 = P_m - p_m - p_a$，其中 p_m 为机械损耗，p_a 为附加损耗。

总效率为

$$\eta = \frac{P_2}{P} \times 100\%$$

3. 流程

图 5-24 是绕线转子异步电动机串级调速功率流程图。电动机在低速运行时，转差功率 P_s 较大，采用串级调速，能把其中大部分功率，通过图 5-24 逆变桥输出接到电动机定子上的第二套绕组，回馈给电源。因此总效率较

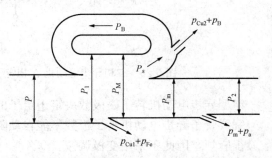

图 5-24 绕线转子异步电动机串级调速的功率流程图

高。用于串级调速的绕线转子异步电动机，其定子上有两套绕组：一套为主绕组；另一套为反馈绕组。其中反馈绕组通过主绕组把功率 P_B 反送回电源。

四、笼型三相异步电动机变极对数调速

1. 原理

异步电动机旋转磁动势的同步转速 n_1，与电动机极对数 p 成反比。改变笼型三相异步电动机定子绕组的极对数 p，就改变了同步转速 n_1，实现变极调速。

改变定子绕组的接线方式，就能改变其极对数。

2. 接线

图 5-25 所示为三相异步电动机定子绕组接线及产生的磁极数，图中只画出了 A 相绕组的情

况。每相绕组为两个等效集中线圈正向串联，例如，AX 绕组为 $a_1 x_1$ 与 $a_2 x_2$ 头尾串联，如图 5-25 （a）所示。因此，由 AX 绕组产生的磁极数为 4 极，如图 5-25 （b）所示。三相绕组的磁极数则仍为 4 极，即为 4 极异步电动机。

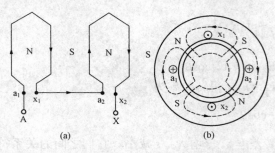

图 5-25　三相异步电动机 A 相定子绕组
接线及产生的磁极数（2p=4）

如果把图 5-25 （a）中的接线方式改变一下，每相绕组不再是两个线圈头尾串联，而变为两个线圈尾尾串联，即 A 相绕组 AX 为 $a_1 x_1$ 与 $a_2 x_2$ 反向串联，如图 5-26 （a）所示。或者，每相绕组两个线圈变为头尾串联后再并联，即 AX 为 $a_1 x_1$ 与 $a_2 x_2$ 反向并联，如图 5-26 （b）所示。改变后的两种接线方式，A 相绕组产生的磁极数都是 2 极，如图 5-26 （c）所示。三相绕组的磁极数也是 2 极，即为 2 极异步电动机。

从上面分析看出，三相笼型异步电动机的定子绕组，若把每相绕组中一半线圈的电流改变方向，即半相绕组反向，则电动机的极数便成倍变化。因此，同步转速 n_1 也成倍变化。

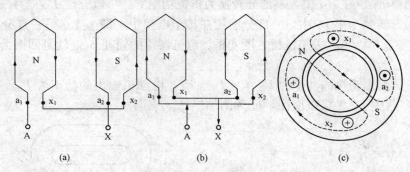

图 5-26　三相异步电动机 A 相定子绕组接线及产生的磁极数（2p=2）

笼型异步电动机转子磁极数决定于定子的磁极数，变极运行时，不必进行任何改动。

绕线转子异步电动机转子极数不能自动随定子极数变化，如果同时改变定、转子绕组极数又很麻烦，因此不采用变极调速。

以上仅简单叙述变极调速原理，实际的双速乃至多速电动机要复杂得多，这里不再叙述。

五、开关磁阻电动机系统

1. 组成

开关磁阻电动机调速系统由四部分组成，即开关磁阻电动机、功率变换器、检测器（包括电流检测和位置检测）和控制器，如图 5-27 所示。

磁路中磁通总是要沿着磁阻最小的路径闭合，否则会对导磁体产生磁拉力或形成转矩。因此，设计开关磁阻电动机时，应让定、转子都为凸极式，且二者的极数不相等，这样，才能使转子旋转时，定、转子之间磁阻变化大，产生所需要的电磁转矩。

2. 原理

图 5-28 是定子为 8 极，转子为 6 极的开关磁阻电动机。在定子每个凸极上套了一个集

中绕组，并把在直径方向相对应的两个凸极上的绕组串联在一起，组成电路上的一相。如果通以电流，便在磁路中产生磁通。图 5-28 为四相（8/6 极）开关磁阻电机。其中仅画了 A 相的供电电源，还可设计为单相、两相、三相以及多相开关磁阻电机。一般来说，小功率家用电器多用单相或两相式的，工业应用中，多用三相或多相式的。

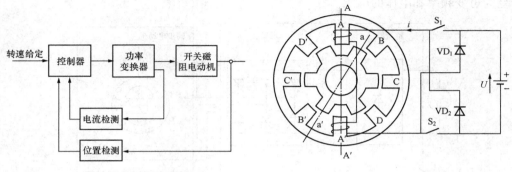

图 5-27　开关磁阻电动机调速系统　　　　　　　　图 5-28　A 相通电

从图 5-28 中看出，在图示瞬间，定子 A 相磁极轴线 AA′ 与转子磁极轴线 aa′ 不重合，这时闭合开关 S_1、S_2，A 相绕组有电流（B、C 和 D 相断电），产生的磁通经定子磁轭、定子磁极、气隙、转子磁极和转子磁轭闭合。由于这种位置磁通遇到的磁阻不是最小，必然产生磁拉力（转矩）使转子逆时针方向旋转，直到 AA′ 轴线与 aa′ 轴线重合时，磁拉力消失，处于平衡状态。之后，依次接通 B、C 和 D 相绕组电流，转子则继续逆时针方向旋转。

3. 优点

开关磁阻电动机具有如下优点：

（1）结构简单，容易制造，成本低廉。

（2）运行效率高。

（3）功率变换器中不会发生功率器件直通，可靠性高。

（4）起动电流小，起动转矩大。

（5）在宽调速范围内都具有高效率。

（6）能四象限运行。

六、无换向器同步电动机调速

1. 控制方式

在同步电动机调速系统中，根据电源输入频率控制方式不同，可以分为他控式和自控式两种。

他控式同步电动机的转速 n_1，由电源频率 f_1 和电动机的极对数 p 决定，即 $n_1 = 60 f_1/p$，一般采用开环控制，运行中存在转子振荡及失步问题。

自控式同步电动机的特点是，运行时，供电频率不是由外部给定，而是由电动机转子的转速来控制。一般在电动机转子上安装磁极位置检测器，用检测出的位置信号，控制逆变器中开关器件的开通与关断。即转子转速与变频电源的输出频率总是协调变化，所以叫自控式。这种电动机不存在转子失步问题。

自控式同步电动机，根据所用变频器的种类，可以分为交直交变频同步电动机和交交变

频同步电动机。前者亦称为无换向器同步电机调速系统。

2. 系统组成

无换向器同步电动机调速系统是由交直交变频器、同步电动机、转子磁极位置检测器组合而成的，如图 5-29 所示。其中交直交变频器将电源的固定频率电压整为直流，再由逆变器转变为可变频率和电压的电源。

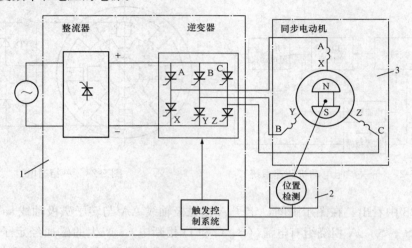

图 5-29　无换向器同步电动机调速系统

1—变频器；2—转子位置检测器；3—同步电动机

根据转子磁极位置检测器发出的电信号，控制逆变器中 6 个开关器件的开通与关断，从而控制了电机定子三相绕组的通电与断开，也就是控制了逆变器的输出频率。即同步电动机根据逆变器的频率产生同步转速，转速反过来又控制了逆变器的工作频率。

3. 原理

逆变器采用三相六拍导通方式，每一瞬间都有两相绕组同时通电，另一相不通电，每经过 60°时间电角度，进行一次换相。三相绕组通电次序为：AB→AC→BC→BA→CA→CB→AB，三相相电流波形如图 5-30 所示。

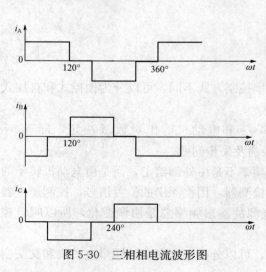

图 5-30　三相相电流波形图

从图 5-30 可见，每相绕组通电 120°电角度后，断电 60°，再反方向通电 120°，每个开关器件在一个周期内通电 120°，其余为关断。同一时刻有两个开关器件同时通电，每隔 60°切换一个开关器件。开关器件开通次序为 A→Z→B→X→C→Y。

4. 运行

以 A 相绕组通电 120°时间间隔为例，分析定子绕组产生的磁动势情况：

（1）0°～60°时间内。这时 A、B 两相绕组通电，逆变器中 A 和 Y 管导通，其余管子关断。图 5-31（a）表示定子绕组中通入电流时，定子绕组磁动势产生的磁力线分布图形。

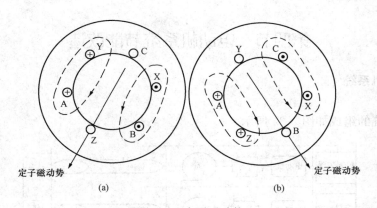

图 5-31　定子磁动势

(a) $\omega t = 0° \sim 60°$，AB 两相通电情况；(b) $\omega t = 60° \sim 120°$，AC 两相通电情况

从图 5-31（a）看出，在 $0° \sim 60°$ 时间内，由于 A、B 两相通入了幅值不变的直流电，定子绕组产生的磁动势大小不变，产生的磁力线方向也不变。

（2）$60° \sim 120°$ 时间内。这时 A、C 两相绕组通电，A 和 Z 两管导通，其余管子关断。图 5-31（b）表示这时绕组通电及绕组磁动势产生的磁力线分布图形。

由于通电相更换，定子绕组磁动势的大小仍然不变，但磁力线分布的方向却改变了，按逆时针方向转过了空间 60° 电角度。在 60° 时间内，定子绕组磁动势的大小和方向不变，时间每隔 60° 电角度，切换一根管子导通，绕组的通电相改变时，定子绕组磁动势虽然大小不变，但方向则在空间转过了 60° 电角度。按照三相六拍方式供电，定子绕组将产生步进式的旋转磁动势。

同步电动机转子上有 N、S 极，与定子绕组磁动势相互作用会产生电磁转矩 T，带动电动机转动。为使电磁转矩 T 具有恒定方向，且能得到最大值，要求转子位置与定子磁动势有一定的配合。转子是连续转动的，而定子磁动势是步进式的，根据同步电动机的转矩计算式

$$T = K_T F_a F_f \sin\delta$$

式中　T——电磁转矩，N·m；

　　K_T——转矩系数；

　　F_a——定子磁动势幅值，A·T；

　　F_f——转子磁动势幅值，A·T；

　　δ——两个磁动势之间的夹角，(°)。

由于转子磁动势 F_a 与 F_f 随转子连续转动，F_a 隔 60° 时间电角度跳跃一次，可见，其夹角 δ 是变化的。为了获得电磁转矩 T 最大，希望 $\sin\delta$ 最大，δ 应在 $60° \sim 120°$ 范围变化。

δ 随时间变化，使电机电磁转矩 T 的大小也随时间变化，即有脉动。

这种电机具有与直流电动机相类似的机械特性。通过改变定、转子磁动势，来达到调速的目的。逆变器中开关器件的导通、关断，与直流电动机电枢元件的换向作用相似，所以把这种电机称为无换向器电机（即无机械式换向器）。

第四节　电动机系统节能改造

一、电动机系统

1. 组成

电动机系统的组成如图 5-32 所示。

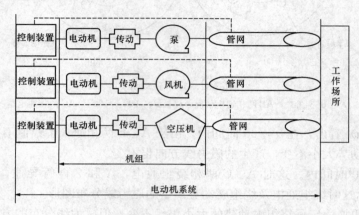

图 5-32　电动机系统的组成

2. 效率

影响电动机系统运行效率的因素如下：

（1）电力供应：电压稳定性、三相平衡度、谐波含量、功率因数等。

（2）能源统计：计量器具、统计范围、统计方法、计算方法等。

（3）生产管理：生产调度、生产质量、生产负荷等。

（4）系统装备：控制技术、设备能耗、设备产能、设备状态等。

电动机的改造宜充分分析对原电动机进行高效再制造的可行性，并在再制造过程中判断和选择可利用或可回收部件，提高资源循环利用率。

二、高效再制造

1. 定义

电动机的高效再制造，就是将满足高效再制造条件的标准效率电动机通过重新设计、更换零部件等方法，再制造成高效率电动机或适用于特定负载和工况的系统节能电动机（如变极电动机、变频电动机和永磁电动机等）。

实际上再制造和维修有着显著的区别，主要表现见表 5-7。

表 5-7　　　　　　　　　　　　　　　　　再制造和维修的区别

项目	普通保养、维修、维护	电动机高效再制造
目的	恢复使用功能	低效电动机改造成高效电动机
	效率降低	效率提高
工艺	工艺粗放、落后	最大限度利用和回收原电动机的零部件
	不合理的拆解方法对环境造成污染	采用无损、环保、无污染的拆解方法
寿命	只更换故障零部件	更换新的绕组、绝缘、轴承等
	使用寿命短	与新制造的电动机使用寿命一致

2. 流程

电动机再制造的一般流程如图 5-33 所示。

3. 再制造要求

一般包含以下几种情况：

（1）对标准效率电动机通过重新设计，再制造成高效电动机的改造活动。

（2）对标准效率电动机通过重新设计，再制造成变极变速专用电动机的改造活动。

（3）对标准效率电动机通过重新设计，再制造成变频调速专用电动机的改造活动。

（4）对标准效率电动机通过重新设计，再制造成高效永磁电动机的改造活动。

（5）对标准效率电动机通过重新设计，再制造成系统匹配的专用电动机的改造活动。

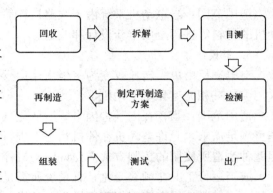

图 5-33　电动机再制造的一般流程

4. 适用范围

（1）对年运行时间大于 3000h、负载率大于 60％的、恒速运行的普通三相异步电动机，宜对电动机再制造成高效三相异步电动机。

（2）对负载率变化较大，速度变化范围较大但不要求连续平滑变化的普通三相异步电动机，宜对电动机再制造成变极变速专用电动机。

（3）对负载率变化较大，速度变化范围较大且连续平滑变化的普通三相异步电动机，宜对电动机再制造成变频调速专用电动机。

（4）对年运行时间大于 3000h、负载率大小变化，轻载运行时间较长，恒速运行的三相异步电动机，对电动机可进行高效再制造，改造成高效永磁同步电动机。

（5）对年运行时间大于 3000h、负载匹配不合理的普通三相异步电动机，宜对电动机再制造成系统匹配的专用三相异步电动机。

三、技术参数改造

1. 降容改造

对电动机的额定功率（或标称功率）进行降低或减少的重新设计和改造活动。

适用范围：当电动机驱动系统经实测或评估，系统最大功率未能达到电动机的额定功率时，对电动机可进行降容改造。

2. 增容改造

对电动机的额定功率（或标称功率）进行提高或增加的重新设计和改造活动。

适用范围：当电动机驱动系统经实测或评估，系统所需的最大功率虽然超过电动机的额定功率，但电动机的原始设计较为富裕，对电动机可进行增容改造，但同时应对改造后的系统安全性进行评估。

3. 降压改造

对电动机在适当范围内降低控制电压时的节能改造。

适用范围：当电动机系统的负载率在运行范围内有较大变化，但同时不适用于变频改造时，可对电动机进行降低电压的控制方式。

4. 升压改造

对电动机在适当范围内提高控制电压时的节能改造。

适用范围：当电动机系统由于线路损耗等原因需对电动机由低压改造为高压时，应对电动机的材料等进行全面重新设计和改造。

5. 变极改造

对电动机由单一转速改变为多极变速运行下的节能改造。在满足负载变化的要求下，可采用多速三相笼型异步电动机。

适用范围：当存在因某种因素周期变化（如季节），系统所需亦可随之周期变化，在调速可满足需求，允许电动机在停机状态下进行变极切换时．可对电动机进行变极调速改造，但此种改造所使用的控制方式应允许电动机停止运行后自由进行。

或当运行工况非频繁变化，且系统所需呈阶梯状，在调速可满足需求时，可采用多速电动机，一般可选用双速三相笼型异步电动机。

变极电动机宜采用全压起动。

6. 通用电动机改专用电动机的改造

对拖动典型负载的电动机再制造成与被拖动设备负载特性匹配的专用电机的节能改造。

适用范围：当电动机与被拖动设备负载特性不匹配时，可对电动机进行重新设计，再制造成与被拖动设备负载特性相匹配的专用电动机。

四、控制装置改造

对电动机系统通过改变控制装置来达到最佳的节能效果所进行的节能改造。控制装置的改造时应对改造后的电动机系统运行安全性进行评估。

1. 变频调速控制改造

对电动机由单一转速或由低效的调速方式改变为在变频器控制下的平滑调速运行时的节能改造。

适用范围：当负载运行工况频繁变化，且变化范围较大，系统所需电动机的功率亦随之频繁变化时，可对电动机及系统进行变频调速改造，但此种改造所使用的控制方式应允许电动机停止运行后自由进行。

变频调速改造时宜将原电动机再制造成变频调速专用三相笼型异步电动机。

2. 变极变速控制改造

对电动机由单一转速改变为在逻辑组合开关控制下的变速运行时的节能改造。

适用范围：当负载运行工况变化，但呈周期性变化时，系统所需电动机的功率和转速亦随之周期性变化，允许电动机在停机状态下进行变极切换时，在对电动机进行变极改造时，对控制装置进行变极变速控制改造，但此种改造所使用的控制方式应允许电动机停止运行后自由进行。

变极变速改造时宜将原电动机再制造成变极变速专用三相笼型异步电动机。

3. 相控调压节能控制改造

对电动机在适当范围内降低控制电压时的节能改造。

适用范围：当电动机系统的负载率在运行范围内有较大变化，但同时不适用于变频改造时，可对电动机进行降低电压的控制方式的改造。

4. 串级调速控制改造

对额定电压为 6kV、10kV，功率较大的场合，电动机由单一转速或由低效的调速方式改变为在一定范围内平滑调速运行时的节能改造。

适用范围：当负载运行工况变化（非季节性周期），且变化范围不大，系统所需电动机转速变化时，可对电动机系统进行串级调速改造，但此种改造应允许电动机停止运行后自由进行。

串级调速改造宜选用内馈或外馈调速装置，对采用三相异步电动机的设备在进行串级调速改造时，宜对原电动机进行重新设计再制造成与调速设备相匹配的专用电动机。

5. 开关磁阻电动机及控制器调速改造

对电动机由单一转速或由低效的调速方式改变为在开关磁阻电动机及控制器控制下的平滑调速运行时的节能改造。

适用范围：当负载运行工况频繁变化，且变化范围较大，系统所需电动机的功率亦随之频繁变化，并且可选择到相应功率的开关磁阻电动机及控制器时，可对电动机及系统进行开关磁阻电动机及控制器调速改造。

6. 控制模式的改造

对适合采用更节能的控制模式进行控制的电动机系统，可进行控制模式改造。

适用范围：在不影响电动机系统的运行效果，通过改变电动机系统的控制模式可提高电动机系统能效的电动机系统，可进行控制模式改造。

（1）可对控制装置进行闭环控制改造、反馈信号采样点或采样信号类型改造、细化运行分级改造、优化控制算法改造等。

（2）应尽可能利用原控制装置或原控制装置的零部件。

（3）应充分考虑改造后对相关电动机系统的影响，一般控制模式改造宜对相关的所有电动机系统进行综合改造，以保证所有相关的电动机系统运行的协调一致和运行的综合能效水平的提高。

（4）应对改造后的运行情况进行预分析，确认改造后不影响生产时再进行。

五、传动装置改造

对可采用高效传动装置替代现有低效传动装置的电动机系统，可进行传动装置改造（在调速改造、电动机改造时进行）。对传动装置改造时应对改造后的电动机系统运行安全性进行评估。

1. 液力耦合器的改造

在电动机系统进行调速改造或起动方式改造时，可同时对液力耦合器进行改造。

适用范围：液力耦合器起调速作用，在进行控制装置调速改造时宜将液力耦合传动装置改造成联轴器连接；液力耦合器起软起动作用，在进行控制装置调速改造或软起动改造时，宜将液力耦合传动装置改造成联轴器连接。

2. 齿轮变速箱的改造

在电动机系统进行电动机改造或传动装置采用普通齿轮变速箱时，可进行齿轮变速箱的改造。

适用范围：电动机改造时选用的新电动机的运行转速足以取消齿轮箱时，或当高效变速装置足以代替普通齿轮变速箱时，或普通齿轮箱需要更新时，宜将齿轮箱传动装置改造成联轴器连接。

3. 直驱改造

在电动机系统进行电动机改造时，可进行直驱改造。

适用范围：电动机或传动装置改造时，选用新电动机，其运行速度和负载能力足以满足需求，足以取消传动装置时，宜采用直驱电动机改造。

六、被拖动装置改造

对可采用高效被拖动装置替代现有低效被拖动装置的电动机系统，或可以提高被拖动装置的能效时，进行被拖动装置的改造。被拖动装置的改造时应对改造后的电动机系统运行安全性进行评估。

1. 高效替代改造

对有成熟的高效被拖动装置足以代替现有拖动装置，可进行高效替代改造；对于机组的工作点不合理的机组，可进行机组替代改造。

适用范围：高效被拖动装置的性能完全满足使用需要，现有运行环境或通过改善运行环境能完全满足高效被拖动设备的运行环境要求；通过重新设计、计算或测试，确认机组运行工作点在非高效工作区，替代改造后能提高能效的机组。

2. 被拖动设备改造

对现有被拖动装置可通过改造或更新部分零部件的方法提高被拖动设备的实际运行效率时，可进行被拖动设备改造。

适用范围：不改变现有设备的安装方式和连接方式，被拖动设备的实际运行能效水平低下或工作在非高效工作区。

3. 被拖动设备的损耗能量回收改造

对被拖动装置损耗的能量形式可进行回收再利用时，可进行被拖动设备的损耗能量回收改造。

适用范围：被拖动设备损耗的能量具有回收价值，且回收后的能量有足够的再利用场所。

对被拖动设备的损耗能量回收改造项目，在综合评估时，应将回收的能量计入系统输出能量中。

七、管网的改造

以提高综合能效水平为目标可对管网进行如下改造：

(1) 改造管网的排列形式、连接形式或减少阀门数量，降低管网管阻。

(2) 提高管网的保温性能，减少臂网传输过程中能量损失。

(3) 增加管网中的阀门数量，进行管网调度管理。

(4) 改变管网中阀门类型，实现自动控制。

(5) 增加管网间互通管路，满足跨区调度。

(6) 隔离不同类型的管网，实现分类供给。

八、其他的改造

以提高综合能效水平为目标对电动机系统进行的其他改造。

第五节　风机、泵、空气压缩机系统电动机的选择

一、电动机选用

1. 非调速运行电动机

(1) 类型选择。

1) 对于中小容量的机械负载，当起动、制动比较频繁，要求起动、制动转矩较大时，宜选用堵转转矩大、堵转电流较小的笼型三相异步电动机；在堵转转矩不能满足要求时，可选用高转差式三相异步电动机或绕线转子三相异步电动机。

2) 对于拖动风机、泵、压缩机的高压大功率电动机，当在技术经济上合理时，宜选用三相同步电动机。

(2) 额定功率选择。

1) 选择额定功率时，宜使电动机的平均负载率不低于 60%。电动机的平均负载率低于50% 时，在改建和扩建设计中宜更换成较小额定功率的电动机。

2) 电动机额定功率大于 250kW 时，宜优先选用高压三相交流电动机。

3) 对于负载稳定、连续运转的电动机，宜使其长期运行在 75%～85% 负载率。

4) 对于变工况连续工作的电动机，宜根据负载变化情况求出平均等效功率，电动机的额定功率宜大于等效功率，并对电动机的起动性能和过载能力进行校核。

5) 对于短时或断续工作的电动机，宜选用相应的工作制，并使电动机额定功率略大于负载的功率。也可选用连续工作制电动机来替代，此时，宜采用等效法求出工作时间内的等效功率，电动机的额定功率宜略大于等效功率，并应对电动机的起动和过载能力进行校核。

6) 对于负载经常变化的电动机，可采用调压等节电装置，实现经济运行。

2. 调速运行电动机

(1) 类型选择。

1) 电动机的结构和性能宜适合于变速运行要求。

2) 在采用变频调速装置进行调速时，宜选择适合于变频调速装置供电的电动机。

3) 在采用内反馈串级调速装置进行调速时，宜采用定子有两套绕组的绕线转子三相异步电动机。

4) 机械负载只要求有两种或三种转速时，可采用变极双速或三速三相异步电动机，使其在各转速下满足负载要求。

(2) 额定功率选择。

1) 对风机机组、泵机组起动、制动和过载能力没有特殊要求时，电动机的额定功率按下式计算

$$P_m = \frac{P_P(1+\alpha)}{\eta_t}$$

式中　P_m——电动机功率，kW；

　　　P_P——额定流量下的轴功率，kW；

　　　η_t——传动效率；

α——余量。

55kW 以下	α＝0.1～0.2
55～250kW	α＝0.05～0.15
250kW 以上	α＝0.02～0.05

2）对于要求频繁起动、制动，或者要求有瞬间过载能力的负载，应在满足最大转矩和起动转矩要求的前提下，选择电动机的额定功率。应使电动机的额定功率大于负载轴功率。

二、电动机调速方式和调速装置的选择

1. 调速基本要求

电动机系统进行调速设计或改造时，应根据负载的类型和特性、调速范围、起动转矩、年负荷曲线等要求，考虑寿命周期成本，根据寿命周期成本分析，做出不同方案的技术经济分析比较，选择寿命周期成本最低的方案。

2. 调速方式及其控制方法

（1）变频调速。

1）风机、泵适用变频调速的条件：风机、泵的运行工况点偏离高效区，可通过调速使运行工况点处于高效区。压力、流量变化幅度较大，运行时间长的系统。中、低流量变化类型的风机、泵负载及全流量间歇类型的风机泵负载运行工况在满足压力时，宜符合下列要求：

——流量变化幅度≥30％，变化工况时间率≥40％，年运行时间≥3000h。

——流量变化幅度≥20％，变化工况时间率≥30％，年运行时间≥4000h。

——流量变化幅度≥10％，变化工况时间率≥30％，年运行时间≥5000h。

2）空气压缩机适用变频调速的条件：对于长时间处于变负载运行的螺杆式空气压缩机，宜采用变频调速。

3）变频器选型的原则：

额定电压为 380V、660V 三相异步电动机，宜采用低压"交直变"电压源变频器。

额定电压为 1140V 或 3000V（以及非标电压 1000～3000V）三相异步电动机，宜采用二极管钳位式三电平变频器。

额定电压为 6kV、10kV 三相异步电动机，宜采用串联 H 桥高压变频器。

对于额定电压为 6kV、10kV 三相同步电动机，宜采用电流型晶闸管逆变器。

用于高温、高海拔场所的变频器，宜采用特殊设计的变频器。

4）变频器与电动机匹配的要求：

变频器额定输出电压应与电动机额定电压相符。

变频器额定输出电流应大于电动机实际运行最大电流。拖动离心风机、离心泵的普通电动机，变频器输出额定电流应与电动机额定电流相符。对于其他负载，如深水泵，则应根据负载特性确定其最大电流和过载能力。

机械负载要求有较大的起动转矩和加速转矩时，宜采用矢量控制方式或直接转矩控制。

变频器与电动机之间安装距离较远时，应适当增大变频器容量或在变频器输出端加装电抗器。

5）对变频器的要求：

变频器的输出电压、频率应连续可调。

变频器一般性能应符合 GB/T 12668.2—2002《调速电气传动系统 第 2 部分：一般要求 低压交流变频电气传动系统额定值的规定》和 GB/T 12668.4—2006《调速电气传动系统第 4 部分：一般要求交流电压 1000V 以上但不超过 35kV 的交流调速电气传动系统额定值的规定》的要求。

对于低压变频器，应符合 GB/T 21056—2007《风机、泵类负载变频调速节电传动系统及其应用技术条件》的规定。

对于电力行业所用高压变频器，应符合 DL/T 994—2006《火力发电厂风机水泵用高压变频器》的规定，其他行业可参考执行。

变频器的过载能力应大于额定电流的 20%，并持续 60s。

变频器应具有各种保护功能，如输入过电压、欠电压保护、缺相保护、过电流保护、短路保护、防雷电冲击保护等。

高压大容量变频调速系统应采取限制产生轴电流的措施。

变频器的电磁兼容性能应符合 GB 12668.3—2012《调速电气传动系统 第 3 部分：电磁兼容性要求及其特定的试验方法》的规定。

变频器产生的谐波应符合电动机的谐波限制要求的规定。

6）变频调速控制方式如下：

变电压变频率控制：在一般工况下，可采用变电压、变频率控制，利用脉宽调制技术改变变频器输出的电压和频率。采用不同的压频比提升电动机的输出转矩，满足起动的要求。

矢量控制：当负载为短时工作制，且要求快速起动，宜采用矢量控制方式。

直接转矩控制：当负载为短时工作制，要求快速起动，也可采用直接转矩控制。

（2）变极调速。

1）在满足风机、泵负载运行工况非频繁变化时，可采用多速三相笼型异步电动机。

2）变极电动机宜采用全压起动。

（3）绕线转子三相异步电动机串级调速。

1）对于额定电压为 6kV、10kV，功率较大的场合，可选用串级调速方式。

2）绕线转子三相异步电动机宜选用适当的起动设备。

（4）开关磁阻调速。

对于低压 380V、660V 供电的风机、泵负载，可采用开关磁阻电动机进行调速。

（5）其他调速方式。

宜通过技术经济分析比较后选用。

三、调速装置的选择

1. 调速装置容量

（1）低压变频器装置容量选择见表 5-5。

（2）用于高压三相异步电动机的串联 H 桥高压变频器其额定容量的选择，宜为电动机额定功率的 1.25 倍。

（3）采用电流型晶闸管逆变器调速方式起动的高压大容量同步电动机，调速装置的额定容量不宜超过电动机额定功率的 25%。

（4）用于抽水蓄能同步电动机机组变频起动的调速装置，其额定容量不宜超过电动机额定功率的 10%。

2. 调速装置的安装空间和环境要求

（1）应根据装置的发热量进行散热系统设计，采取合理的散热方式（如通风、空调水冷却器、热管等），应符合 GB/T 12668.2—2002《调速电气传动系统 第 2 部分：一般要求低压交流变频电气传动系统额定值的规定》和 GB/T 12668.4—2006《调速电气传动系统第 4 部分：一般要求交流电压 1000V 以上但不超过 35kV 的交流调速电气传动系统额定值的规定》中的有关规定。

（2）当运行环境存在潮湿、粉尘、腐蚀性气体以及酸碱度等异常使用条件，宜在系统设计时采取相应防护措施。

四、风机与泵压力、流量闭环控制

根据用户的使用要求，有时需要保持介质的压力或流量为恒定，有些工况又需要其随时间按某种规律变化。这就是说，对风机、泵类负载，其控制对象不是电动机的转速，而是介质的压力（如管网压力、炉膛压力、液位高度等）或流量（气体、液体的流量等）。为了满足用户使用的要求，应采用闭环控制。

图 5-34 所示为压力、流量闭环控制框图。其工作原理为，用户要求风机、泵系统的工作压力或流量作为给定值输入，再与被控系统实测的压力或流量（都应变换为电量）进行比较，经 PID 调节器，得到变频调速系统的给定频率，即电动机的转速，以实现用户要求的压力或流量。

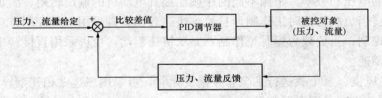

图 5-34 压力、流量闭环控制框图

从技术角度看，压力或流量闭环控制效率最高，负载需要多大的压力或流量，通过变频调速系统控制风机、泵转速自动实现。运行中，除系统自身的损耗外，不存在其他诸如节流、回流等损耗，节能效果显著。

第六章　节能监测与验证

第一节　能　耗　计　量

一、分项能耗

1. 定义

《国家机关办公建筑和大型公共建筑能耗监测系统分项能耗数据采集技术导则》规定：分项能耗是指根据国家机关办公建筑和大型公共建筑消耗的各类能源的主要用途划分进行采集和整理的能耗数据，如空调用电、动力用电、照明用电等。

电量应分为 4 项分项，包括照明插座用电、空调用电、动力用电和特殊用电。电量的 4 项分项是必分项，各分项可根据建筑用能系统的实际情况灵活细分为一级子项和二级子项，是选分项。其他分类能耗不应分项。

2. 照明插座用电

照明插座用电是指建筑物主要功能区域的照明、插座等室内设备用电的总称。照明插座用电包括照明和插座用电、走廊和应急照明用电、室外景观照明用电共 3 个子项。

照明和插座是指建筑物主要功能区域的照明灯具和从插座取电的室内设备，如计算机等办公设备。若空调系统末端用电不可单独计量，空调系统末端用电应计算在照明和插座子项中，包括全空气机组、新风机组、空调区域的排风机组、风机盘管和分体式空调器等。

走廊和应急照明是指建筑物的公共区域灯具，如走廊等的公共照明设备。

室外景观照明是指建筑物外立面用于装饰用的灯具及用于室外园林景观照明的灯具。

3. 空调用电

空调用电是为建筑物提供空调、采暖服务的设备用电的统称。空调用电包括冷热站用电、空调末端用电，共 2 个子项。

冷热站是空调系统中制备、输配冷量的设备总称。常见的系统主要包括冷水机组、冷冻泵（一次冷冻泵、二次冷冻泵、冷冻水加压泵等）、冷却泵、冷却塔风机等和冬季用采暖循环泵（采暖系统中输配热量的水泵。对于采用外部热源、通过板换供热的建筑，仅包括板换二次泵；对于采用自备锅炉的，包括一、二次泵）。

空调末端是指可单独测量的所有空调系统末端，包括全空气机组、新风机组、空调区域的排风机组、风机盘管和分体式空调器等。

4. 动力用电

动力用电是集中提供各种动力服务（包括电梯、非空调区域通风、生活热水、自来水加压、排污等）的设备（不包括空调采暖系统设备）用电的统称。动力用电包括电梯用电、水泵用电、通风机用电，共 3 个子项。

电梯是指建筑物中所有电梯（包括货梯、客梯、消防梯、扶梯等）及其附属的机房专用空调等设备。

水泵是指除空调采暖系统和消防系统以外的所有水泵，包括自来水加压泵、生活热水泵、排污泵、中水泵等。

通风机是指除空调采暖系统和消防系统以外的所有风机，如车库通风机、厕所排风机等。

5. 特殊用电

特殊区域用电是指不属于建筑物常规功能的用电设备的耗电量，特殊用电的特点是能耗密度高、占总电耗比重大的用电区域及设备。特殊用电包括信息中心、洗衣房、厨房餐厅、游泳池、健身房或其他特殊用电。

电能计量应设置分项计量回路，计量表采用电子式、精度等级为 1.0 级及以上的有功电能表。图 6-1 为建筑物中用电模型。

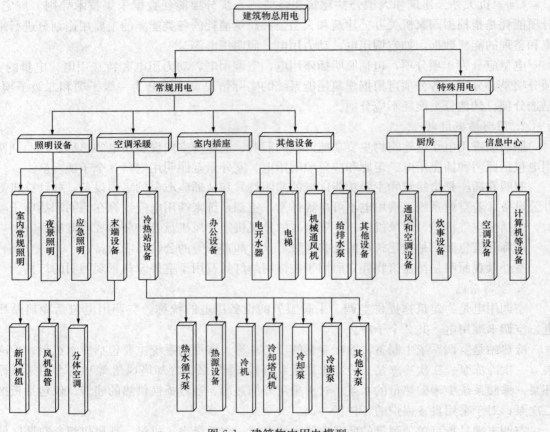

图 6-1　建筑物中用电模型

二、电能计量

1. 位置

按照图 6-1 所示的内容进行电能计量装置的安装。包括：变压器低压侧出线回路；单独计量的外供电回路；特殊区供电回路；制冷机组主供电回路；单独供电的冷热源系统附泵回路；集中供电的分体空调回路；照明插座主回路；电梯回路；其他应单独计量的用电回路。

2. 电能管理

电能管理系统范围从地下最低层到地上最高层，分别测量楼层大厅用电、空调设备用电及动力用电等，测量每个用电设备的有功电能、无功电能、有功功率和功率因数，定期进行汇总和统计报表。

仪表之间采用屏蔽双绞线进行总线型连接，通过对配电系统的现场电力仪表进行组网，经由通信网络到达监控主机，将分散的仪表连接为一个有机的整体。

采用现场总线以光纤环网、以太网或无线等组网方式实现电能集抄与电能计量功能。系统以计算机、通信设备、现场电力仪表计量装置为基本工具，为实时数据采集、远程管理与控制提供了基础平台。该系统主要采用分层分布式计算机网络结构，分站控管理层、网络通信层和现场设备层。

系统实现的主要功能为：

（1）实时采集与显示运行参数，全电量测量（U、I、P、Q、PF、F、S），如电压、电流、功率、功率因数、有功电能等，为正常运行时的计量管理、事故发生时的故障原因分析提供依据。

（2）监视电气设备运行状态，如高、低压进线断路器等各种类型开关当前分、合状态，是否正常运行，如果发现故障自动报警。

（3）对建筑物内所有设备的用电量进行记录与统计，包括动力用电、照明与插座用电、空调用电、特殊用电等，并可生成各种报表及分析曲线等供用户查询使用。

（4）事件记录与故障报警，系统对所有用户操作、开关变位、参量越限及其他用户实际需求的事件均具有详细的记录功能，对开关变位、参量越限等信息还具有报警功能。

三、电能计量装置

1. 选型

（1）电子式电能计量装置精度等级应不低于 1.0 级。

（2）电子式电能计量装置性能参数应符合 DL/T 614—2007《多功能电能表》、GB/T 17215《交流电测量设备》的规定，或由具有计量鉴定资格的电力设备检测单位检测合格。

（3）电流互感器精度等级应不低于 0.5 级。

（4）电流互感器性能参数应符合 GB 20840.2—2014《互感器第 2 部分：电流互感器的补充技术要求》规定的技术要求。

（5）电子式电能计量装置应具有计量数据输出功能。应优先选用具有 RS-485 标准串行接口或 M-BUS 电气接口的计量装置。当采用其他接口时，应符合相关标准的规定。

2. 设置

电子式电能计量装置安装应符合以下原则：

（1）为建筑物（群）供电变压器出线侧总开关应安装计量装置，以获得建筑总用电量。宜选用三相电力分析仪表，以获取电压、电流、频率、有功功率、无功功率、功率因数、谐波状况、电能质量等参数。

（2）空调、照明插座等低压配电主干线路和单台功率 200kW 以上的设备供电回路应安装计量装置，以得到各分项总用电量。宜选用三相电力分析仪表，以获取较全面的电能质量参数。

（3）动力和机房等低压配电主干线路应安装计量装置。

（4）末端有特殊需要的设备可单独安装计量装置。

（5）租赁使用的场所宜安装计量装置。

在既有建筑改造中，应充分利用现有配电设施和低压配电监测系统，合理配置分项计量所需的计量装置、计量表箱。

四、能耗计算

1. 建筑总能耗

建筑总能耗为建筑各分类能耗（除水耗量外）所折算的标准煤量之和，即：

建筑总能耗＝总用电量折算的标准煤量＋总燃气量（天然气量或煤气量）折算的标准煤量＋集中供热耗热量折算的标准煤量＋集中供冷耗冷量折算的标准煤量＋建筑所消耗的其他能源应用量折算的标准煤量

把不同类型的能源按各自不同的热值换算成标准煤，能源折标准煤系数可按照下式换算。单位重量的各类能源折算成标准煤的理论折算值见表 6-1。

表 6-1 主要种类能源折算成标准煤的理论折算值

能源名称		平均低位发热量	折标准煤系数
标准煤		29 308kJ/kg(7000kcal/kg)	1
原煤		20 908kJ/kg(5000kcal/kg)	0.7143kg(标准煤)/kg
燃料油		41 816kJ/kg(10000kcal/kg)	1.4286kg(标准煤)/kg
汽油		43 070kJ/kg(5000kcal/kg)	1.4714kg(标准煤)/kg
柴油		43 070kJ/kg(5000kcal/kg)	1.4714kg(标准煤)/kg
液化石油气		50 179kJ/kg(12000kcal/kg)	1.7143kg(标准煤)/kg
油田天然气		38 931kJ/m³(9310kcal/m³)	1.3300kg(标准煤)/m³
气田天然气①		35 544kJ/m³(8500kcal/m³)	1.2143kg(标准煤)/m³
煤矿瓦斯气		14 636～16 726kJ/m³(3500～4000kcal/m³)	0.5000～0.5714kg(标准煤)/m³
焦炉煤气		16 726～17 981kJ/m³(4000～4300kcal/m³)	0.5714～0.6143kg(标准煤)/m³
高炉煤气		3763kJ/m³	0.1286kg(标准煤)
其他煤气	发生炉煤气	5227kJ/m³(1250kcal/m³)	0.1786kg(标准煤)/m³
	重油催化裂解煤气	19 235kJ/m³(4600kcal/m³)	0.6571kg(标准煤)/m³
	重油热裂解煤气	35 544kJ/m³(8500kcal/m³)	1.2143kg(标准煤)/m³
	焦炭制气	16 308kJ/m³(3900kcal/m³)	0.5571kg(标准煤)/m³
	压力气化煤气	15 054kJ/m³(3600kcal/m³)	0.5143kg(标准煤)/m³
	水煤气	10 454kJ/m³(2500kcal/m³)	0.3571kg(标准煤)/m³
热力(当量值)		—	0.034 12kg(标准煤)/MJ
电力(当量值)		3600kJ/(kW·h) [860kcal/(kW·h)]	0.1229kg(标准煤)/(kW·h)
电力(等价值)		按当年火电发电标准煤耗计算	
蒸汽(低压)		3763MJ/t(900Mcal/t)	0.034 12kg(标准煤)/MJ

① 页岩气可以按气田天然气进行折算。

2. 用电量

总用电量＝Σ各变压器总表直接计量值

分类能耗量＝Σ各分类能耗计量表的直接计量值

分项用电量＝Σ各分项用电计量表的直接计量值

单位建筑面积用电量＝总用电量/总建筑面积

单位空调面积用电量＝总用电量/总空调面积

单位面积分类能耗量＝分类能耗量直接计量值/总建筑面积

单位空调面积分类能耗量＝分类能耗量直接计量值/总空调面积

单位面积分项用电量＝分项用电量直接计量值/总建筑面积

单位空调面积分项用电量＝分项用电量直接计量值/总空调面积

第二节　节　能　监　测

一、三相配电变压器

1. 监测项目

(1) 检查项目。

现场检查项目包括:

1) 检查变压器是否被列入国家淘汰目录;

2) 检查变压器能效是否达到 GB 20052—2013《三相配电变压器能效限定值及能效等级》所规定的能效限定值要求。

(2) 测试项目。

现场测试项目包括:

1) 日均负载率;

2) 功率因数;

3) 电压总谐波畸变率;

4) 负序电压不平衡度;

5) 日电能损耗率。

2. 监测方法

(1) 测试条件:

1) 测试应在变压器正常运行状态下进行。

2) 对于季节性负荷容量较大的变压器,测试应在负荷开启的季节内进行。

(2) 测试仪表:

1) 测试仪表应满足测试项目的要求,并应在检定/校准合格周期内。

2) 测试仪表应符合表 6-2 的规定。

3. 测试方法

使用电能质量分析仪现场测试,测点安装在变压器低压输出侧,全部参数采用电能质量分析仪直接测试并读取,测试时间为持续测量 24h,测试数据取值间隔为不大于 1h 记录一次,负序电压不平衡度 1min 记录一次。

表 6-2   测试仪表及准确度要求

测试仪表	测量参数	准确度
电能质量分析仪	有功功率	±1%
	功率因数	±1%
	电压总谐波畸变率	±5%
	负序电压不平衡度	≤2%

4. 计算方法

（1）日均负载率的计算方法。

日均负载率应按下式计算

$$\beta = \frac{I}{I_N} \times 100\%$$

式中　β——日均负载率，%；

　　　I——变压器日方均根负载电流，A；

　　　I_N——变压器低压侧额定电流，A。

变压器日方均根负载电流应按下式计算

$$I = \sqrt{\frac{\sum\limits_{i=1}^{n} I_i^2}{n}}$$

式中　n——连续 24h 内数据记录次数。

（2）电压总谐波畸变率的计算方法。

电压总谐波畸变率应按下式计算

$$THD_U = \frac{U_H}{U_1} \times 100\%$$

式中　THD_U——电压总谐波畸变率，%；

　　　U_H——谐波电压含量（方均根值），V；

　　　U_1——基波电压（方均根值），V。

变压器谐波电压含量的计算应按下式计算

$$U_H = \sqrt{\sum\limits_{h=2}^{\infty} (U_h)^2}$$

式中　U_H——谐波电压含量，V；

　　　U_h——第 h 次谐波电压（方均根值），V。

（3）负序电压不平衡度的计算方法。

负序电压不平衡度应按下式计算

$$\varepsilon_{U_2} = \frac{U_2}{U_1} \times 100\%$$

式中　ε_{U_2}——负序电压不平衡度（%）；

　　　U_2——三相电压的负序分量（方均根值），V；

　　　U_1——三相电压的正序分量（方均根值），V。

（4）日电能损耗率的计算方法。

日电能损耗率应按下式计算

$$\Delta P_{S} = \frac{W_{G} - W_{P}}{W_{G}} \times 100\%$$

式中　ΔP_{S}——日电能损耗率（%）；

　　　W_{P}——监测期内变压器输出有功电能量，kW·h；

　　　W_{G}——监测期内变压器输入有功电能量，kW·h。

变压器输入有功电能量应按下式计算

$$W_{G} = W_{S} + W_{P}$$

式中　W_{S}——监测期内变压器有功损失电能量，kW·h。

变压器有功损失电能量应按下式计算

$$W_{S} = (P_{0} + \beta^{2} P_{K})t$$

式中　P_{0}——变压器额定空载损耗，kW；

　　　P_{K}——变压器额定负载损耗，kW；

　　　t——监测时间，h。

5. 评价指标

变压器节能监测评价指标应符合表 6-3 的要求。

表 6-3　　　　　　　　　　　变压器节能监测评价指标

监测项目	评价指标
日均负载率	≥30%
功率因数	≥0.93
电压总谐波畸变率	≤5%
负序电压不平衡度 95% 最大值	≤2%
负序电压不平衡度最大值	≤4%
日电能损耗率	≤1.1%

二、公共建筑室内照明系统

1. 监测项目

（1）是否使用国家明令淘汰的照明设备。

（2）室内照明系统的分区、分组控制情况。

2. 测试项目

（1）电参数：供电电压（V）、照明系统功率（W）。

（2）被照面积（m²）。

（3）参考平面照度（lx）。

3. 监测方法

（1）测试条件。

公共建筑室内照明系统的节能监测应在以下条件下进行：

——应在照明系统正常运行 0.5h 以上；

——无外界其他光源干扰、照明装置完好率 100% 且全部开启；

——灯具端电压偏差范围在其额定电压（−10%，+5%）。

（2）测试仪器。

1）基本要求。监测使用的仪器仪表，应经国家相关部门检定，且在检定合格周期内。

2）电参数测量仪表。室内照明系统的电参数测量应使用具备测量电压、功率等参数的单功能或多功能数字式仪表，电压表的准确度不低于 0.5 级，功率表的准确度不低于 1.5 级。

3）（光）照度计。照度测量应采用不低于一级的光照度计。照度测量用光照度计的计量性能应符合 GB/T 5700—2008《照明测量方法》中的规定。

4）长度测量仪器。长度测量仪器宜以米为计量单位，分度值宜取 0.01m。

（3）测试方法。

1）取样。公共建筑室内照明系统应依据 GB 50034—2013《建筑照明设计标准》中对不同建筑的房间或场所划分原则，按功能区分类监测，照度满足标准要求，见表 6-4。功能区的房间或场所数目多于 2 个需进行抽样测量，且抽样测量数目应不少于 2 个。

表 6-4 公共建筑室内照明系统功率密度考核指标

建筑类型	房间或场所		参考平面及其高度	照度标准值/lx	照明功率密度指标值/（W/m²）
办公建筑	普通办公室		0.75m 水平面	300	9.0
	会议室			300	9.0
	服务大厅			300	11.0
	设计室		实际工作面	500	15.0
商店建筑	一般商店营业厅		0.75m 水平面	300	10.0
	一般超市营业厅			300	11.0
	专卖店营业厅			300	11.0
	仓储超市			300	11.0
旅馆建筑	客房	一般活动区	0.75m 水平面	75	7.0
		床头		150	
		卫生间		150	
		写字台	台面	300	
	中餐厅		0.75m 水平面	200	9.0
	西餐厅			150	6.5
	多功能厅			300	13.5
	会议室			300	9.0
	客房层走廊		地面	50	4.0
	大堂			200	9.0
医疗建筑	病房		地面	100	5.0
	走廊			100	4.5
	治疗室、诊室		0.75m 水平面	300	9.0
	化验室			500	15.0
	候诊室、挂号厅			200	6.5
	药房			500	15.0
	护士站			300	9.0

建筑类型	房间或场所	参考平面及其高度	照度标准值/lx	照明功率密度指标值/（W/m²）
教育建筑	教室、阅览室	课桌面	300	9.0
	实验室	实验桌面	300	9.0
	美术教室	桌面	500	15.0
	多媒体教室	0.75m 水平面	300	9.0
	计算机教室、电子阅览室		500	15.0
	学生宿舍	地面	150	5.0
图书馆建筑	一般阅览室、开放式阅览室	0.75m 水平面	300	9.0
	目录厅（室）、出纳室		300	11.0
	多媒体阅览室		300	9.0
	老年阅览室		500	15.0
博览建筑	美术馆建筑 会议报告厅	0.75m 水平面	300	9.0
	美术品售卖区		300	9.0
	公共大厅	地面	200	9.0
	绘画展厅		100	5.0
	雕塑展厅		150	6.5
	科技馆建筑 科普教室	0.75m 水平面	300	9.0
	会议报告厅		300	9.0
	纪念品售卖区		300	9.0
	儿童乐园	地面	300	10.0
	公共大厅		200	9.0
	常设展厅		200	9.0
	博物馆建筑 会议报告厅	0.75m 水平面	300	9.0
	美术制作室		500	15.0
	编目室		300	9.0
	藏品提看室		150	5.0
	藏品库房	地面	75	4.0
会展建筑	会议室、洽谈室	0.75m 水平面	300	9.0
	宴会厅、多功能厅		300	13.5
	一般展厅	地面	200	9.0
交通建筑	普通候车（机、船）室	地面	150	7.0
	中央大厅、售票大厅		200	9.0
	行李认领、到达大厅、出发大厅		200	9.0
	普通地铁站厅		100	5.0
	普通地铁进出站门厅		150	6.5
金融建筑	营业大厅	地面	200	9.0
	交易大厅	0.75m 水平面	300	13.5

2）参考平面照度。被测房间或场所的照度测点布置、被测房间或场所的照度计算应符合表 6-4 中的规定。

3）被照面积。被测房间或场所的照明面积应由长度测量仪器进行测量，至少测算 3 次取算术平均值。

4）电参数。对于专用照明线路，宜在被测房间或场所的开关负荷侧测量。对于混用照明线路，宜在被测房间或场所的共用开关负荷侧测量。测量时，需断开其他用电设备，只开启照明系统，测量值即为被测房间或场所照明系统的电参数值；当其他用电设备无法断开时，可开启全部设备，关闭照明系统，测量差值即为被测房间或场所照明系统的电参数值。

被测房间或场所的电参数，至少测量 3 次取算术平均值。

5）照明功率密度实测值。照明功率密度实测值，按下式计算

$$LPD_c = \frac{P_c}{A}$$

式中　LPD_c ——照明功率密度实测值，W/m^2；

　　　　P_c ——照明实测功率，W；

　　　　A ——被照面积，m^2。

6）当房间或场所的照度实测值高于表 6-4 中照度标准时，照明功率密度需折算，折算按下式计算，可选取照明功率密度折算值与标准中的照明功率密度指标值相比较，进行节能潜力评价

$$LPD_z = LPD_c \frac{E_s}{E_c}$$

式中　LPD_z ——照明功率密度折算值，W/m^2；

　　　　LPD_c ——照明功率密度实测值，W/m^2；

　　　　E_c ——照度实测值，lx；

　　　　E_s ——表 6-4 中的照度标准值，lx。

4. 考核指标

（1）考核指标为照明功率密度，指标值按表 6-4 照明功率密度现行值的规定选取。

（2）当被测房间或场所实测照度值满足照度标准时，其照明功率密度实测值应不大于表6-4 照明功率密度指标值。

三、工业照明设备运行

1. 监测项目

（1）检查项目。

现场检查项目包括：

1）高效照明产品使用情况；

2）照明系统节能措施；

3）照明设备运行管理制度。

（2）测试项目。

现场测试项目包括：

1）照明面积（m^2）；

2）电参数：供电电压（V）、照明系统功率（W）；

3）参考平面照度（lx）。

2．监测方法

（1）监测条件：

1）照明设备的供电电压应为其额定电源电压的（－10％，＋5％）。

2）照明设备应正常运行 40min 以上。

3）监测场所的照明应为通常工作中实际使用的状况。

（2）监测仪表：

1）一般要求，监测使用的仪器仪表应经国家相关部门检定合格，且在检定周期内。

2）功率测量仪表。被监测照明设备的功率测量应使用准确度等级不低于 1.5 级的数字式功率测量仪表。

3）电压表。被监测照明设备的供电电压测量应采用准确度等级不低于 1.5 级的电压表。

4）（光）照度计。照度测量应采用准确度等级不低于 1.0 级的光照度计。照度测量用光照度计的计量性能应符合 GB/T 5700—2008《照明测量方法》中的规定。

5）长度测量仪器。长度测量仪器宜以米为计量单位，分度值宜取 0.01m。

（3）测试方法：

1）一般要求。如果所监测照明设备的照明面积为监测房间或场所全部面积时，测量整个房间或场所的面积。如果所监测照明设备的照明面积为监测房间或场所部分区域，则测量使用该照明设备的区域面积。当所监测房间或场所内部分区域的照明情况可以准确反映整个房间或场所的照明情况时，可以监测该区域的照明设备运行情况。

2）照明面积。监测房间或场所的照明面积应至少测量 3 次，取其算术平均值。

3）电参数。照明设备的供电电压和功率宜在其电源输入端测量，监测时间不得少于 10min，应至少测量 3 次，取算术平均值。

4）参考平面照度。监测场所的照度测点布置、照度计算应符合 GB/T 5700—2008《照明测量方法》中的规定。

3．计算方法

（1）照明功率密度。

照明功率密度实测值应按下式计算

$$LPD_c = \frac{P_c}{A}$$

式中　LPD_c——照明功率密度实测值，W/m^2；

P_c——照明系统的实测功率，W；

A——被照面积，m^2

（2）室形指数。

室形指数应按下式计算

$$RI = \frac{2S}{hL}$$

式中　RI——室形指数；

S——房间或场所面积，m^2；

L——房间或场所水平面周长，m；

h ——灯具计算高度，为灯具安装高度与工作面高度之差，m。

注：公式适用于矩形、圆形和各内角均不小于 90°的多边形房间。

4. 评价指标

照明设备运行节能评价指标为照明功率密度，所监测照明设备的照明功率密度评价指标见表 6-5。当房间或场所的室形指数等于或小于 1 时，表 6-5 中的照明功率密度评价指标可增加 20%。

表 6-5　　　　　　　　　　**工业建筑照明系统节能评价指标**

房间或场所		参考平面及其高度	照度标准值 /lx	照明功率 密度评价指标/（W/m²）
1. 机、电工业				
机械加工	粗加工	0.75m 水平面	200	7.5
	一般加工，公差≥0.1mm	0.75m 水平面	300	11.0
	精细加工，公差<0.1mm	0.75m 水平面	500	17.0
机电、仪表装配	大件	0.75m 水平面	200	7.5
	一般件	0.75m 水平面	300	11.0
	精密	0.75m 水平面	500	17.0
	特精密	0.75m 水平面	750	24.0
线圈绕制	电线、电缆制造	0.75m 水平面	300	11.0
	大线圈	0.75m 水平面	300	11.0
	中等线圈	0.75m 水平面	500	17.0
	精细线圈	0.75m 水平面	750	24.0
	线圈浇注	0.75m 水平面	300	11.0
焊接	一般	0.75m 水平面	200	7.5
	精密	0.75m 水平面	300	11.0
	钣金	0.75m 水平面	300	11.0
	冲压、剪切	0.75m 水平面	300	11.0
铸造	热处理	地面至 0.5m 水平面	200	7.5
	熔化、浇铸	地面至 0.5m 水平面	200	9.0
	造型	地面至 0.5m 水平面	300	13.0
	精密制造的制模、脱壳	地面至 0.5m 水平面	500	17.0
	锻工	地面至 0.5m 水平面	200	8.0
	电镀	0.75m 水平面	300	13.0
	酸洗、腐蚀、清洗	0.75m 水平面	300	15.0
抛光	一般装饰性	0.75m 水平面	300	12.0
	粗细	0.75m 水平面	500	18.0
	复合材料加工、铺叠、装饰	0.75m 水平面	500	17.0
机电修理	一般	0.75m 水平面	200	7.5
	精密	0.75m 水平面	300	11.0

房间或场所		参考平面及其高度	照度标准值 /lx	照明功率密度评价指标/（W/m²）
2. 电子工业				
整机类	整机厂	0.75m 水平面	300	11.0
	装配厂房	0.75m 水平面	300	11.0
元器件类	微电子产品及集成电路	0.75m 水平面	500	18.0
	显示器件	0.75m 水平面	500	18.0
	印制电路板	0.75m 水平面	500	18.0
	光伏组件	0.75m 水平面	300	11.0
	电真空器件、机电组件等	0.75m 水平面	500	18.0
电子材料	半导体材料	0.75m 水平面	300	11.0
	光纤、光缆	0.75m 水平面	300	11.0
酸、碱、药液及粉配制		0.75m 水平面	300	13.0
3. 通用房间或场所				
试验室	一般	0.75m 水平面	300	9.0
	精细	0.75m 水平面	500	15.0
检验	一般	0.75m 水平面	300	9.0
	精细，有颜色要求	0.75m 水平面	750	23.0
计量室、测量室		0.75m 水平面	500	15.0
控制室	一般控制室	0.75m 水平面	300	9.0
	主控制室	0.75m 水平面	500	15.0
电话站、网络中心、计算机站		0.75m 水平面	500	15.0
动力站	风机房、空调机房	地面	100	4.0
	泵房	地面	100	4.0
	冷冻站	地面	150	6.0
	压缩空气站	地面	150	6.0
	锅炉房、煤气站的操作层	地面	100	4.0
仓库	大件库	1.0m 水平面	50	2.5
	一般件库	1.0m 水平面	100	4.0
	半成品库	1.0m 水平面	150	6.0
	精细件库	1.0m 水平面	200	7.0

注　食品、生物制药、染织等行业可参照标准中照度要求相同的场所的照明功率密度评价指标。

5. 监测结果

（1）检查项目评价方法如下：

1）所监测的照明光源不应采用国家明令淘汰的产品类型，对于国家能效标准规定的照明设备，如光源、镇流器，应采用能效等级 3 级以上产品。

2）照明控制系统应有利用自然光或分区控制等节能措施。

3）应制定照明设备运行节能管理制度。

（2）考核项目评价。

表6-5中的照度标准值为参考平面上一般照明的维持平均照度。增加局部照明的工作面，其照度值、照明功率密度按GB 50034—2013《建筑照明设计标准》的规定选取。所监测照明设备的照度值应符合表6-5的规定。监测场所的照明功率密度评价方法如下：

1）监测场所的照度实测值大于或等于标准规定值的90％时，其照明功率密度应不超过表6-5规定的评价指标。

2）当照度实测值小于标准规定值的90％时，按下式对监测场所的照明功率密度进行折算，该计算值即为监测场所的照明功率密度折算值，且该值应不超过表6-5规定的评价指标。

$$LPD_z = LPD_c \frac{E_s}{E_c}$$

式中　　LPD_z——照明功率密度折算值，W/m^2；

LPD_c——照明功率密度实测值，W/m^2；

E_c——监测场所的照度实测值，lx；

E_s——表6-5中的照度标准值，lx。

四、电机系统

1. 监测项目

（1）检查项目：

1）电机系统中不应有国家相关规定中已经淘汰的高耗能落后机电设备（产品）。

2）电机系统中各设备的额定效率应不低于GB 18613—2012《中小型三相异步电动机能效限定值及能效等级》、GB 19153—2009《容积式空气压缩机能效限定值及能效等级》、GB19761—2009《通风机能效限定值及能效等级》、GB 30253—2013《永磁同步电动机能效限定值及能效等级》、GB 30254—2013《高压三相笼型异步电动机能效限定值及能效等级》等标准中能效限定值的规定。

3）满足GB/T 21056—2007《风机、泵类负载变频调速节电传动系统及其应用技术条件》中变频调速装置应用条件的电机系统，应采用合理的调速控制设备。

（2）测试项目：

1）输入功率比；

2）功率因数；

3）负序电压不平衡度；

4）电压总谐波畸变率。

2. 监测方法

（1）测试条件：

1）测试期间，电机系统应正常稳定运行。

2）测试时，电源电压与额定电压的偏差范围为−10％～6％。

（2）测试仪表。宜选用电能质量综合分析仪，精度等级不低于1.5级，并在检定/校准合格周期内。

（3）测试方法：

1）电机系统的测点布置在电机系统的进线端或开关柜位置，测量时间不少于 30min，数据记录时间间隔为 1min，输入功率和功率因数取测量值的算术平均值作为测试结果。

2）负序电压不平衡度按 GB/T 15543《电能质量　三相电压不平衡》的规定进行，电压总谐波畸变率按 GB/T 14549《电能质量　公用电网谐波》的规定进行，取测量值的 95％概率值中的最大值作为测试结果。

（4）计算方法：

1）输入功率比。应按下式计算

$$A = \frac{P_1}{P_{NR}} \times 100\%$$

式中　A——输入功率比，％；

P_1——电机输入功率，kW；

P_{NR}——电机额定输入功率，kW。

2）电机额定输入功率。应按下式计算

$$P_{NR} = \frac{P_N}{\eta_N}$$

式中　P_N——电机额定功率，kW；

η_N——电机额定效率（％）。

3）负序电压不平衡度应按下式计算

$$\varepsilon_{U_2} = \frac{U_2}{U_1} \times 100\%$$

式中　ε_{U_2}——负序电压不平衡度，％；

U_2——三相电压的负序分量（方均根值），V；

U_1——三相电压的正序分量（方均根值），V。

4）电压总谐波畸变率应按下式计算

$$THD_U = \frac{U_H}{U_1} \times 100\%$$

式中　THD_U——电压总谐波畸变率，％；

U_H——谐波电压含量（方均根值），V；

U_1——基波电压（方均根值），V。

5）谐波电压含量应按下式计算

$$U_H = \sqrt{\sum_{h=2}^{\infty}(U_h)^2}$$

式中　U_H——谐波电压含量，V；

U_h——第 h 次谐波电压（方均根值），V。

6）功率因数功率因数应按下式计算

$$\cos\varphi = \frac{P_1}{\sqrt{P_1^2 + Q_1^2}}$$

式中　$\cos\varphi$——功率因数；

P_1——电机有功功率，kW；

Q_1——电机无功功率，kvar。

3. 评价指标

(1) 对于未采用调速调压控制运行的电机系统，应对输入功率比、功率因数、负序电压不平衡度和电压总谐波畸变率进行监测评价。

(2) 对于采用调速调压控制运行的电机系统，应对功率因数、负序电压不平衡度和电压总谐波畸变率进行监测评价。

(3) 电机系统节能监测评价指标应符合表 6-6 的要求。

表 6-6   电机系统节能监测评价指标

监测项目	评价指标
输入功率比	≥65%
功率因数	≥0.85
负序电压不平衡度	≤2%
电压总谐波畸变率	≤5%

第三节　冷热电能源系统节能率

一、技术要求

(1) 分布式冷热电能源系统的综合能源利用率应不低于 70%。

(2) 分布式冷热电能源系统节能率限定值。分布式冷热电能源系统的节能率限定值应符合表 6-7 的规定。

表 6-7   分布式冷热电能源系统节能率限定值

系统发电规模/kW	节能率限定值（%）
>15 000	11
1000~15 000	8
<1000	5

(3) 分布式冷热电能源系统节能率准入值。新建分布式冷热电能源系统的节能率准入值应符合表 6-8 的规定。

表 6-8   分布式冷热电能源系统节能率准入值

系统发电规模/kW	节能率限定值（%）
>15 000	21
1000~15 000	18
<1000	15

(4) 分布式冷热电能源系统节能率先进值。分布式冷热电能源系统应通过采用先进设计、先进设备、实施节能技术改造和加强节能运行管理等达到表 6-9 的节能率先进值。

表 6-9   分布式冷热电能源系统节能率先进值

系统发电规模/kW	节能率限定值（%）
>15 000	29
1000~15 000	26
<1000	23

二、统计范围和计算方法

1. 统计范围和方法

分布式冷热电能源系统主要由供电设备、供冷设备（包括除湿）、供热设备、储能设备、调峰设备及所有界区内的相关附属设备组成。系统边界是包括如上设备的厂房和能量输送到用户端计量处组成的界区，不包括用户自身的末端输配系统。

应利用符合 GB 17167—2006《用能单位能源计量器具配备和管理通则》要求的能源计量器具对报告期内输入系统的能源数量和输出系统的电、冷和热的数量进行计量统计。各种能源的热值以标准煤计算。各种能源等价热值以报告期内运行方的实测热值为准。没有实测条件的，参照 6-1 中各种能源折标准煤参考系数。

2. 计算方法

（1）分布式冷热电能源系统的节能率按下式计算

$$\xi_{CCPH} = \frac{E_a - E_r}{E_a} \times 100\%$$

式中　ξ_{CCPH}——分布式冷热电能源系统的节能率；

　　　　E_r——分布式冷热电能源系统的报告期能耗，kg（标准煤）；

　　　　E_a——分布式冷热电能源系统的校准能耗，kg（标准煤）；

（2）分布式冷热电能源系统的校准能耗按下式计算

$$E_a = P \times e_{ref,p} + C \times e_{ref,c} + H \times e_{ref,h}$$

式中　P——分布式冷热电能源系统的报告期净供电量，kW·h；

　　　　C——分布式冷热电能源系统的报告期总供冷量，kW·h；

　　　　H——分布式冷热电能源系统的报告期总供热量，kW·h；

　　　$e_{ref,p}$——到达终端用户的供电能耗参照值，kg（标准煤）/（kW·h）；

　　　$e_{ref,c}$——供冷能耗参照值，kg（标准煤）/（kW·h）；

　　　$e_{ref,h}$——供热能耗参照值，kg（标准煤）/（kW·h）。

对于已投产运行的系统 P、C 和 H 的相关数据，均应为运行统计值；对于尚未投产运行的系统 P、C 和 H 的相关数据据，可采用设计计算值。

根据系统设计与建筑热工设计地理分区地理分区的能耗 $e_{ref,p}$、$e_{ref,c}$、$e_{ref,h}$ 的相关数据，并根据系统实际运行的工况条件，参考表 6-10 取值。

表 6-10　单位终端用户供电、供冷和供热分区能耗参考值　单位：kg（标准煤）/（kW·h）

最冷月平均气温	机组类型	供电能耗参考值[①] $e_{ref,p}$	供冷能耗参考值[②] $e_{ref,c}$	供热能耗参考值[③] $e_{ref,h}$
≤−5℃	现有机组	352.94×10^{-3}	86.08×10^{-3}	
	新建机组	320.86×10^{-3}	78.26×10^{-3}	
−5<t≤0℃	现有机组	354.71×10^{-3}	80.61×10^{-3}	147.25×10^{-3}
	新建机组	322.46×10^{-3}	73.29×10^{-3}	
>0℃	现有机组	356.47×10^{-3}	82.90×10^{-3}	
	新建机组	324.06×10^{-3}	75.36×10^{-3}	

①发电能耗参考值参照 GB 21258—2013《常规燃煤发电机组单位产品能源消耗限额》。

②供冷能耗参考值参照 GB 21258—2013《常规燃煤发电机组单位产品能源消耗限额》和 GB50189—2015《公共建筑节能设计标准》。

③供热能耗参考值参照供 GB 24500—2009《工业锅炉能效限定值及能效等级》。

（3）分布式冷热电能源系统的综合能源利用率按下式计算

$$\eta = \frac{P+C+H}{E_{rt}} \times 100\%$$

式中　η——分布式冷热电能源系统的综合能源利用率（%）；

E_{rt}——报告期能耗单位由千克标准煤，采用等价热值转换为千瓦时后的数值，kW·h。

三、节能管理

1. 节能基础管理

（1）分布式冷热电能源系统的实际运行方（用能单位或企业）应根据 GB/T 18603—2014《天然气计量系统技术要求》、GB 17167—2006《用能单位能源计量器具配备和管理通则》和 GB/T 19022—2003《测量管理体系测量过程和测量设备的要求》的要求配置能源计量器具，建立并完善能源计量管理制度。

（2）相关企业应按 GB/T 2589—2008《综合能耗计算通则》要求建立健全能耗统计分析、考核体系，建立能耗计算和考核结果的文件档案，并对其进行受控管理。

（3）分布式冷热电能源系统的实际运行方（用能单位或企业）应充分考虑系统年利用小时数、余热供冷（热）量与总供冷量比值等节能率相关影响因素。

（4）相关企业应将分布式冷热电能源系统的节能率指标落实到基层，建立用能、节能责任制。

2. 节能技术管理

相关企业应积极依靠技术进步，配置先进的节能设备和节能新工艺。最大限度地提高分布式冷热电能源系统的节能率，减少能源损失，降低系统能源成本。

第四节　节能量测量和验证技术

一、节能量计算

1. 相关参数关系

节能量为节能措施实施后，项目边界内的用能单位或用能设备、环节能源消耗减少的数量。项目边界指的是实施节能措施所影响的用能单位、设备、系统的范围和地理位置界线。

基期指的是用以比较和确定项目节能量的，节能措施实施前的时间段。基期能耗指的是在基期内，项目边界内用能单位、设备、系统的能源消耗量。

统计报告期是用以比较和确定项目节能量的，节能措施实施后的时间段。统计报告期能耗是统计报告期内，项目边界内用能单位、设备、系统的能源消耗量。

校准能耗为在统计报告期内，根据基期能源消耗状况及统计报告期条件推算得到的，项目边界内用能单位、设备、系统不采用该节能措施时的能源消耗量。

节能量（E_s）、基期能耗（E_b）、统计报告期能耗（E_r）和校准能耗（E_a）的关系如图 6-2 所示。

2. 节能量计算

报告期内的节能量（E_s）由下式计算

$$E_s = E_r - E_a$$

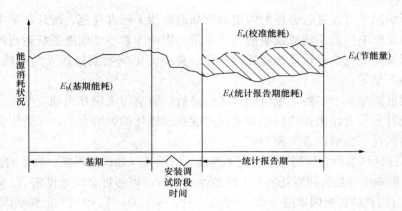

图 6-2　相关参数示意图

式中　E_s——节能量；

　　　E_r——统计报告期能耗；

　　　E_a——校准能耗。

二、测量、计算和验证方法

1."基期能耗—影响因素"模型法

(1)"基期能耗—影响因素"模型。通过回归分析等方法建立基期能耗与其影响因素的相关性模型如下式所示，所建立模型应具有良好的相关性。

$$E_b = f(x_1, x_2, \cdots, x_i)$$

式中　E_b——基期能耗；

　　　x_i——基期能耗影响因素的值。

注：常见的重要影响因素包括自然因素（如室内外气温）和运行因素（如产量、开工率、客房占用率）等。

可依据物理关系、经验公式或者完全依赖数学分析建立"基期能耗—影响因素"相关性模型。模型应比较简单，且能得到可靠、可复现的结果。建立模型时，应选择几种不同的公式形式以及不同的变量组合分别进行计算，然后根据其拟合优度等参数来确定最佳模型。对于部分用能系统（如通风机系统、水泵系统等），也可先短期测试能耗和影响因素（如流量）的变化，通过回归方法建立"基期能耗—影响因素"相关性模型。

(2)校准能耗。模型建立后应采用实际的能耗和影响因素数据进行校验。校准能耗由下式计算

$$E_a = f(x'_1, x'_2, \cdots, x'_i) + A_m$$

式中　x'_i——$E_b = f(x_1, x_2, \cdots, x_i)$ 中影响因素 x_i 在统计报告期内的值；

　　　A_m——校准能耗调整值。

通过 x'_i 实现了将统计报告期条件引入"基期能耗—影响因素"模型，从而确定了不实施项目时，用能系统或设备在统计报告期内可能发生的能耗。其中，x'_i 可由以下方式获得：

1)测量全部影响因素。

2)测量部分影响因素，其他影响因素约定。

在确定 x'_i 的数值的时候，可以测量全部或部分关键影响因素。当测量部分关键影响因

素时，其他影响因素可以进行合理的约定（例如选取相关标准规范、统计年鉴中的数值）。

影响因素是影响用能系统或设备能耗的变量。影响因素不受用能系统运行的影响而独立变化。影响因素的变化会导致系统能耗的变化。典型的影响因素包括天气参数、运行时间、入住率、产品产量等。

影响因素可能是单个参数，也可能是多个参数，影响因素应互为独立变量。

可通过统计分析方法来评估影响因素对用能系统能耗的影响大小，筛选影响较大的因素以建立"基期能耗－影响因素"模型。

（3）校准能耗调整值。仅当原本假定不变的影响因素（如设施规模、设备的设计条件、开工率等）发生影响统计报告期能耗的重大偶然性变化时，可通过合理地设定 A_m 值得到校准能耗。设定 A_m 时用到的影响因素应与 $E_a = f(x'_1, x'_2, \cdots, x'_i) + A_m$ 中用到的影响因素相互独立。

注：A_m 通常为 0。

当原本假定不变的条件（如开工率、生产班次、负荷率、产品种类等）发生影响统计报告期能耗的重大偶然性变化时，可通过设定校准能耗调整值（A_m）计算节能量。这一过程又称为"非常规调整"，如项目在统计报告期开工率严重不足，与基期的开工率严重偏差，无法运用"基期能耗-影响因素"模型计算校准能耗时，可合理设定校准能耗调整值以计算节能量。

采用"基期能耗影响因素"模型法时，校准能耗调整值的设定不应依赖于"基期能耗-影响因素"模型。

采用模拟软件法时，也可设定校准能耗调整值。当没有实际的基期能耗和统计报告期能耗数据时，校准能耗调整值应为 A_m。当有实际的基期能耗或统计报告期能耗数据时，可根据约定的条件采用模拟软件设定校准能耗调整值。

项目实施后，应定期检查相关用能系统或设备的运行情况，以及时发现重大偶然性变化，并合理设定校准能耗调整值。

（4）节能量计算。节能量 E_s 由 $E_s = E_r - E_a$ 计算。式中，E_a 和 E_r 可以是项目边界内的能耗，也可以是所在用能单位（如建筑整体、车间、工厂）的整体能耗，计算时应保持范围相对应。

注：1. 采用用能单位整体能耗适用于节能量显著，同时采取多个节能措施且节能措施之间或节能措施与其他用能系统之间的影响难以区分的情况。

2. 如考虑企业整体能耗，基期能耗仅与合格产品产量相关且成正比例关系，且 $A_m = 0$，则 $E_a = f(x'_1, x'_2, \cdots, x'_i)$ 与 GB/T 13234—2009《企业节能量计算方法》等同。

2. 直接比较法（"开-关"法）

当节能措施可关闭且不影响项目正常运行时，可以通过比较节能措施关闭前后的能耗，获得项目的节能量。直接比较法所有的测量和验证工作均在统计报告期内完成。可通过以下方式测量和验证节能量：

（1）在统计报告期内，节能措施开启时，测量各典型工况下项目边界内的实际能源消耗量（$E_{on,i}$）。

（2）在统计报告期内，节能措施关闭时，测量各典型工况下项目边界内的实际能源消耗量（$E_{off,i}$）。

（3）将各典型工况下的 $E_{on,i}$ 和 $E_{off,i}$ 作为输入数据，根据测量和验证方案中约定的计算方法分别确定统计报告期能耗 E_r 和校准能耗 E_a。

（4）由式 $E_s = E_r - E_a$ 计算 E_s。

直接比较法应约定合理的计算方法，以将典型工况的节能量转化为整个统计报告期的节能量。

常见的一种直接比较法为"相似日比较法"。"相似日比较法"是在统计报告期内选择外部影响因素（如平均气温、湿度等）和内部影响因素（如入住率等）相似的两天或几天（"相似日"），分别确定节能措施开启和关闭时的能耗，通过一定的计算方法得出节能量。

应用相似日比较法时，应根据项目相关工艺流程或运行特点，列出所有可能影响能耗变化的影响因素，评估所选取影响因素对运行能耗的影响大小，选定作为相似日选取依据的主要影响因素。

在选定相似日时，应选择相关影响因素最接近的那些日期。相似日间影响因素的允许偏差应在测量和验证方案中书面约定。

3. 模拟软件法

可采用模拟软件计算校准能耗 E_a 及统计报告期能耗 E_r，并由 $E_s = E_r - E_a$ 计算节能量 E_s。

采用模拟软件法时，计算用的模拟软件应预先经过校核，以确保模拟所得数据与实测数据的差异在可接受的范围内。模拟软件法主要适用于对结果精确度要求不高的场合，或用于与其他方法互相验证的场合，或基期能耗数据难以获得的情况。

所用的模拟软件应能够准确反映系统的用能特性，并可用实际影响因素数据进行校核。

采用模拟软件同时计算基期能耗和统计报告期能耗时，模拟所用的影响因素类型应相同，且能完整反映项目的能源利用特点。

模拟软件的误差是指由于建模人员的失误、不规范的数据、对输入参数的不恰当简化和假设、模拟软件本身的缺陷等原因所造成的模拟能耗数据与实际能耗数据之间的偏差。

应在测量和验证方案中书面约定模拟软件的允许误差。在进行模拟软件校核时，如果模拟得到的能耗数据与实际能耗数据的差异不符合要求，应对模拟软件进行修正，直至误差减小到约定的范围以内。

当没有实际的基期能耗和统计报告期能耗数据时，用于计算 E_a 的 $A_m = 0$。如果有实际的基期能耗或统计报告期能耗数据时，可根据约定条件采用模拟软件计算 A_m。

4. 节能量计算方法适用条件

应采用3类项目节能计算方法的适用条件见表6-11。

表6-11 3类项目节能量计算方法的适用条件

测量与验证方法	数据获取方法	典型应用
"基期能耗影响因素"模型法	测量全部参数	（1）具有完整的基期能耗及其影响因素数据 （2）影响能耗的参数测量不复杂，不困难，且成本较低
	测量关键参数，约定其他参数	（1）具有完整的基期能耗及其影响因素数据 （2）影响能耗的关键参数测量不复杂，不困难，且成本较低 （3）非关键参数采用约定值不严重影响节能量计算结果的准确性

续表

测量与验证方法	数据获取方法	典型应用
直接比较法（"开关"法）	测量相似典型工况的能耗	(1) 节能措施可关闭且不影响项目运行 (2) 项目工况稳定，典型工况易于选取
模拟软件法	测量关键参数、约定其他参数或测量全部参数	(1) 节能措施互相影响且难以区分的综合性节能技术改造项目 (2) 无法获得基期数据的项目

三、内容

节能量测量和验证主要内容如下：

(1) 划定项目边界。

(2) 确定基期及统计报告期。

(3) 选择测量和验证方法。

(4) 制定测量和验证方案。

(5) 根据测量和验证方案，设计、安装、调试测试设备。

(6) 收集、测量基期能耗、运行状况等数据，并加以记录分析。

(7) 收集、测量统计报告期能耗、运行状况等有关数据，并加以记录分析。

(8) 计算和验证节能量，分析节能量的不确定度。

(9) 各方最终确认节能量。

四、技术要求

1. 项目边界

(1) 所有受节能措施影响的单位、设备、系统（包括辅助、附属设施）均应划入项目边界内，不应漏项。

有些节能措施在带来节能效果的同时，会增加消耗能源的系统或设备（例如电机系统应用变频调速技术时，增加的变频设备会带来额外的能源消耗），应将这些系统或设备也划入项目边界中。

项目的实施可能会对未实施节能措施的系统或设备产生重要影响（也称为交互影响）。这种影响可能是有利的（能耗减少），也可能是不利的（能耗增加）。为完整准确地确定项目的节能量，即使未对该部分系统或设备实施节能措施，也应将受影响的相关系统或设备划入项目边界内。如果要在测量和验证中忽略这一影响，应开展专门评估并获得项目相关方认可。

例如，在2个并联的泵类液体输送系统中，即使只对其中1个系统实施节能措施，也可能会影响到整个并联系统的能耗。因此，项目边界宜包括2个并联的泵类系统而不是只包括实施节能措施的那个泵类系统。再如室内照明系统的节能改造直接降低了照明能耗，但同时会减少空调系统的制冷能耗并增加采暖能耗。但因为影响较小，通常可以忽略空调系统及采暖系统的能耗变化。

项目边界可以是单个或几个用能系统的边界，也可以是整个用能单位（如建筑整体、车间、工厂）的边界。具体划分方法取决于测量和验证的目的、节能措施的技术特点、数据的可获得性以及项目相关方的需求。

确定节能量时应保持基期和统计报告期的项目边界具有可比性。如基期时只考虑用能系统本身的能耗，统计报告期时也应只考虑用能系统本身的能耗，不可缩小到单个用能设备，也不能扩大到用能系统所在的用能单位。如基期时项目边界划分为整个用能单位，那么在统计报告期时也应当考察整个用能单位的能耗。

（2）项目边界仅包括用能系统或设备。

项目实施前后，受节能措施影响的用能系统或设备边界清晰，且这部分系统或设备的能耗和影响因素数据记录完整，可将受节能措施影响的用能系统或设备与其他不受影响的系统或设备进行隔离，仅将受项目影响的用能系统或设备划入项目边界。

（3）项目边界包括整个用能单位。

当基期和统计报告期中整个用能单位的能源计量数据和影响因素的记录均完整存在，可将整个用能单位划入项目边界。

这种项目边界划分方法适用于同一用能单位同时实施了多种节能措施且这些节能措施间会互相影响，或者这些节能措施还会对未实施节能措施的系统或设备的运行产生影响，进而影响整个用能单位的能耗。

2. 设定条件

基期和统计报告期的设定应满足以下条件：

（1）基期和统计报告期应包括用能单位、设备、系统可能出现的各种典型工况，如包含能源消耗量由极大值到极小值的一个完整的运行循环。

基期或统计报告期的单位时段通常为 1 年。

（2）基期内应可获得足够的运行记录或检测数据，能够总结出用能单位、设备、系统的能源消耗量与其影响因素的量化关系。

（3）测试期。在基期和统计报告期内连续监测能耗数据和影响因素数据需要较高的成本和技术能力，因此可选择有代表性的时间段测试能耗数据和影响因素数据以确定节能量。这一具有代表性的时间段称为测试期。测试期可以是数天，也可以是数月。测试期应包含相关系统或设备的各典型工况。

注：1. 对于气候敏感的用能系统，如供暖系统、空调系统，典型工况可参考历史气象记录平均值确定（不应包括气候反常的情况）。

2. 对于生产过程等用能系统（如工矿企业），典型工况可参考相关历史生产记录确定。用能系统的工况为日循环时（即日与日之间是重复循环的），测试期宜为具有代表性的几天（典型日）。

用能特性随季节变化明显的用能系统（如建筑暖通空调系统），其典型工况在 4 个季节中都会有所分布，测试期宜为具有代表性的几个月（典型月）。

3. 计算要求

基期能耗和统计报告期能耗的确定应依据 GB/T 2587—2009《用能设备能量平衡通则》、GB/T 6422—2009《用能设备能量测试导则》、GB/T 8222—2008《用电设备电能平衡通则》、GB/T 24915—2010《合同能源管理技术通则》等相关标准规范的要求。

4. 节能量

以下数据可用于确定节能量：

（1）可采信的能源统计数据及财务数据，如公用事业公司提供的表计数据、能源费用账单等。

（2）符合标准规范要求的能深计量仪表的读数。

（3）使用在检定有效期内的检测仪器测量得到的能源消耗数据。

（4）用计算机模拟出的，并经过校准的用能单位、设备或系统的能源消耗量。

（5）公认的或相关各方认可的节能措施相关数据。

5. 数据的获取

（1）能耗数据获取。可按照 GB/T 2587—2009《用能设备能量平衡通则》、GB/T 6422—2009《用能设备能量测试导则》、GB/T 8222—2008《用电设备电能平衡通则》等相关标准规范的要求，获得基期能耗数据和统计报告期能耗数据。

财务数据、统计数据、模拟数据以及节能措施的技术参数也可用于节能量测量和验证，包括：

1）可采信的能源统计数据及财务数据，如公用事业公司提供的表计数据、能源费用账单等。

2）符合 GB 17167—2006《用能单位能源计量器具配备和管理通则》或相关行业能源计量器具配备要求相关标准规范的能源计量仪表的读数。

3）使用在检定有效期内的检测仪器测量得到的能源消耗数据，包括通过在线监测手段获得的数据、通过抽样测量获得的数据。

4）用计算机模拟出的、并经过校准的用能单位、设备或系统的能源消耗量数据。

5）公认的或相关各方认可的节能措施的相关参数，如能效标准中规定的能效限定值、国家推荐的节能技术和产品目录中相关节能技术的参数等。

统计报告期能耗应根据能源计量数据、财务数据、连续监测数据等数据确定。不应采用推算或约定方式获得统计报告期能耗。

（2）影响因素数据获取。可通过短期测量或长期连续测量的方式获得影响因素的数据。收集得到的并经过校核的统计数据（如日平均气温数据、产量数据等）也可作为测量得到的影响因素数据。

当部分影响因素测量困难或成本较高时，在项目相关方同意的情况下，可以约定其数值（例如约定照明设备运行时间、约定供暖面积等）。

关键的影响因素应通过测量方式获得，不能对全部的影响因素进行约定。

建立"基期能耗-影响因素"模型时，应在基期测量至少 3 组基期能耗和影响因素的数据。不应在改造前后分别测试 1 组能耗和影响因素数据以确定节能量。

（3）抽样。当节能改造涉及大量重复的系统或设备时，可对系统或设备的能耗和影响因素数据进行抽样测量。抽样测量时，样本数量应符合统计学的相关要求。对于项目中的主要耗能系统和设备，可提高样本的数量，以降低不确定度。抽样方法应在测量和验证方案中书面记录。

6. 不确定度

（1）应见相关标准规范，评估并说明测量和验证所得节能量结果的不确定度。

注：1. 建立"基期能耗—影响因素"模型并测量全部影响因素通常具有较小的不确定度；建立"基期能耗—影响因素"模型并测量部分影响因素通常具有中等的不确定度；直接比较法通常具有中等的不确定度；由于无法公开全部技术细节，模拟软件法可能具有较大的不确定度，可作为参考方法使用。

2. 不确定度小的测量和验证方法通常具有较高的技术要求和成本。

（2）不确定度的分析。节能量的不确定度表示已确定的测量和验证方案下节能量结果的可靠性。节能量不确定度的来源主要包括：

1）计算方法及模拟软件。

2）能耗数据和影响因素数据。

3）抽样。

4）校准能耗调整值。

为降低不确定度，需要更高的成本和人员能力。

当难以量化评估节能量不确定度时，可定性分析影响节能量结果准确性的因素，并估计这些影响的大小。可从以下方面定性分析影响节能量结果准确性的因素：

1）测量或约定参数的数据质量。

2）项目边界的划定。

3）基期和统计报告期的确定。

4）计算方法的选取。

5）影响因素的选取。

6）交互影响。

7）数据收集的频率。

8）测试期。

9）数据偏误。

10）测试方法。

11）测试设备。

五、测量和验证方案

1. 要求

测量和验证方案的内容及技术要求如下：

（1）项目边界和项目基本情况，项目边界的描述应包括明确的地理位置界线和完整的设备、设施名单。

（2）项目基期，基期的能源利用状况及基期能耗等。

（3）节能量的单位，采用综合能耗表达节能量时，应说明所采用的能源折算系数（如折标准煤系数）并保持前后一致。

（4）统计报告期，统计报告期的能源利用状况及统计报告期的能耗等。

（5）测量和验证方法。

（6）测量和验证方法对应的影响因素以及有效范围。

（7）采用"基期能耗—影响因素"模型或直接比较法时，凡需要测量的，应说明测量点、测量参数、测量时期、表计名称及特性、抄表方式、表计调试程序、校表办法和有效期及处理数据遗失的方法。

（8）采用"基期能耗-影响因素"模型的方法并测量部分影响因素时，同时应说明约定影响因素的值及其不确定度。

（9）采用模拟软件法时，应说明模拟软件的名称和版本，提供输入文件、输出文件的纸质和电子副本；指出模拟所用的条件，注明哪些输入数据是通过测量获得的，哪些是假定的，说明测量数据获得的过程；报告模拟结果与用于校核的能耗数据的吻合程度。

（10）可见 JJF 1059.1-2012《测量不确定度评定与表示》等技术规范定量描述测量、采集数据和分析结果的精密度，并定性分析无法量化的因素对结果准确度的影响。

2. 实施

节能量的测量和验证包括如下实施步骤：

（1）准备测量和验证方案。测量和验证方案的准备包括划分项目边界，确定基期和统计报告期，选取计算方法，确定数据收集方案及结果准确度要求等 4 项工作内容。这 4 项工作是一个循环往复的动态过程，需要不断修改和完善相关内容，直到形成技术可行、经济合理的测量和验证方案。

（2）确定并记录测量和验证方案。在项目开始建设和实施前，应将步骤（1）的工作内容形成书面文件。测量和验证方案的内容应符合供 GB/T 28750—2012《节能量测量和验证技术通则》的要求。在项目实施过程中如需对测量和验证方案进行变更，应书面记录变更结果。

（3）确定基期能耗和影响因素的数据。

（4）设计、安装和调试测试设备。根据测量和验证方案的要求，在项目设计和建设过程中应同步设计、安装和调试用于测量和验证的测试设备。

（5）确定统计报告期能耗和影响因素数据。

（6）确定节能量，如果有必须，可以合理地设定校准能耗调整值，并应书面记录校准能耗调整值的设定过程和结果。

（7）报告或审核已确定的节能量。

测量和验证实施步骤与项目实施步骤的衔接关系如图 6-3 所示。

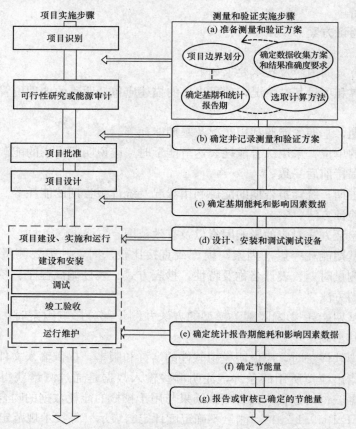

图 6-3　测量和验证实施步骤与项目实施步骤的衔接关系

参 考 文 献

[1] 中华人民共和国住房和城乡建设部．GB/T 50378—2014 绿色建筑评价标准[S]．北京：中国建筑工业出版社，2014．

[2] 中华人民共和国住房和城乡建设部．GB/T 51141—2015 既有建筑绿色改造评价标准[S]．北京：中国建筑工业出版社，2016．

[3] 中华人民共和国住房和城乡建设部．GB/T 50668—2011 节能建筑评价标准[S]．北京：中国建筑工业出版社，2011．

[4] 中华人民共和国住房和城乡建设部．GB 50189—2015 公共建筑节能设计标准[S]．北京：中国建筑工业出版社，2015．

[5] 中华人民共和国国家质量监督检验检疫总局．GB/T 2589—2008 综合能耗计算通则[S]．北京：中国标准出版社，2008．

[6] 河北省住房和城乡建设厅．DB13(J)/T177—2015 被动式低能耗居住建筑节能设计标准[S]．北京：中国建筑工业出版社，2015．

[7] 中国可再生能源学会，太阳能建筑专业委员会．被动式超低能耗绿色建筑与可再生能源应用结合技术[M]．北京：中国建筑工业出版社，2015．

[8] 中国建筑科学研究院．绿色建筑评价技术细则 2015[M]．北京：中国建筑工业出版社，2015．

[9] 中华人民共和国住房和城乡建设部．GB/T 51161—2016 民用建筑能耗标准[S]．北京：中国建筑工业出版社，2017．

[10] 李发扬．中国分布式供能系统的现状与发展趋势[J]．南京师范大学学报(工程技术版)，2009，9(4)：36-43．

[11] 国家能源局．NB/T 32015—2013 分布式电源接入配电网技术规定[S]．北京：中国电力出版社，2014．

[12] 中华人民共和国国家质量监督检验检疫总局．GB/T 33593—2017 分布式电源并网技术要求[S]．北京：中国标准出版社，2017．

[13] 杨昆，武海滨，朱晓军，等．内燃机、燃气轮机和微燃机在冷热电联供系统中的性能分析[J]．电力与能源，2016(4)：476-482．

[14] 中华人民共和国住房和城乡建设部．GB 51131—2016 燃气冷热电三联供工程技术规程[S]．北京：中国建筑工业出版社，2016．

[15] 中华人民共和国住房和城乡建设部．GB 50736—2012 民用建筑供暖通风与空气调节设计规范[S]．北京：中国建筑工业出版社，2016．

[16] 李英姿．太阳能光伏并网发电系统设计与应用[M]．北京：机械工业出版社，2014．

[17] 李英姿．光伏建筑一体化工程统设计与应用[M]．北京：中国电力出版社，2016．

[18] 李英姿．分布式光伏并网系统运行中存在的问题[J]．建筑电气，2014，33(11)：44-50．

[19] 吕志盛，闫立伟，罗艾青，等．新能源发电并网对电网电能质量的影响研究[J]．华东电力，2012(2)：251-256．

[20] 周颖．光伏并网发电站对配网的影响分析及正负效应综合评估[D]．重庆：重庆大学，2012．

[21] 中华人民共和国住房和城乡建设部．GB/T 51121—2015 风力发电工程施工与验收规范[S]．北京：

中国计划出版社，2016.

[22] 中华人民共和国国家质量监督检验检疫总局．GBT 29494—2013 小型垂直轴风力发电机组[S]．北京：中国标准出版社，2013.

[23] 中华人民共和国国家质量监督检验检疫总局．GB/T 18710—2002 风电场风能资源评估方法[S]．北京：中国标准出版社，2013.

[24] 秦生升．风力发电在建筑中的应用[J]．建筑节能，2010，38(10)：44-46.

[25] 袁行飞，张玉．建筑环境中的风能利用研究进展[J]．自然资源学报，2011，26(5)：891-898.

[26] 中华人民共和国住房和城乡建设部．GB 51096—2015 风力发电场设计规范[S]．北京：中国计划出版社，2015.

[27] 李建林，田立亭，来小康．能源互联网背景下的电力储能技术展望[J]．电力系统自动化，2015，30(23)：15-25.

[28] 中华人民共和国住房和城乡建设部．GB 51048—2014 电化学储能电站设计规范[S]．北京：中国计划出版社，2015.

[29] 曲学基．储能技术的种类及其特点[J]．UPS应用，2015(10)：21-24.

[30] 国家电网公司企业标准．Q GDW 11178—2013 电动汽车充换电设施接入电网技术规范[S]．北京，2014.

[31] 国家能源局．NB/T 33009—2013 电动汽车充换电设施建设技术导则[S]．北京：中国电力出版社，2014.

[32] 国家能源局．NB/T 33018—2015 电动汽车充换电设施供电系统技术规范[S]．北京：中国电力出版社，2015.

[33] 中华人民共和国国家质量监督检验检疫总局．GB/T 20234.1—2015 电动汽车传导充电用连接装置 第1部分：通用要求[S]．北京：中国标准出版社，2015.

[34] 中华人民共和国国家质量监督检验检疫总局．GB/T 20234.2—2015 电动汽车传导充电用连接装置 第2部分：交流充电接口[S]．北京：中国标准出版社，2015.

[35] 中华人民共和国国家质量监督检验检疫总局．GB/T 20234.3—2015 电动汽车传导充电用连接装置 第3部分 直流充电接口[S]．北京：中国标准出版社，2015.

[36] 中华人民共和国国家质量监督检验检疫总局．DL/T 686—1999 电力网电能损耗计算导则[S]．北京：中国标准出版社，2000.

[37] 中华人民共和国国家质量监督检验检疫总局．GB/T 6451—2015 油浸式电力变压器技术参数和要求[S]．北京：中国标准出版社，2015.

[38] 中华人民共和国国家质量监督检验检疫总局．GB/T 10228—2015 干式电力变压器技术参数和要求[S]．北京：中国标准出版社，2015.

[39] 中华人民共和国国家质量监督检验检疫总局．GB/T 22072—2008 干式非晶合金铁心配电变压器技术参数和要求[S]．北京：中国标准出版社，2008.

[40] 中华人民共和国国家质量监督检验检疫总局．GB/T 25446—2010 油浸式非晶合金铁心配电变压器技术参数和要求[S]．北京：中国标准出版社，2011.

[41] 中华人民共和国国家质量监督检验检疫总局．GB/T 25438—2010 三相油浸式立体卷铁心配电变压器技术参数和要求[S]．北京：中国标准出版社，2011.

[42] 中华人民共和国国家质量监督检验检疫总局．GB 20052—2013 三相配电变压器能效限定值及能效等级[S]．北京：中国标准出版社，2013.

[43] 国家能源局．DL/T 985—2012 配电变压器能效技术经济评价导则[S]．北京：中国电力出版社，2012.

[44] 中华人民共和国国家质量监督检验检疫总局．GB/T 13462—2008 电力变压器经济运行[S]．北京：

中国标准出版社，2008.

[45] 中华人民共和国国家质量监督检验检疫总局.DL/T 686—1999 电力网电能损耗计算导则[S].北京：中国电力出版社，2010.

[46] 王承民，刘莉.配电网节能与经济运行[M].北京：中国电力出版社，2012.

[47] 胡景生.配电网经济运行[M].北京：中国标准出版社，2008.

[48] 中华人民共和国国家质量监督检验检疫总局.GB 31276—2014 普通照明用卤钨灯能效限定值及节能评价值[S].北京：中国标准出版社，2014.

[49] 中华人民共和国国家质量监督检验检疫总局.GB 30255—2013 普通照明用非定向自镇流LED灯能效限定值及能效等级[S].北京：中国标准出版社，2013.

[50] 中华人民共和国国家质量监督检验检疫总局.GB 29144—2012 普通照明用自镇流无极荧光灯能效限定值及能效等级[S].北京：中国标准出版社，2012.

[51] 中华人民共和国国家质量监督检验检疫总局.GB 19043—2013 普通照明用双端荧光灯能效限定值及能效等级[S].北京：中国标准出版社，2013.

[52] 中华人民共和国国家质量监督检验检疫总局.GB 20053—2015 金属卤化物灯用镇流器能效限定值及能效等级[S].北京：中国标准出版社，2016.

[53] 中华人民共和国国家质量监督检验检疫总局.GB 20054—2015 金属卤化物灯能效限定值及能效等级[S].北京：中国标准出版社，2015.

[54] 中华人民共和国国家质量监督检验检疫总局.GB 19573—2004 高压钠灯能效限定值及能效等级[S].北京：中国标准出版社，2004.

[55] 中华人民共和国国家质量监督检验检疫总局.GB 19574—2004 高压钠灯用镇流器能效限定值及节能评价值[S].北京：中国标准出版社，2004.

[56] 丁力行，欧旭峰，卢海峰.光导管技术及其在建筑领域中的应用[J].建筑节能，2011(1)：64-67.

[57] 中华人民共和国国家质量监督检验检疫总局.GB 18613—2012 中小型三相异步电动机能效限定值及能效等级[S].北京：中国标准出版社，2012.

[58] 中华人民共和国国家质量监督检验检疫总局.GB/T 7344—2015 交流伺服电动机通用技术条件[S].北京：中国标准出版社，2015.

[59] 中华人民共和国国家质量监督检验检疫总局.GB/T 29314—2012 电动机系统节能改造规范[S].北京：中国标准出版社，2013.

[60] 中华人民共和国国家质量监督检验检疫总局.GB 30253—2013 永磁同步电动机能效限定值及能效等级[S].北京：中国标准出版社，2013.

[61] 中华人民共和国国家质量监督检验检疫总局.GB/T 33984—2017 电动机软起动装置 术语[S].北京：中国标准出版社，2017.

[62] 中华人民共和国国家质量监督检验检疫总局.GB/T 12497—2006 三相异步电动机经济运行[S].北京：中国标准出版社，2006.

[63] 中华人民共和国国家质量监督检验检疫总局.GB/T 26921—2011 电机系统（风机、泵、空气压缩机）优化设计指南[S].北京：中国标准出版社，2012.

[64] 中华人民共和国国家质量监督检验检疫总局.GB/T 21056—2007 风机、泵类负载变频调速节电传动系统及其应用技术条件[S].北京：中国标准出版社，2008.

[65] 中华人民共和国住房和城乡建设部.GB/T 51161—2016 民用建筑能耗标准[S].北京：中国建筑工业出版社，2016.

[66] 中华人民共和国国家质量监督检验检疫总局.GB/T 15316—2009 节能监测技术通则[S].北京：中国标准出版社，2009.

[67] 中华人民共和国国家质量监督检验检疫总局.GB/T 32038—2015 照明工程节能监测方法[S].北

京：中国标准出版社，2015.

[68] 中华人民共和国国家质量监督检验检疫总局 . GB/T 16664—1996　企业供配电系统节能监测方法[S]. 北京：中国标准出版社，1997.

[69] 中华人民共和国国家质量监督检验检疫总局 . GB/T 13234—2009　企业节能量计算方法[S]. 北京：中国标准出版社，2009.

[70] 中华人民共和国国家质量监督检验检疫总局 . GB/T 28750—2012　节能量测量和验证技术通则[S]. 北京：中国标准出版社，2013.

[71] 中华人民共和国国家质量监督检验检疫总局 . GB/T 32045—2015　节能量测量和验证实施指南[S]. 北京：中国标准出版社，2015.

[72] 中华人民共和国国家质量监督检验检疫总局 . GB/T 31341—2014　节能评估技术导则[S]. 北京：中国标准出版社，2015.

[73] 中华人民共和国国家质量监督检验检疫总局 . GB/T 32823—2016　电网节能项目节约电力电量测量和验证技术导则[S]. 北京：中国标准出版社，2016.